21 世纪高等学校计算机公共基础课规划教材

大学计算机基础

刘文平　主　编

李丽萍　叶惠文　郑德庆　副主编

陈子森　陈　岚　杜炫杰　参　编

李桂英　刘冬杰

中国铁道出版社

CHINA RAILWAY PUBLISHING HOUSE

内 容 简 介

本书是根据 2006 年广东省教育厅高教处对全省高校在校学生、老师、毕业生和企业对非计算机专业学生学习计算机课程的调查报告编写的教材。本书编写的宗旨是：广东省入学的大学生在中学已经得到不同程度的"信息技术"的教育，针对用人单位和个人信息处理能力的要求，通过本书的学习，将提高学生对计算机系统概念的认识，提高学生对计算机系统设置和优化的操作能力。本书有意识地对 Word 文字处理章节做了优化，对于 Excel 章节着重引导学生加强函数统计和分析的学习。为了培养学生在网络获取信息和处理、应用信息的能力，本书在第 6 章加入信息和文献检索应用的介绍以及网络交流信息的操作。

本书内容丰富，针对广东省计算机水平考试大纲编写，适合作为高等院校计算机基础课程的教材，也可作为自学考试教材。

图书在版编目（CIP）数据

大学计算机基础/刘文平主编. —北京：中国铁道出版社，2008.6（2008.12 重印）

21 世纪高等学校计算机公共基础课规划教材

ISBN 978-7-113-08752-4

Ⅰ.大…　Ⅱ.刘…　Ⅲ.电子计算机－高等学校－教材
Ⅳ.TP3

中国版本图书馆 CIP 数据核字（2008）第 120145 号

书　　名：	大学计算机基础		
作　　者：	刘文平　主编		
策划编辑：	严晓舟　秦绪好	编辑部电话：	（010）63583215
责任编辑：	王占清	封面制作：	白　雪
编辑助理：	侯　颖　宋杰卿	责任印制：	李　佳
封面设计：	付　巍		

出版发行：中国铁道出版社（北京市宣武区右安门西街 8 号　　邮政编码：100054）

印　　刷：河北省遵化市胶印厂

版　　次：2008 年 8 月第 1 版　　2008 年 12 月第 2 次印刷

开　　本：787mm×1092mm　1/16　印张：20.5　字数：483 千

印　　数：4 500 册

书　　号：ISBN 978-7-113-08752-4/TP·2783

定　　价：29.00 元

前 言

广东省教育厅以高校非计算机专业计算机课程为试点，于 2006 年开展了用人单位工作岗位计算机使用技能调查，结果显示计算机课程教育提供与计算机技能需求之间确实存在着较大的差异。因此，广东省教育厅确定了以计网信技术（Computer-Net-Information Technology，CNIT）为支撑的任务引导型自主学习模式（TaskBasedSelf-Learning，TBSL），并以华南师范大学为试点，取得了理想的教学效果。

任务引导型自主学习模式的具体实施步骤是，在学生开始学习前，先通过系统对自己已有计算机技能进行测试，同时确定自己的最终学习目标。学习系统以其为依据给出初步学习方案，供学生和责任教师共同讨论。学生将根据讨论的方案开始学习过程，经系统检测达标后，予以技能认定，并颁发技能证书。

本书与智能化自主学习系统配套，以学习者已有技能为基础，使其知识系统化、技能化、目标化。希望通过本教材，使学生掌握使用计算机的基本技能，满足用人单位需要的文本编辑、数据统计和分析能力、网络搜索和应用信息的能力。因此，我们在第 2 章增加编写了计算机系统优化操作和常用的应用工具软件的使用知识。在第 3 章加强了文稿编辑各种操作的介绍。第 4 章着重引导大家重视 Excel 的函数和数据库的应用，重视使用数据库和函数进行数据统计和分析的能力。第 6 章增加信息概念的介绍，网络信息搜索和应用信息的操作，培养学生正确应用信息的能力。

本教材是广东省高等学校计算机水平考试的指导用书，本教材与《大学计算机基础实验指导与习题》（梁武主编，中国铁道出版社出版）配合使用。《大学计算机基础实验指导与习题》第 6 章中所列的操作系统、Word、Excel 和 PowerPoint 的"操作要点"，是广东省高等学校计算机水平考试的考试操作要求，考试试题是由三个以上"操作要点"综合而成，旨在考查学生实际的计算机应用操作能力。

本书由刘文平拟定提纲并对全书统稿，郑德庆编写目录，审订全书，李丽萍和叶惠文协助审订。其中，各章编写分工如下：第 1 章由李桂英编写，第 2 章由刘冬杰编写，第 3 章由陈子森编写，第 4 章由李丽萍编写，第 5 章由陈岚编写，第 6 章由杜炫杰编写。各章的练习由赖建锋编写。

本书得到华南师范大学教育信息技术中心各位老师，以及广东省高等学校计算机教学指导委员会的周蔼茹、王志强、成健姬、傅秀芬和聂瑞华等教授的支持，在此表示衷心感谢。

刘文平

2005 年 5 月

前言

目录

第 1 章 // 计算机基础知识

学习目标

- 了解计算机的发展、特点和应用
- 掌握计算机的组成和工作原理
- 了解数制的概念及不同数制间的转换方法
- 掌握信息的存储单位
- 了解常见的信息编码
- 掌握微机的硬件组成和主要性能指标
- 了解微机的选购和组装
- 掌握计算机网络的概念、功能和分类
- 了解计算机网络的拓扑结构和体系结构
- 了解数据通信基础知识
- 了解计算机网络的组成
- 掌握计算机病毒、网络黑客的概念和防范措施

1.1　计算机概述

计算机是一种具有极快的处理速度、很强的存储能力、精确的计算和逻辑判断能力，由程序自动控制操作过程的电子装置，是人类 20 世纪最伟大的发明创造之一。世界上第一台计算机诞生于 1946 年，在以后短短的几十年里，计算机的发展突飞猛进。计算机及其应用正在改变着传统的工作、学习、生活和思维方式，推动着社会的发展，成为人类学习、工作不可缺少的工具。掌握计算机基础知识、基本原理、基本操作和解决实际问题的方法是当代大学生必备的知识和能力。

1.1.1　计算机发展史

世界上第一台计算机于 1946 年在美国宾夕法尼亚大学诞生，取名为电子数值积分计算机（Electronic Numerical Integrator and Calculator，ENIAC）。ENIAC 奠定了计算机的发展基础，在计算机发展史上具有划时代的意义，它的问世标志着计算机时代的到来。

自从 ENIAC 问世以来，计算机技术得到了飞速发展。根据计算机的性能和使用的主要元器件

的不同，一般将计算机的发展分成四代：第一代是电子管计算机；第二代是晶体管计算机；第三代是集成电路计算机；第四代是大规模、超大规模集成电路计算机。计算机未来的发展趋势是巨型化、微型化、网络化、多媒体化和智能化。未来计算机的研究目标是打破计算机现有的体系结构，使得计算机能够具有像人那样的思维、推理和判断能力。尽管传统的、基于集成电路的计算机短时间内不会退出历史舞台，但旨在超越它的超导计算机、量子计算机、光计算机、纳米计算机和 DNA 计算机正在开发和研制。

计算机一般可分为巨型计算机、大型计算机、小型计算机和微型计算机等。微型计算机又称微机、个人计算机、PC 等。微机有体积小、价格便宜、灵活性好、可靠性高和使用方便等特点，主要在办公室和家庭中使用，是使用最广泛的计算机，现在一般用户接触的计算机基本上都是 PC。

计算机有运算速度快，计算精度高，具有记忆能力、逻辑判断能力、自动执行程序的能力等特点。经过半个多世纪的发展，计算机的应用已经渗透到科研、教育、医药、工商、政府、家庭等领域，应用类型主要包括科学计算、数据处理、办公自动化（OA）、电子商务（EB）、过程控制、计算机辅助设计（CAD）、计算机辅助教学（CAI）、计算机辅助制造（CAM）、人工智能（AI）、虚拟现实、多媒体技术应用、计算机网络通信等。

1.1.2　计算机系统的组成

一个完整的计算机系统应包括计算机硬件系统和计算机软件系统两大部分，如图 1-1 所示。

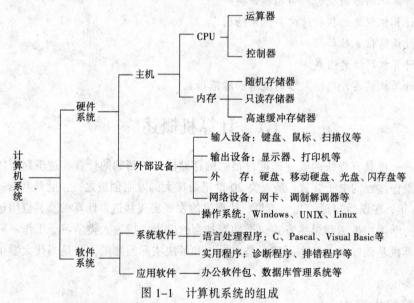

图 1-1　计算机系统的组成

计算机硬件（hardware）系统是指构成计算机的各种物理装置，是看得见、摸得着的物理实体，它包括计算机系统中的一切电子、机械、光电等设备，是计算机工作的物质基础。计算机软件（software）系统是指为运行、维护、管理、应用计算机所编制的所有程序和数据的集合。通常，把不装备任何软件的计算机称为裸机，裸机向外部世界提供的只是机器指令，只有安装了必要的软件后用户才能较方便地使用计算机。

1．计算机硬件系统

计算机硬件系统一般由运算器、控制器、存储器、输入设备和输出设备五大部分组成，如图 1-2 所示。图中实线为数据流（各种原始数据、中间结果等），虚线为控制流（各种控制指令）。输入/输出设备用于输入原始数据和输出处理后的结果，存储器用于存储程序和数据，运算器用于执行指定的运算，控制器负责从存储器中取出指令，对指令进行分析、判断，确定指令的类型并对指令进行译码，然后向其他部件发出控制信号，指挥计算机各部件协同工作，控制整个计算机系统一步步地完成各种操作。

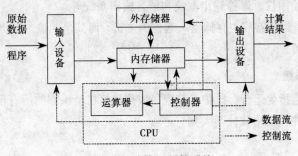

图 1-2　计算机硬件系统

（1）运算器

运算器是对数据进行加工处理的部件，通常由算术逻辑部件（Arithmetic Logic Unit，ALU）和一系列寄存器组成。它的功能是在控制器的控制下对内存或内部寄存器中的数据进行算术运算（加、减、乘、除）和逻辑运算（与、或、非、比较、移位）。

（2）控制器

控制器是计算机的神经中枢和指挥中心，在它的控制下整个计算机才能有条不紊地工作。控制器的功能是依次从存储器中取出指令，翻译指令，分析指令，并向其他部件发出控制信号，指挥计算机各部件协同工作。

运算器和控制器通常被集成在一块芯片上，称为中央处理器（Central Processing Unit，CPU）。

（3）存储器

存储器用来存储程序和数据，是计算机中各种信息的存储和交流中心。存储器通常分为内存储器和外存储器。

内存储器简称内存，又称主存储器，主要用于存放计算机运行期间所需要的程序和数据。用户通过输入设备输入的程序和数据首先要被送入内存，运算器处理的数据和控制器执行的指令来自内存，运算的中间结果和最终结果也保存在内存中，输出设备输出的信息来自内存。内存的存取速度较快，容量相对较小。因内存具有存储信息和与其他主要部件交流信息的功能，故内存的大小及其性能的优劣直接影响计算机的运行速度。

外存储器简称外存，又称辅助存储器，用于存储需要长期保存的信息，这些信息往往以文件的形式存在。外存中的数据 CPU 不能直接访问，要被送入内存后才能被使用，计算机通过内存、外存之间不断的信息交换来使用外存中的信息。与内存比较，外存容量大，速度慢，价格低。外存主要有磁带、软盘、硬盘、移动硬盘、光盘、闪存盘等。

（4）输入设备和输出设备

输入/输出（I/O）设备是计算机系统与外界进行信息交流的工具。其作用分别是将信息输入计算机和从计算机输出。

输入设备将信息输入计算机，并将原始信息转化为计算机能识别的二进制代码存放在内存中。常用的输入设备有键盘、鼠标、扫描仪、触摸屏、数字化仪、麦克风、数码照相机、光笔、磁卡读入机、条形码阅读机等。

输出设备的功能是将计算机的处理结果转换为人们所能接受的形式并输出。常用的输出设备有显示器、打印机、绘图仪、影像输出系统和语音输出系统等。

通常，把控制器、运算器和主存储器一起称为主机，而其余的输入/输出设备、外存储器和网络设备等称为外部设备。

2．计算机软件系统

计算机软件系统是指为运行、维护、管理、应用计算机所编制的所有程序和数据的集合，通常按功能分为系统软件和应用软件两大类。

（1）系统软件

系统软件是为计算机提供管理、控制、维护和服务等功能，充分发挥计算机效能并方便用户使用计算机的软件，如操作系统、语言处理程序、数据库管理系统、工具软件等。

① 操作系统。操作系统（Operating System，OS）是最基本、最核心的系统软件，任何其他软件都必须在操作系统的支持下才能运行。操作系统的作用是管理计算机系统中所有的硬件和软件资源，合理地组织计算机的工作流程；同时，操作系统又是用户和计算机之间的接口，为用户提供一个使用计算机的工作环境。目前，常用的操作系统有 Windows 2000、Windows XP、Windows NT、UNIX 等。不同操作系统的结构和形式存在很大差别，但一般都有处理机管理（进程管理）、作业管理、文件管理、存储管理和设备管理五项功能。

② 语言处理程序。人们要利用计算机来解决问题，就必须采用计算机语言来编写程序。编写程序的过程称为程序设计，计算机语言又称为程序设计语言。计算机语言可分为机器语言、汇编语言和高级语言。

- 机器语言。机器语言中的每一条语句（指令）都是以二进制代码形式来表示的，由操作码和操作数（操作地址）组成。操作码指出应该进行什么样的操作，操作数指出参与操作的操作数本身或它在内存中的地址。机器语言程序的优点是能被计算机直接识别和执行，执行速度快。但是，机器语言程序全部由 0 和 1 组成，可读性差，容易出错，编程工作量大，调试修改麻烦，只能为少数专业人员掌握，很难推广。另外，机器语言随机器型号的不同而不同，不能通用，是"面向机器"的低级语言。因此，通常不用机器语言直接编写程序。

- 汇编语言。汇编语言采用助记符代替机器语言的二进制编码，如用 ADD 表示加法指令，用 MOV 表示传送数据指令等。由于计算机不能直接识别和执行汇编语言程序，用汇编语言编写的"源程序"必须编译成机器语言的"目标程序"后才能在机器上运行，这个过程称为"汇编"，由专门的"汇编程序"完成。汇编语言的源程序比机器语言程序易读、易检查、易修改，同时也保持了机器语言执行速度快、占用存储空间少的优点，因此汇编语言比机器语言前进了一步。但汇编语言还是面向机器的，不具有通用性和可移植性，而且汇编语言与人们习惯使用的数学语言、自然语言差异还是很大，一般人也较难掌握。

- 高级语言。机器语言和汇编语言都是面向机器的，所以又被称为低级语言。为了提高编程效率，使编程更加方便，在 20 世纪 50 年代中期出现了高级语言。高级语言与人们日常熟悉的自然语言和数学语言比较接近。用高级语言编制程序，用户不必了解计算机的指令系统和内部逻辑，只要把主要精力放在算法和过程的描述，提高编程效率即可。BASIC 语言、Pascal 语言、C 语言、Visual Basic（简称 VB）、Visual C（简称 VC）等都属于高级语言。与汇编语言一样，计算机不能直接识别高级语言编写的程序，因此必须要有一个翻译过程。把人们用高级语言编写的程序（源程序）翻译成机器语言程序（目标程序）有两种翻译方式，一是编译方式，二是解释方式。它们所采用的翻译程序分别称为编译程序和解释程序。编译方式是由"编译程序"将整个源程序全部翻译成目标程序，由于在目标程序中还可能要调用一些函数、过程等，还要用"连接程序"将目标程序和有关的函数库、过程库连接成一个"可执行程序（EXE 文件）"。连接生成的可执行程序可脱离编译程序和源程序独立存在并反复使用。由于源程序一旦编译后就不再参加运行，以后每次使用直接运行执行程序即可，所以运行速度快。但每次修改源程序后，必须重新编译、连接。Pascal 语言、C 语言等大多数高级语言都采用编译方式。解释方式则是将源程序逐句地翻译解释，边翻译解释边执行，不保留解释后的机器语言代码，下次运行时还要重新解释。BASIC 语言就是采用解释方式的。

高级语言分为面向过程和面向对象两种。传统的程序设计是基于求解过程来组织程序流程的，在这类程序中，数据和施加于数据的操作是独立设计的，以对数据进行操作的过程作为程序的主体，BASIC 语言、Pascal 语言、C 语言等都属于面向过程的程序设计语言。面向对象程序设计则以对象作为程序的主体，将数据和处理这些数据的程序封装在对象中。封装在对象中的程序通过信息来驱动运行，在图形用户界面上，消息可通过键盘或鼠标的操作（如鼠标单击）来传递。面向对象程序设计方法是软件设计的一场革命，它代表了一种全新的计算机程序设计方法，增加了程序代码的可重用性和可扩充性，使计算机问题求解更接近于客观事物的本质，更符合人们的思维习惯。面向对象程序设计语言（Object-Oriented Programming，OOP）主要有 C++、Java、J++、VB、VC、Delphi 等。

③ 数据库管理系统。数据处理是计算机应用最广泛的领域，利用数据库系统可以有效地保存和管理数据，并利用这些数据得到各种有用的信息。数据库系统（DataBase System，DBS）主要包括数据库（DataBase，DB）和数据库管理系统（DataBase Management System，DBMS）。数据库是按一定的组织结构保存于某种存储介质的一批相关数据的集合。数据库管理系统是管理数据库的软件，用于控制数据库中数据的建立、存取、管理和维护，以实现数据库系统的各种功能。数据库管理系统按数据模型的不同，分为层次型、网状型和关系型三种类型。其中，关系型数据库管理系统使用最为广泛，SQL Server、FoxPro、Oracle、Access 等都是常用的关系型数据库管理系统。

（2）应用软件

应用软件是为解决某个应用领域中的具体任务而开发的软件，如各种科学计算程序、企业管理程序、生产过程自动控制程序、数据统计与处理程序、情报检索程序等。常用应用软件包括定制软件、应用程序包、通用软件三种类型。

① 定制软件。针对具体应用而定制的软件。这类软件是按照用户的特定需求而专门进行开发的，如民航售票系统。

② 应用软件包。一些应用软件经过标准化、模块化，逐步形成了解决某些典型问题的应用程序的组合，称为应用软件包，如通用财务管理软件包。应用软件包在某些应用领域有一定的通用性，但与使用单位的具体要求还有一些差距，往往需要进行二次开发，经过不同程度的修改才能使用。

③ 通用软件。通用软件有文字处理软件（如 Word）、电子表格处理软件（如 Excel）、绘图软件（如 Photoshop）、课件制作软件（如 PowerPoint、Authorware）、网页制作软件（如 Dreamweaver、Flash、Fireworks）、网络通信软件（如 Outlook Express、Internet Explorer）等。这类软件一般能迅速推广流行，并且不断更新。

1.1.3　计算机的工作原理

美籍匈牙利数学家冯·诺依曼（John Von Neuman）于 1946 年提出了计算机设计的三个基本思想：

① 计算机由运算器、控制器、存储器、输入设备和输出设备五个基本部分组成。

② 采用二进制形式表示计算机的指令和数据。

③ 将程序（由一系列指令组成）和数据存放在存储器中，计算机依次自动地执行程序。

冯·诺依曼设计的计算机工作原理是将需要执行的任务用程序设计语言写成程序，与需要处理的原始数据一起通过输入设备输入并存储在计算机的存储器中，即"程序存储"；在需要执行时，由控制器取出程序并按照程序规定的步骤或用户提出的要求，向计算机的有关部件发布命令并控制它们执行相应的操作，执行的过程不需要人工干预而自动连续进行，即"程序控制"。冯·诺依曼计算机工作原理的核心是"程序存储"和"程序控制"。按照这一原理设计的计算机称为冯·诺依曼计算机，其体系结构称为冯·诺依曼结构。目前，计算机已发展到了第四代，但基本上仍然遵循冯·诺依曼原理和结构，绝大部分的计算机都是冯·诺依曼计算机。但是，为了提高计算机的运行程度，实现高度并行化，当今的计算机系统已对冯·诺依曼结构进行了许多变革，如指令流水线技术等。

1. 计算机的指令系统

指令是能被计算机识别并执行的命令。每一条指令都规定了计算机要完成的一种基本操作，所有指令的集合就称为计算机的指令系统。计算机的本能就是识别并执行其自身指令系统中的每条指令。

指令以二进制代码形式来表示，由操作码和操作数（或地址码）两部分组成，如图 1-3 所示。操作码指出应该进行什么样的操作，操作数表示指令所需要的数值本身或数值在内存中所存放的单元地址（地址码）。

操作码	操作数（地址码）

图 1-3　指令的组成

2．计算机执行指令的过程

计算机的工作过程实际上就是快速地执行指令的过程，认识指令的执行过程就能了解计算机的工作原理。计算机在执行指令的过程中有两种信息在流动：数据流和控制流。数据流是指原始数据、中间结果、结果数据、源程序等。控制流是由控制器对指令进行分析、解释后向各部件发出的控制命令，指挥各部件协调地工作。

计算机执行指令一般分为以下四个步骤：

① 取指令。控制器根据程序计数器的内容（存放指令的内存单元地址）从内存中取出一条指令送到 CPU 的指令寄存器。

② 分析指令。控制器对指令寄存器中的指令进行分析和译码。

③ 执行指令。根据分析和译码的结果，判断该指令要完成的操作，然后按照一定的时间顺序向各部件发出完成操作的控制信号，完成该指令的功能。

④ 一条指令执行后，程序计数器加 1 或将转移地址码送入程序计数器，然后回到①，进入下一条指令的取指令阶段。

3．计算机执行程序的过程

程序是为解决某一问题而编写的指令序列。计算机能直接执行的是机器指令，用高级语言或汇编语言编写的程序必须先翻译成机器语言，然后 CPU 从内存中取出一条指令到 CPU 中执行，指令执行完，再从内存取出下一条指令到 CPU 中执行，直到完成全部指令为止。CPU 不断地取指令、分析指令、执行指令，这就是程序的执行过程。

1.2 数制和信息编码

1.2.1 数制的概念

数制（number system）又称计数法，是人们用一组统一规定的符号和规则来表示数的方法。计数法通常使用的是进位计数制，即按进位的规则进行计数。在进位计数制中有"基数"和"位权"两个基本概念。

基数（radix）是进位计数制中所用的数字符号的个数。假设以 b 为基数进行计数，其规则是"逢 b 进一"，则称为 b 进制。例如，十进制的基数为 10 则逢 10 进一；二进制的基数为 2 则逢 2 进一。

在进位计数制中，把基数的若干次幂称为位权，幂的方次随该位数字所在的位置而变化，整数部分从最低位开始依次为 0，1，2，3，4……；小数部分从最高位开始依次为-1，-2，-3，-4……。

任何一种用进位计数制表示的数，其数值都可以写成按位权展开的多项式之和：

$$N= \pm (a_{n-1} \times b^{n-1}+a_{n-2} \times b^{n-2}+ \cdots+a_1 \times b^1+a_0 \times b^0+a_{-1} \times b^{-1}+a_{-2} \times b^{-2}+\cdots+a_{-m} \times b^{-m})= \sum_{i=n-1}^{-m} a_i \times b^i$$

其中，b 是基数，a_i 是第 i 位上的数字符号（或称系数），b^i 是位权，n 和 m 分别是数的整数部分和小数部分的位数。

例如，十进制数 1234.567 可以写成：

$$1234.567 = 1 \times 10^3 + 2 \times 10^2 + 3 \times 10^1 + 4 \times 10^0 + 5 \times 10^{-1} + 6 \times 10^{-2} + 7 \times 10^{-3}$$

在计算机内部，信息都是采用二进制的形式进行存储、运算、处理和传输的。采用二进制编码的好处如下：

① 可行性。二进制只用 0 和 1 这两个数码表示，在计算机中可用一个电子器件的两种稳定的状态来表示二进制数，物理上易于实现。例如，开关的接通和断开，晶体管的导通和截止，电压电平的高和低，脉冲的有和无等。假如采用十进制，要制造具有 10 种稳定状态的物理电路，那是非常困难的。

② 可靠性。二进制只有 0 和 1 这两个数码，用两种截然不同的状态代表这两个数码，在数字传输和处理时容易识别，不易出错。

③ 简易性。二进制的运算法则非常简单，例如：

求和法则	求积法则
0 + 0 = 0	0 × 0 = 0
0 + 1 = 1	0 × 1 = 0
1 + 0 = 1	1 × 0 = 0
1 + 1 = 10	1 × 1 = 1

④ 逻辑性。计算机的工作是建立在逻辑运算基础上的，二进制只有 0 和 1 这两个数码，正好分别代表逻辑运算中的"假"和"真"。

1.2.2 不同数制间的转换

1. 几种常用的数制

日常生活中人们习惯使用十进制，有时也使用其他进制。例如，计算时间采用六十进制，1 小时为 60 分钟，1 分钟为 60 秒；在计算机科学中也经常涉及二进制、八进制、十进制和十六进制等；但在计算机内部，不管什么类型的数据都使用二进制编码的形式来表示。下面介绍几种常用的数制：二进制、八进制、十进制和十六进制。

（1）常用数制的特点

表 1–1 列出了几种常用数制的特点。

表 1-1　常用数制的特点

数　　制	基　　数	数　　码	进位规则
十进制	10	0, 1, 2, 3, 4, 5, 6, 7, 8, 9	逢十进一
二进制	2	0, 1	逢二进一
八进制	8	0, 1, 2, 3, 4, 5, 6, 7	逢八进一
十六进制	16	0, 1, 2, 3, 4, 5, 6, 7, 8, 9, A, B, C, D, E, F	逢十六进一

（2）常用数制的对应关系

常用数制的对应关系如表 1–2 所示。

表 1-2　常用数制的对应关系

十 进 制	二 进 制	八 进 制	十六进制	十 进 制	二 进 制	八 进 制	十六进制
0	0	0	0	9	1001	11	9
1	1	1	1	10	1010	12	A
2	10	2	2	11	1011	13	B
3	11	3	3	12	1100	14	C
4	100	4	4	13	1101	15	D
5	101	5	5	14	1110	16	E
6	110	6	6	15	1111	17	F
7	111	7	7	16	1000	20	10
8	1000	10	8				

（3）常用数制的书写规则

为了区分不同数制的数，常采用以下两种方法进行标识。

① 字母后缀：

- 二进制数用 B（binary）表示。
- 八进制数用 O（octonary）表示。为了避免与数字 0 混淆，字母 O 常用 Q 代替。
- 十进制数用 D（decimal）表示。十进制数的后缀 D 一般可以省略。
- 十六进制数用 H（hexadecimal）表示。

例如，10011B、237Q、8079 和 45ABFH 分别表示二进制、八进制、十进制和十六进制。

② 括号外面加下标。例如，$(10011)_2$、$(237)_8$、$(8079)_{10}$ 和 $(45ABFH)_{16}$ 分别表示二进制、八进制、十进制和十六进制。

2．常用数制间的转换

（1）将 r 进制转换为十进制

将 r 进制（如二进制、八进制和十六进制等）按位权展开并求和，便可得到等值的十进制数。

【例】将 $(10010.011)_2$ 转换为十进制数。

$$(10010.011)_2 = 1 \times 2^4 + 1 \times 2^1 + 1 \times 2^{-2} + 1 \times 2^{-3}$$
$$= (18.38)_{10}$$

【例】将 $(22.3)_8$ 转换为十进制。

$$(22.3)_8 = 2 \times 8^1 + 2 \times 8^0 + 3 \times 8^{-1}$$
$$= (18.38)_{10}$$

【例】将 $(32CF.4B)_{16}$ 转换为十进制。

$$(32CF.4B)_{16} = 3 \times 16^3 + 2 \times 16^2 + C \times 16^1 + F \times 16^0 + 4 \times 16^{-1} + B \times 16^{-2}$$
$$= 3 \times 16^3 + 2 \times 16^2 + 12 \times 16^1 + 15 \times 16^0 + 4 \times 16^{-1} + 11 \times 16^{-2}$$
$$= (13007.292969)_{10}$$

（2）将十进制转换为 r 进制

将十进制转换为 r 进制（如二进制、八进制和十六进制等）的方法如下：

整数的转换采用"除以 r 取余"法，将待转换的十进制数连续除以 r，直到商为 0，每次得到的余数按相反的次序（即第一次除以 r 所得到的余数排在最低位，最后一次除以 r 所得到的余数排在最高位）排列起来就是相应的 r 进制数。

小数的转换采用"乘以 r 取整"法，将被转换的十进制纯小数反复乘以 r，每次相乘乘积的整数部分若为 1，则 r 进制数的相应位为 1；若整数部分为 0，则相应位为 0，由高位向低位逐次进行，直到剩下的纯小数部分为 0 或达到所要求的精度为止。

对具有整数和小数两部分的十进制数，要用上述方法将其整数部分和小数部分分别进行转换，然后用小数点连接起来。

【例】将 $(18.38)_{10}$ 转换为二进制。

先将整数部分 "除以 2 取余"。

除以 2	商	余数	低位
18÷2	9	0	排
9÷2	4	1	列
4÷2	2	0	顺
2÷2	1	0	序
1÷2	0	1	高位

因此，$(18)_{10}=(10010)_2$。

再将小数部分 "乘以 2 取整"。

乘以 2	整数部分	纯小数部分	高位
0.38×2	0	0.76	排
0.76×2	1	0.52	列
0.52×2	1	0.04	顺
0.04×2	0	0.08	序
0.08×2	0	0.16	低位

因此，$(0.38)_{10}=(0.01100)_2$。

最后得出转换结果：$(18.38)_{10} =(10010.01100)_2$。

（3）八进制、十六进制与二进制之间的转换

由于 $8 = 2^3$，$16 = 2^4$，所以一位八进制数相当于三位二进制数，一位十六进制数相当于四位二进制数。

① 二进制数转换为八进制数或十六进制数。

把二进制数转换为八进制数或十六进制数的方法是：

以小数点为界向左和向右划分，小数点左边（整数部分）从右向左每三位（八进制）或每四位（十六进制）一组构成一位八进制或十六进制数，位数不足三位或四位时最左边补 0；小数点右边（小数部分）从左向右每三位（八进制）或每四位（十六进制）一组构成一位八进制或十六进制数，位数不足三位或四位时最右边补 0。

【例】将 $(10010.0111)_2$ 转换为八进制。

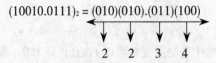

因此，$(10010.0111)_2 = (22.34)_8$

【例】将$(10010.0111)_2$转换为十六进制。

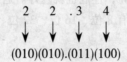

因此，$(10010.0111)_2 = (12.7)_{16}$

② 八进制数或十六进制数转换为二进制数。

把八进制数或十六进制数转换为二进制数的方法是：

把一位八进制数用三位二进制数表示，把一位十六进制数用四位二进制数表示。

【例】将$(22.34)_8$转换为二进制。

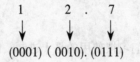

因此，$(22.34)_8 = (10010.0111)_2$

【例】将$(12.7)_{16}$转换为二进制。

$$\begin{array}{ccc} 1 & 2 & 7 \\ \downarrow & \downarrow & \downarrow \\ (0001) & (0010). & (0111) \end{array}$$

因此，$(12.7)_{16} = (10010.0111)_2$

以上介绍了常用数制间的转换方法。其实，使用 Windows 操作系统提供的"计算器"可以很方便地解决整数的数制转换问题。方法是：

① 选择"开始"→"程序"→"附件"→"计算器"命令，启动计算器。

② 选择计算器"查看"菜单中的"科学型"命令。

③ 单击原来的数制。

④ 输入要转换的数字。

⑤ 单击要转换成的某种数制，得到转换结果。

1.2.3 信息存储单位

在计算机内部，信息都是采用二进制的形式进行存储、运算、处理和传输的。信息存储单位有位、字节和字等几种。

1. 位

位（bit）是二进制数中的一个数位，可以是 0 或者 1，是计算机中数据的最小单位。

2. 字节

字节（byte，B）是计算机中数据的基本单位，各种信息在计算机中存储、处理至少需要一个字节，例如，一个 ASCII 码用一个字节表示，一个汉字用两个字节表示。

一个字节由八个二进制位组成，即 1Byte = 8bit。比字节更大的容量单位有 KB（kilobyte，千字节）、MB（megabyte，兆字节）、GB（gigabyte，吉字节）和 TB（terabyte，太字节）。

其中：1KB = 1 024B = 2^{10}B

$\qquad$ 1MB = 1 024KB = 2^{10}KB = 2^{20}B = 1 024 × 1 024B

$\qquad$ 1GB = 1 024MB = 2^{10}MB = 2^{30}B = 1 024 × 1 024 × 1 024B

$\qquad$ 1TB = 1 024GB = 2^{10}GB = 2^{40}B = 1 024 × 1 024 × 1 024 × 1 024B

3. 字

字（word）是计算机一次存取、运算、加工和传送的数据长度，是处理信息的基本单位，一个字由若干个字节组成，通常将组成一个字的位数称为字长。例如，一个字由四个字节组成，则字长为 32 位。

字长是计算机性能的一个重要指标，是 CPU 一次能直接传输、处理的二进制数据位数，字长越长，计算机运算速度越快，精度越高，性能也就越好。通常，人们所说的多少位的计算机，就是指其字长是多少位的。常用的字长有 8 位、16 位、32 位、64 位等。

1.2.4 常见的信息编码

任何形式的信息（数字、字符、汉字、图像、声音、视频）进入计算机都必须转换为 0 和 1（二进制），即进行信息编码。

1. BCD 码（二-十进制编码）

计算机中使用的是二进制，人们习惯使用的是十进制。因此，十进制数输入到计算机后，需要转换成二进制数；处理结果输出时，又需将二进制数转换为十进制数。这种转换工作是通过标准子程序自动实现的，BCD 码可用于实现数值编码。

BCD（binary coded decimal）码是用若干个二进制数码来表示十进制数的编码，也称为"二-十进制编码"。BCD 码的编码方法很多，有 8421 码、2421 码、5211 码和余 3 码等，最常用的是 8421 码。

8421 码将十进制数码中的每个数码分别用四位二进制编码表示，这四位二进制数的位权从左到右分别为 8、4、2、1，8421 码就是因此而命名的。这种编码方法比较简单、直观。表 1-3 所示为十进制数 0～7 的 8421 编码表，对于多位数，只需将它的每一位数字按表 1-3 中所列的对应关系用 8421 码直接列出即可。

例如，十进制数 863 用 8421 码可表示为 1000 0110 0011。

BCD 码是一种数据的过渡形式，其主要用

表 1-3 十进制数与 8421BCD 码的对照表

十 进 制	二 进 制	十 进 制	二 进 制
0	000	4	0100
1	0001	5	0101
2	0010	6	0110
3	0011	7	0111

途就是帮助计算机自动实现十进制数与二进制数的相互转换。当用户通过键盘向计算机输入数据 863 时，计算机直接接收到的是它的 BCD 码 1000 0110 0011，接着由计算机自动进行 BCD 码到二进制数的转换，将输入数转换为等值的二进制数 1101011111，存入计算机等待处理。输出的过程恰好相反。

2. ASCII 码

计算机除了处理数值信息外，还要处理大量的字符信息（如英文字母、标点符号、控制字符

等）。字符编码就是规定用怎样的二进制码来表示字符信息，以便计算机能够识别、存储它们。目前，广泛使用的字符编码是美国标准信息交换代码（American Standard Code for Information Interchange，ASKII），ASCII 码已由国际标准化组织（ISO）确定为国际标准字符编码。

ASCII 码由七位二进制数对字符进行编码，用 0000000～1111111 共 2^7 即 128 种不同的数码串分别表示常用的 128 个字符，其中包括 10 个数字、英文大小写字母各 26 个、32 个标点和运算符号、34 个控制符，如表 1-4 所示。

表 1-4　7 位 ASCII 代码表

$b_3b_2b_1b_0$ ＼ $b_6b_5b_4$	000	001	010	011	100	101	110	111
0000	NUL	DLE	SP	0	@	P	`	p
0001	SOH	DC1	!	1	A	Q	a	q
0010	STX	DC2	"	2	B	R	b	r
0011	ETX	DC3	#	3	C	S	c	s
0100	EOT	DC4	$	4	D	T	d	t
0101	ENQ	NAK	%	5	E	U	e	u
0110	ACK	SYN	&	6	F	V	f	v
0111	BEL	ETB	'	7	G	W	g	w
1000	BS	CAN	(	8	H	X	h	x
1001	HT	EM	)	9	I	Y	i	y
1010	LF	SUB	*	:	J	Z	j	z
1011	VT	ESC	+	;	K	[	k	{
1100	FF	FS	,	<	L	\	l	|
1101	CR	GS	–	=	M	]	m	}
1110	SO	RS	.	>	N	^	n	"
1111	ST	US	/	?	O	–	o	DEL

从 ASCII 码表中可以看出，数字 0～9、字母 A～Z、a～z 都是顺序排列的，且小写字母比大写字母 ASCII 值大 32，这有利于大、小写字母之间的编码转换。通过表 1-4 可以求出每个字符的 ASCII 码，其排列次序为 $b_6b_5b_4b_3b_2b_1b_0$，例如：

① 字符 "a" 的编码为 1100001，对应的十进制数为 97；则字符 "b" 的编码值为 98。

② 字符 "A" 的编码为 1000001，对应的十进制数为 65；则字符 "B" 的编码值为 66。

③ 数字 "0" 的编码为 0110000，对应的十进制数为 48；则字符 "1" 的编码值为 49。

④ 控制符 CR（carriage return，回车）的编码为 0001101，对应的十进制数为 13。

3. 汉字编码

用计算机处理汉字时，必须先将汉字代码化，即对汉字进行编码。从汉字的输入、处理到输出，不同的阶段采用不同的汉字编码，归纳起来可分为汉字输入码、汉字交换码、汉字机内码和汉字输出码四种。计算机处理汉字的过程是，通过汉字输入码将汉字信息输入到计算机内部，再用汉字交换码和汉字内码对汉字信息进行加工、转换、处理，最后使用汉字输出码将汉字从显示器上显示出来或从打印机打印出来。

（1）汉字输入码

汉字输入码是为从键盘输入汉字而编制的汉字编码，也称汉字外部码，简称外码。汉字输入码的编码方法有数码、音码、形码、音形码四类，不管使用哪种输入法，都是由操作者向计算机输入汉字，在计算机内部都是以汉字机内码表示。汉字的机内码是唯一的，而外码不是唯一的。

（2）GB 2312—1980 汉字国标码

汉字交换码是一种用于计算机汉字信息处理系统之间或者通信系统之间进行信息交换的汉字编码。我国于 1980 年发布的《信息交换用汉字编码字符集——基本集》，简称 GB 2312—1980 编码或国标码，是汉字交换码的国家标准。该标准包括 6 763 个汉字（一级汉字 3 755 个，按汉语拼音顺序排列；二级汉字 3 008 个，按偏旁部首顺序排列）和 682 个英、俄、日文字母以及其他字符。

所有的国标汉字和符号组成一个 94×94 的矩阵，矩阵中的每一行称为一个"区"（区号为 01～94），每一列称为一个"位"（位号为 01～94）。将一个汉字所在区号与位号简单地组合就构成该汉字的"区位码"。这张表格称为"区位表"，区位表中的每个字符都有一个四位数字（十进制）的代码，前 2 位为区号，后 2 位为位号。因此，用这种代码作为一种编码方法使用时就称为区位码。例如，"队"在 22 区和 51 位上，区位码就是 2251。区号和位号各加 32 就构成了国标码，这是为了与 ASCII 码兼容，每个字节值大于 32（0～32 为非图形字符码值）。所以，"队"的国标码为 5483。

GB 2312 汉字国标码只能表示和处理 6 763 个汉字，目前 Windows 系统使用 GBK 码，能处理 20 902 个汉字，收录了藏文、蒙文、维吾尔文等少数民族文字。

BIG5 编码是目前我国台湾、香港地区普遍使用的一种繁体汉字的编码标准，能处理 13 060 个汉字。

（3）汉字机内码

汉字机内码（亦称汉字内码）是计算机系统内部对汉字进行存储、处理、传输时统一使用的代码。一个国标码由两个七位二进制编码表示，占两个字节，每个字节最高位补 0。在 ANSI（美国国家标准委员会）标准中，西文字符的机内码一般采用前面介绍的 ASCII 码，一个 ASCII 码占一个字节的低 7 位，最高位也为 0。为了在计算机内部能够区分是汉字编码还是 ASCII 码，将国标码的每个字节的最高位由 0 变为 1，变换后的国标码称为汉字机内码。也就是说，字节最高位为 1 时，该字节一定是用来存储汉字的，而字节最高位为 0 时，该字节就一定是用来存储西文字符的。

例如，汉字"队"的国标码为 5483，即 $(0011\ 0110\ 0101\ 0011)_B$，机内码为 $(1011\ 0110\ 1101\ 0011)_B$，即 B6D3。

（4）汉字输出码

汉字输出码又称汉字字形码，是在显示器或打印机等设备上输出汉字时有关汉字字形的编码。每一个汉字的字形都必须预先存放在计算机内，GB 2312—1980 国际汉字字符集的所有字符的形状描述信息集合在一起，称为字形信息库，简称字库。字库中存储了每个汉字的字形点阵代码，不同的字体（如宋体、楷体、黑体等）对应着不同的字库。在输出汉字时，计算机要先到字库中去找到它的字形描述信息，然后再把字形输出。

汉字输出码通常有点阵码和矢量轮廓码两种。

点阵码的产生方式大多是以点阵的方式形成汉字，即用一组排成方阵的二进制数字来表示一个汉字，有笔画覆盖的位置用 1 表示，否则用 0 表示。汉字字形点阵一般有 16×16 点阵、24×24 点阵、32×32 点阵和 48×48 点阵等。对于 16×16 点阵的汉字，共有 256 个点，约占 256 KB，即要用 32 个字来表示一个汉字的点阵信息。点阵越大，占用的磁盘空间就越大，输出的字形越清晰美观。点阵方式的特点是，编码和存储方式简单，无须转换直接输出，但当输出字体放大时，会产生锯齿现象，不太美观。

矢量轮廓码的产生方式是，存储描述汉字字形的轮廓特征，当需要输出汉字时，再通过计算机的计算，由汉字字形描述生成所需大小和形状的汉字点阵。矢量方式的特点是字形美观，放大缩小都不会变形和畸变，可以产生高质量的汉字输出。打印输出时经常使用矢量方式。

1.3　微型计算机

微型计算机简称微机（micro computer）是以中央处理器（CPU）为核心，加上由大规模集成电路实现的存储器、输入/输出接口及系统总线所组成的计算机。随着大规模和超大规模集成电路技术的发展，微型计算机在计算机领域中已占有了重要地位，在各行各业中得到了迅速普及。微机可分为便携式计算机（见图 1-4（a））和台式计算机（见图 1-4（b））两种。台式计算机的主机、键盘和显示器等都是相互独立的，通过电缆连接在一起。其特点是价格便宜，部件标准化程度高，系统扩充和维护比较方便。便携式计算机把主机、硬盘驱动器、光盘驱动器、键盘和显示器等部件集成在一起，体积小、便于携带，如笔记本式计算机等。

(a) 便携式计算机　　　　　　(b) 台式计算机

图 1-4　便携式计算机和台式计算机

1.3.1　微机的硬件组成

微机的原理和结构与普通的电子计算机并无本质区别，也是由硬件系统和软件系统两大部分组成。硬件系统由中央处理器（CPU）、内存储器（包括 ROM 和 RAM）、接口电路（包括输入接口和输出接口）和外部设备（包括输入/输出设备和外存储器）几个部分组成，通过三条总线（BUS）：地址总线（AB）、数据总线（DB）和控制总线（CB）进行连接。

从外观来看，微机一般由主机和外部设备组成。以台式机为例，主机包括系统主板、CPU、内存、硬盘驱动器、CD-ROM 驱动器、显卡、电源等；外部设备包括外存、键盘、鼠标、显示器和打印机等。

1. 主板

每台微机的主机机箱内都有一块比较大的电路板，称为主板（mainboard）或母板（motherboard）。主板是连接 CPU、内存及各种适配器（如显卡、声卡等）和外部设备的中心枢纽。主板上布满了各种电子元件、插槽和接口等，它为 CPU、内存和各种适配器提供安装插座（槽）；为各种存储设备、打印和扫描等 I/O 设备以及数码照相机、摄像头、modem 等多媒体和通信设备提供接口。实际上计算机通过主板将 CPU 等各种器件和外部设备有机地结合起来形成一套完整的系统。计算机正常运行时对系统内存、存储设备和其他 I/O 设备的操控都必须通过主板来完成，因此计算机的整体运行速度和稳定性在相当程度上取决于主板的性能。

目前，主板主要有两种结构：主流机型结构和整合结构。主流机型结构是把 CPU、基本存储系统做在主板上，而显卡、声卡、网卡等做成适配器插到主板上，这种结构的特点是组成系统灵活，维修和对配件升级十分方便，只需把原来的插卡拔出来，换上新卡即可；整合主板结构把 CPU、基本存储设备、显卡、声卡、网卡等都集成在主板上，如果不是特别需要，不用再插入适配器就可构成主机系统，其优点是减少了可能出现的接触不良的问题，且价格便宜，缺点是若某一部分电路损坏，就会使整个主板报废。

图 1-5 所示为主流机型主板布局示意图。主板上主要包括 CPU 插座、内存插槽、显卡插槽以及各种串行和并行接口。

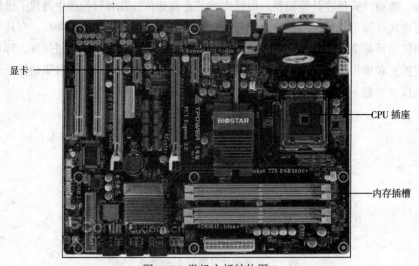

图 1-5　微机主板结构图

2. CPU

在微型计算机中，运算器和控制器通常被集成在一块集成电路的芯片上，称为中央处理器（CPU），又称微处理器。CPU 的主要功能是从内存储器中取出指令，解释并执行指令。CPU 是计算机硬件系统的核心，它决定了计算机的性能和速度，代表计算机的档次，所以人们通常把 CPU 形象地比喻为计算机的心脏。

CPU 的运行速度通常用主频表示，以赫兹（Hz）作为计量单位。在评价微机时，首先看其 CPU 是哪一种类型，在同一档次中还要看其主频的高低，主频越高，速度越快，性能越好。CPU 的主要生产厂商有 Intel 公司、AMD 公司、IBM 公司等。如图 1-6 所示，分别是 Intel 公司和 AMD 公司生产的两款 CPU。

3. 内存储器

内存储器简称内存，主要由只读存储器（Read-Only Memory，ROM）、随机存储器

（Random-Access Memory，RAM）和高速缓冲存储器（cache）构成。

（1）只读存储器

只读存储器（ROM）主要用来存放一些需要长期保留的数据和程序，其信息一般由出产厂家写入，断电后内容不会消失。例如，BIOS（Basic Input/Output System，基本输入/输出系统）就是固化在主板上 ROM 芯片中的一组程序，为计算机提供最基层、最直接的硬件控制与支持。

（2）随机存储器

随机存储器（RAM）是构成内存的主要部分，主要用来临时存放正在运行的用户程序和数据及临时（从外存）调用的系统程序。插在主板的内存槽上的内存条就是一种随机存储器。RAM 中的数据可以读出和写入，在计算机断电后，RAM 中的数据或信息将会全部丢失。

CMOS 是主板上的一块可读/写的 RAM 芯片，里面存放的是关于系统配置的具体参数，如日期、时间、硬盘参数等，这些参数可通过 BIOS 设置程序进行设置。CMOS RAM 芯片靠后备电源供电，因此无论是在关机状态，还是遇到系统断电的情况，CMOS 中的信息都不会丢失。BIOS 是一段用来完成 CMOS 参数设置的程序，固化在 ROM 芯片中；CMOS RAM 中存储的是系统参数，为 BIOS 程序提供数据。

RAM 又可分为静态 RAM（Static RAM，SRAM）和动态 RAM（Dynamic RAM，DRAM）两种，如图 1-7 所示。SRAM 的速度较快，但价格较高，只适宜特殊场合的使用。例如，高速缓冲存储器（cache）一般用 SRAM 做成；DRAM 的速度相对较慢，但价格较低，在 PC 中普遍采用它做成内存条。DRAM 常见的有 SDRAM、DDR SDRAM 和 DDR2 SDRAM 等几种。SDRAM（synchronous dynamic random access memory，同步动态随机存储器）是前几年普遍使用的内存形式，但随着 DDR SDRAM 的普及，SDRAM 正在慢慢退出主流市场。DDR SDRAM（Double Data Rate Synchronous Dynamic Random Access Memory，双倍速率的同步动态随机存储器）是 SDRAM 的更新换代产品，具有比 SDRAM 多一倍的传输速率和内存带宽，是目前常用的内存类型。DDR2 SDRAM（double data rate 2 SDRAM）是新一代的内存技术标准，随着 Intel 最新处理器技术的发展，前端总线对内存带宽的要求越来越高。

图 1-6　CPU 外观

SDRAM

DDR
图 1-7　SDRAM 与 DDR

（3）高速缓冲存储器

CPU 的速度越来越快，但 DRAM 的速度受到制造技术的限制无法与 CPU 的速度同步，因而经常导致 CPU 不得不降低自己的速度来适应 DRAM。为了协调 CPU 与 DRAM 之间的速度，通常在 CPU 与主存储器间提供一个小而快的存储器，称为高速缓冲存储器（cache）。cache 是由 SRAM 构成的，存取速度大约是 DRAM 的 10 倍，其工作原理是将当前要执行的程序和准备处理的数据复制到 cache 中。CPU 读/写时，首先访问 cache，当 cache 中有 CPU 所需的数据时，直接从 cache 中读取，如果没有，就从内存中读取，并把与该数据相关的内容复制到 cache 中，为下一次访问做好准备。

4．外存储器

外存储器又称外存，用于长期保存数据，由于其存在于主机外部，所以属于计算机外部设备。外存中的数据 CPU 不能直接访问，要被送入内存后才能被使用，计算机通过内外存之间不断的信息交换来使用外存中的信息。与内存比较，外存容量大、价格低、速度慢。外存主要有磁带、软盘、硬盘、光盘、U 盘、移动硬盘等。

（1）软盘

软盘是用柔软的聚酯材料制成圆形底片，在表面涂上一层磁性材料，被封装在护套内。软盘价格低廉，携带方便，但读/写速度较慢，存储容量小（3.5 英寸软盘的容量为 1.44MB）、易损坏，目前已被 U 盘所取代。

（2）硬盘

硬盘由磁盘盘片组、读/写磁头、定位机构和传动系统等部分组成，密封在一个容器内（见图 1-8）。硬盘容量大，存储速度快，可靠性高，是最主要的外存储设备。目前，常用的硬盘一般为 5.25 英寸，容量一般为几十 GB 到几百 GB。

（3）移动硬盘

由于硬盘一般固定在机箱中，不宜携带，所以移动硬盘（见图 1-9）应运而生。移动硬盘具有容量大（几十 GB 到几百 GB），使用、携带方便，单位储存成本低，安全性、可靠性强，兼容性好，读/写速度快等特点，受到越来越多的用户青睐。

图 1-8　硬盘

图 1-9　移动硬盘

在 Windows 2000、Windows XP 操作系统下使用移动硬盘不需要安装任何驱动程序，即插即用，十分方便。移动硬盘一般置于机箱之外，借助移动硬盘数据线通过 USB 或 IEEE1394 接口与计算机连接。移动硬盘的用电量一般比闪存盘用电量大，有的计算机上的 USB 接口提供不了足够的电量（尤其是笔记本式计算机）让移动硬盘工作，因此移动硬盘数据线往往有两个插头，使用时最好两个插头都插在计算机上，以免造成电量不足。移动硬盘每次使用完毕后，需要先将其移除（也称为"删除硬件"），然后再拔出数据线。具体步骤是：先关闭相关的窗口，右击任务栏上的移动存储器图标，再单击弹出的"安全删除硬件"命令，最后单击"停止"按钮。另外，避免在数据正在读/写时拔出移动硬盘。

（4）闪存盘

闪存盘（俗称优盘，见图 1-10）利用闪存（flash memory）技术在断电后还能保持存储数据的原理制成，具有重量轻且体积小，读/写速度快，不易损坏，采用 USB 接口，即插即用等特点，能实现在不同计算机之间进行文件交流，已经成为移动存储器的主流产品。闪存盘的存储容量一般有 1 GB、2 GB、4 GB、8 GB、16 GB 等。避免在读/写数据时拔出闪存盘，闪存盘也要先"删除硬件"再拔出。

（5）光盘

光盘（Compact Disk，CD）是利用激光原理进行读/写的外存储器，如图 1-11 所示。它以容量大，寿命长，价格低等特点，在微机中得到了广泛应用。

图 1-10　闪存盘

图 1-11　光盘与光盘驱动器

光盘分为 CD（Compact Disk）、DVD（Digital Versatile Disk）等。CD 光盘的容量约为 650 MB；单面单层的红光 DVD 容量为 4.7 GB，单面双层的红光 DVD 容量为 7.5 GB，双面双层的红光 DVD 容量为 17 GB（相当于 26 张 CD 光盘的容量）；蓝光 DVD 单面单层光盘的存储容量有 23.3 GB、25 GB 和 27 GB。就像传统的红光 DVD 光盘一样，蓝光 DVD 同样还可以做成单面双层、双面双层，容量将更大。比蓝光 DVD 更新的产品是全息存储光盘。全息存储光盘是利用全息存储技术制造而成的新型存储器，它用类似于 CD 和 DVD 的方式（即能用激光读取的模式）储存信息，但存储数据是在一个三维的空间而不是通常的两维空间，并且数据检索速度要比传统的快几百倍。计算机技术正在日新月异地发展，特别是因特网的普及，使得人们对信息的存储提出了更高的要求，越来越追求超大容量和超高速的存储设备。在不久的将来，目前传统的存储技术如半导体存储、磁盘存储和光盘存储都将会达到其存储极限，全息存储技术因同时具有存储容量大（可达到几百 GB 至十几 TB），数据传输速率高，冗余度高和信息寻址速度快等特点，最有可能成为下一代主流存储技术。国内外许多机构都正在对这项新技术的实用化和产业化进行研究，期待在这一有着巨大经济利益的高技术领域占有一席之地。

光盘的驱动和读取是通过光盘驱动器（简称光驱）来实现的，CD-ROM 光驱和 DVD 光驱已经成为微机的基本配置。在光盘中写入数据需安装刻录机。新型的三合一驱动器，能支持读取 CD 光盘、DVD 光盘和刻录光盘等功能，将被广泛地应用在微机中。

5．输入设备

输入设备将信息用各种方法输入计算机，并将原始信息转化为计算机能接受的二进制数，使计算机能够处理。常用的输入设备主要有键盘、鼠标、扫描仪、触摸屏、手写板、光笔、话筒、摄像机、数码照相机、磁卡读入机、条形码阅读机、数字化仪等。

（1）键盘

键盘是最常用、最基本的输入设备，可用来输入数据、文本、程序和命令等。在键盘内部有专门的控制电路，当用户按下键盘上的任意一个键时，键盘内部的控制电路会产生一个相应的二进制代码，并把这个代码传入计算机。图 1-12 所示为 104 键盘。

图 1-12　键盘示意图

按照各类按键的功能和排列位置，可将键盘分成四个区：打字键区、功能键区、编辑键区和数字小键盘区。

① 打字键区。打字键区与英文打字机键的排列次序相同，位于键盘中间，包括数字 0~9、字母 a~z，以及一些控制键，如【Shift】键、【Ctrl】键、【Alt】键等。

② 功能键区。功能键区在键盘最上面一排，指的是【Esc】键和【F1】~【F12】键，其功能由软件、操作系统或者用户定义。例如，【F1】键常被设为帮助键。现在有些计算机厂商为了进一步方便用户，还设置了一些特定的功能键，如单键上网、收发电子邮件、播放 VCD等。

③ 数字小键盘区。数字小键盘区又称"小键盘"，位于键盘的右部，它主要是为录入大量的数字提供方便。"小键盘"中的双字符键具有数字键和编辑键双重功能，单击数字锁定键【Num Lock】即可进行上挡数字状态和下档编辑状态的切换。

④ 编辑键区。编辑键区位于打字键区和数字小键盘区之间，在键盘中间偏右的地方，主要用于光标定位和编辑操作。

如表 1-5 所示列出了一些常用键的功能和用法。

表 1-5 常用键的功能和用法

Caps Lock	字母大/小写转换键。若键盘上的字母键为小写状态，按下此键可转换成大写状态（键盘右上角的 Caps Lock 指示灯亮）；再按一次又转换成小写状态（Caps Lock 指示灯灭）
Shift	换挡键。打字键区中左右各一个，不能单独使用。主要有两个用途：①先按【Shift】键不释放，再按下某个双字符键，即可输入上档字符（若单独按双字符键则输入下档字符）。②在小写状态下，按住【Shift】键时按字母键，输入大写字母；在大写状态下，按住【Shift】键时按字母键，输入小写字母
Enter	回车键。主要有两个用途：①换行，即结束一行的编辑，另起一行。②在命令方式下，确认命令输入完毕，并开始执行命令
Space	空格键。在键盘中下方的长条键，每按一次键即在光标当前位置产生一个空格
Back Space	退格键。删除光标左侧字符
Delete（Del）	删除键。删除光标当前位置字符
Tab	称为跳格键或制表定位键。每单击一次，光标向右移动若干个字符（一般为八个）的位置，常用于制表定位
Ctrl	控制键。打字键区中左右各一个，不能单独使用，通常与其他键组合使用，如同时按住【Ctrl】键、【Alt】键和【Delete】键可用于热启动
Alt	控制键，又称"替换"键。打字键区中左右各一个，不能单独使用，通常与其他键组合使用，完成某些控制功能
Num Lock	数字锁定键。按数字锁定键【Num Lock】即可对小键盘进行上挡数字状态和下挡编辑状态的切换。Num Lock 指示灯亮，小键盘上挡数字状态有效，否则下挡编辑状态有效
Insert（Ins）	插入/改写状态转换键。用于编辑时插入、改写状态的转换。在插入状态下输入一个字符后，该字符被插入到光标当前位置，光标所在位置后的字符将向右移动，不会被改写；在改写状态下输入一个字符时，该字符将替换光标所在位置的字符

Print Screen	屏幕复制键。在 DOS 状态下按该键可将当前屏幕内容在打印机上打印出来。在 Windows 操作系统下，按该键可将当前屏幕内容复制到剪贴板中；同时按住【Alt】键和【Print Screen】键可将当前窗口或对话框中的内容复制到剪贴板中
↑↓←→	光标移动键。在编辑状态下，每单击一次，光标将按箭头方向移动一个字符或一行
Page Up(PgUp)	向前翻页键。每单击一次，光标快速定位到上一页
Page Down(PgDn)	向后翻页键。每单击一次，光标快速定位到下一页
Home	在编辑状态下，单击该键，光标移动到当前行行首；同时按住【Ctrl】键和【Home】键，光标移动到文件开头位置
End	在编辑状态下，单击该键，光标移动到当前行行尾；同时按住【Ctrl】键和【End】键，光标移动到文件末尾
⊞	Windows 专用键。用于启动"开始"菜单
▤	Windows 专用键。用于启动快捷菜单

（2）鼠标

随着 Windows 操作系统的发展和普及，鼠标已成为计算机必备的标准输入装置。鼠标因其外形像一只拖着长尾巴的老鼠而得名，如图 1-13 所示。鼠标的工作原理是利用自身的移动，把移动距离及方向的信息变成脉冲传送给计算机，由计算机把脉冲转换成指针的坐标数据，从而达到指示位置的目的。鼠标可分为机械式、光电式和机电式三种，不同种类的鼠标在控

图 1-13　有线鼠标和无线鼠标

制原理上有所不同，在使用方法上基本是一样的。机械式鼠标底座上装有一个钢球，当在平面上滑动鼠标时，球体的转动可使鼠标内部电子器件测出位移的方向和距离，并通过连线将有关数据传到主机。这种鼠标价格便宜，使用方便，但准确性较差。光电式鼠标需要与一个布有小方格的专用板配合使用，鼠标底部的光电装置可以测出鼠标在专用板上位移的方向和距离，并传送到主机。这种鼠标可靠性高，但需要配置专用板。机电式鼠标是机械式和光电式的混合结构，不需要专用板，而且性能和价格都比较适宜，目前最为流行。此外，还有将鼠标与键盘合二为一的输入设备，即在键盘上安装了与鼠标器作用相同的跟踪球，它在笔记本计算机中应用很广泛。近年来还出现了 3D 鼠标和无线鼠标等。

在 Windows 环境下，使用鼠标可以更快捷地移动光标、选定对象、执行命令等。鼠标上有两个按键（可以设左键为主键，右键为副键）或三个按键（在有滚动条的窗口中可用中间的按键翻屏）。鼠标的基本操作包括定位、单击、双击和拖动等。

① 定位。移动鼠标，将指针放在屏幕的某位置上。

② 单击。定位后，迅速按下并释放鼠标左键，也称为"点击和选择"；鼠标定位后右击可打开定位对象的快捷菜单。

③ 双击。定位后，两次迅速地连续按下并释放鼠标左键。例如，要进入某个应用程序，在该程序的"小图标"上双击鼠标左键即可。

④ 拖动。按住鼠标左键并移动鼠标到目的位置释放，用于移动或复制对象；鼠标右键的拖动一般是用于移动和复制，或快捷方式的创建。

鼠标指针的形状有不同的意义，如表 1-6 所示。

表 1-6　指针的形状和意义

指针的形状	代表的意义	指针的形状	代表的意义
↖	正常选择，鼠标的基本形状	✎	手写
↖?	帮组信息，显示对象的帮助信息	⊘	不可执行
↖⧖	后台正在运行	↔↕↖↗	垂直、水平、对角线调整窗口大小
⧖	忙，系统正在执行某种操作	✛	移动对象
＋	精确定位	☝	链接选择，表示此处有超级链接
I	选定文本		

（3）扫描仪

扫描仪（见图 1-14）是一种输入图形图像的设备，通过它可以将图形、图像、照片、文字甚至实物等以图像形式扫描输入到计算机中。

扫描仪最大的优点是在输入稿件时，可以最大程度上保留原稿面貌，这是键盘和鼠标所办不到的。通过扫描仪得到的图像文件可以提供给图像处理程

图 1-14　扫描仪

序进行处理；如果再配上光学字符识别（OCR）程序，则可以把扫描得到的图片格式中的中英文转变为文本格式，供文字处理软件进行编辑，这样就免去了人工输入的过程。

（4）触摸屏

触摸屏是一种附加在显示器上的辅助输入设备。当手指在屏幕上移动时，触摸屏将手指移动的轨迹数字化，然后传送给计算机，计算机对获得的数据进行处理，从而实现人机对话。其操作方法简便、直观，多用于银行、车站、医院等场所，提供查询服务。

此外，利用手写板可以通过手写输入中英文；利用摄像头可以将各种影像输入到计算机中；利用语音识别系统可以把语音输入到计算机中。

6. 输出设备

输出设备的功能是将计算机的处理结果转换为人们所能接受的形式并输出。常用的输出设备有显示器、打印机、绘图仪、影像输出系统和语音输出系统等。磁盘驱动器既是输入设备，又是输出设备。

（1）显示器

显示器是计算机最基本的输出设备，能以数字、字符、图形或图像等形式将数据、程序运行结果或信息的编辑状态显示出来。

常用的显示器有两类：一类是使用阴极射线管 CRT（Cathode Ray Tube）的显示器；另一类是液晶显示器 LCD（Liquid Crystal Display）。CRT 显示器（见图 1-15（a））工作时，电子枪发出电子束轰击屏幕上的某一点，使该点发光，每个点由红、绿、蓝三基色组成，通过对三基色强度的控制就能合成各种不同的颜色。电子束从左到右，从上到下，逐点轰击，就可以在屏幕上形成图像。

液晶显示器（见图 1-15（b））的工作原理是利用液晶材料的物理特性，当通电时，液晶中分子排列有秩序，使光线容易通过；不通电时，液晶中分子排列混乱，阻止光线通过。这样让液晶中分子如闸门般地阻隔或让光线穿透，就能在屏幕上显示出图像来。液晶显示器的特点

（a）CRT（阴极射线管）显示器　　（b）LCD（液晶）显示器

图 1-15　显示器

是：超薄、完全平面、没有电磁辐射、能耗低，符合环保概念。

显示器的主要技术参数有：

① 显示器尺寸。显示器尺寸一般指的是显示管对角线的尺寸，以英寸为单位。一般有 14 英寸，15 英寸，17 英寸和 20 英寸等。

② 分辨率。分辨率一般用整个屏幕上光栅的列数与行数的乘积来表示。例如，某显示器的分辨率为 800×600，则显示屏幕分为 800 列 600 行，水平方向显示 800 个点，垂直方向显示 600 个点，共有 800×600 个像素。对于相同尺寸的屏幕，分辨率越高，所显示的字符或图像就越清晰。目前，应用最多的是高分辨率彩色显示器，其分辨率有 640×480、1024×768、1280×1024 等。

③ 点距。点距是指荧光屏上两个相邻的相同颜色磷光之间的对角线距离，以 mm 为单位。点距越小，显示效果越好，显示的图像就越清晰，画面就越细腻。一般 0.28 mm 的点距已经可以满足用户需求了。

④ 刷新率。刷新率通常以赫兹（Hz）表示，刷新率足够高时，人眼就能看到持续、稳定的画面，否则就会感觉到明显的闪烁和抖动，闪烁情况越明显，眼睛就越疲劳。一般要求刷新率在 50 Hz 以上。

计算机的显示系统包括显示器和显示适配卡（简称显卡），它们是独立的产品。显示器是通过显卡与 CPU 连接的。显卡插在系统主板的扩展槽中，并通过一个插座与显示器连接。常见的显卡有单色显卡和彩色显卡两类。单色显卡有 MDA、HGA 两种，如今已很少使用。彩色显示卡有 CGA、EGA、VGA 和 SVGA 等多种，它们的分辨率分别为 640×200（或 320×200）、640×350、640×480、1024×768 和 1280×1024。

（2）打印机

打印机（见图 1-16）是能将计算机的处理结果打印在纸上的常用输出设备，一般通过电缆线连接在主机箱的并行接口上。打印机按打印颜色可分为单色打印机和彩色打印机；按输出方式可分为并行打印机和串行打印机；按工作方式可分为击打式打印机和非击打式打印机，击打式打印机用得最多的是针式打印机，非击打式打印机用得最多的是激光打印机和喷墨打印机。

（a）针式打印机　　　　　　　　（b）激光打印机　　　　　　　　（c）喷墨打印机

图 1-16　打印机

① 针式打印机

针式打印机也叫点阵打印机,由走纸机构、打印头和色带组成。打印头由若干根特制的针组成,这些针排成一列或两列,在拖架带动下可以水平移动。在驱动电路的控制下,每一根针都可单独动作,击打色带并在纸上留下印点,这些印点可组成所需要的字符或图形。

针式打印机按打印头的针数可分为9针、18针和24针等数种。打印汉字时通常使用24针打印机。针式打印机的代表产品是日本 Epson 公司的 LQ 系列,型号为 LQ-1600K、LQ-1900K、LQ-2000K 等,其中"K"表示具有中文打印功能。

针式打印机的缺点是噪声大,打印速度慢,打印质量不高,打印针容易损坏;优点是打印成本低,可连页打印,可多页打印(复印效果),可打印蜡纸等。

② 激光打印机

激光打印机是激光技术和电子照相技术结合的产物。这种打印机由激光源、光调制器、感光鼓、光学透镜系统、显影器、充电器等部件组成。其工作原理与复印机相似,简单来说,它将来自计算机的数据转换成光,射向充有正电的旋转的感光鼓上。感光鼓的表面上镀有一层感光材料硒,因此又称为硒鼓。硒鼓上被照射的部分便带上负电,并能吸引带色粉末。硒鼓与纸接触后把粉末印在纸上,接着在一定压力和温度的作用下,色粉熔化固定在纸面上。

由于激光打印机分辨率高,印字质量好,打印速度快,无击打噪声,因此深受用户的喜爱。缺点是对纸张要求高,打印成本高。常用的激光打印机有 HP Laser Jet 系列、联想 Laser Jet 系列、方正 A5000、Canon、Epson 系列等。

③ 喷墨打印机

喷墨打印机使用喷墨来代替针打,在控制电路的控制下墨水通过喷头喷射到纸面上形成输出字符和图形。喷墨打印机体积小,无噪声,打印质量高,颜色鲜艳逼真,价格便宜,适用于个人购买。缺点是对纸张要求高,墨水的消耗量大。目前常用的有 HP Jet 系列、Epson、佳能 BJC-265CP 等。

打印机的主要技术指标是分辨率和打印速度。分辨率一般用每英寸打印的点数(dpi)来表示。分辨率的高低决定了打印机的印字质量。针式打印机的分辨率通常为 180 dpi,喷墨打印机和激光打印机的分辨率一般都超过 600 dpi。打印速度一般用每分钟能打印的纸张页数(ppm)来表示。

7. 总线

总线(bus)是 PC 硬件系统用来连接 CPU、存储器和输入/输出设备(I/O 设备)等各种部件的公共信息通道,通常由数据总线(Data Bus, DB)、地址总线(Address Bus, AB)和控制总线(Control Bus, CB)三部分组成。数据总线在 CPU 与内存或 I/O 设备之间传送数据,地址总线用来传送存储单元或输入/输出接口的地址信息,控制总线则用来传送控制和命令信号。其工作方式一般是:由发送数据的部件分时地将信息发往总线,再由总线将这些数据同时发往各个接收信息的部件,但究竟由哪个部件接收数据,应该由地址来决定。由此可见,总线除包括上述的三组信号线外,还必须包括相关的控制和驱动电路。在 PC 硬件系统中,总线有自己的主频(时钟频率)、数据位数与数据传输速率,已成为一个重要的独立部件。

典型的总线结构有单总线结构和多总线结构两种。常用的 PC 机总线标准有 ISA(Industry Standard Architecture)总线或 PCI(Peripheral Component Interconnect)总线两种。前者是美国 IBM 公司推出的 8/16 位标准总线,主要用于早期的 IBM-PC/XT、AT 等计算机,数据传输速率为 8 MB/s。

后者是美国 Intel 公司推出的 32/64 位标准总线，主要用于 Pentium 以上的 PC，数据传输速率为 132～264 MB/s。

8. 输入/输出接口

在微机中，当增加外部设备（简称外设）时，不能直接将它接在总线上，这是因为外设种类繁多，所产生和使用的信号各不相同，工作速度通常又比 CPU 低，因此外设必须通过 I/O 接口电路才能连接到总线上。接口电路具有设备选择、信号变换及缓冲等功能，以确保 CPU 与外设之间能协调一致地工作。微机中一般能提供以下类别的接口（见图 1-17）：

① 总线接口。主板一般提供多种总线类型（如 ISA、PCI、AGP）的扩展槽，供用户插入相应的功能卡（如显示卡、声卡、网卡等）。

② 串行口。采用二进制位串行方式（一次传输一位数据）来传送信号的接口。主要采用 9 针的规范，主板上提供了 COM1、COM2，早期的鼠标就是连接在这种串行口上。

③ 并行口。采用二进制为并行方式（一次传输八位数据，即一个字节）来传送信号的接口。主要采用 25 针的规范，旧款的打印机主要是连接在这个并行口上。

④ PS/2 接口。为了考虑到资源的占用率和传输速度，专门设计用来连接鼠标和键盘的接口。连接鼠标和键盘的 PS/2 接口看起来非常相似，但其实内部的控制电路是不同的，不能互相混插，可以用颜色来区分，通常紫色的代表键盘，绿色的代表鼠标。

⑤ USB 接口。USB（Universal Serial Bus）即通用串行总线，是采用新型的串行技术开发出来的接口，用于克服传统总线的不足，它的作用是将不一致的外设接口统一成一个标准的四针头接口。最大的特点是支持热插拔，而且传输速度快，USB 1.1 规范传输速度为 1.5 MB/s，USB 2.0 规范达到 480 MB/S，所以现在大部分的外部设备都提供 USB 连接口。这样一来 USB 的需求就变得很大，以前计算机只提供一个到两个 USB 接口已经不能满足需求，所以很多计算机厂商在主板上安装多达八个 USB 接口。也有计算机厂商为了方便用户插拔，把 USB 接口放置在机箱前面板上。

图 1-17　微机接口

1.3.2　计算机的主要性能指标

1. 字长

字长是 CPU 一次能直接传输、处理的二进制数据位数，是计算机性能的一个重要指标。字长代表机器的精度，字长越长，可以表示的有效位数就越多，运算精度越高，处理能力越强。目前，微机的字长一般为 32 位或 64 位。

2. 主频

主频指的是计算机的时钟频率，时钟频率是指 CPU 在单位时间（s）内发出的脉冲数，通常以兆赫兹（MHz）为单位。主频越高，计算机的运算速度越快。人们通常把微机的类型与主频标注在一起，例如，Pentium 4 3.2 GB 表示该计算机的 CPU 芯片类型为 Pentium 4，主频为 3.2GB。CPU 主频是决定机器运算速度的关键指标，这也是用户在购买微机时要按主频来选择 CPU 芯片的原因。

3．运算速度

计算机的运算速度是指每秒所能执行的指令数，用每秒百万条指令（MIPS）描述，是衡量计算机档次的一项核心指标。计算机的运算速度不但与 CPU 的主频有关，还与字长、内存、硬盘等有关。

4．内存容量

内存容量是指随机存储器 RAM 的存储容量的大小。内存容量越大，所能存储的数据和运行的程序就越多，程序运行速度也越快，计算机处理信息的能力越强。目前，微机的内存容量一般为 256 MB、512 MB、1 GB 等。

此外，机器的兼容性、系统的可靠性及可维护性，外部设备的配置等也都常作为计算机的技术指标。

1.3.3 微机的选购

目前用户购买微机一般有台式计算机和笔记本式计算机两种选择，而且可以选择购买品牌机或兼容机。品牌机是指由拥有计算机生厂许可证，且具有市场竞争力的正规厂商配置的计算机。IBM、DELL、联想、惠普、方正、七喜、华硕、清华同方等都是知名的品牌机生产厂商。由于品牌机是计算机生产厂商在对各种计算机硬件设备进行多次组合试验的基础上组装的，因此产品的质量相对较好、稳定性和兼容性也较高，售后服务较好，但价格相对较高。兼容机是指根据买方要求现场组装（或自己组装）出来的计算机。由于没有经过搭配上的组合测试，因而兼容机先天就存在兼容性和稳定性的隐患，售后服务也往往较差，但价格一般较低。

不管是选购品牌机、兼容机，都应该对计算机的配置有所了解。一台计算机是由许多功能不同、型号各异的配件组成。因此，在选购计算机之前，可先按照自己的需求，选择不同档次、型号、生产厂家的计算机配件，这就是计算机配置。有关计算机配置、价格等方面的资讯可到太平洋电脑网（http://www.pconline.com.cn）、中关村在线（http://www.zol.com.cn）等网站中查询。

配置计算机的基本原则是：实用、性能稳定、性价比高、配置均衡。在选择配置时应切忌只强调 CPU 的档次而忽视主板、内存、显卡等重要部件的性能，不均衡的配置将造成好的部件不能充分发挥其作用。另外，计算机硬件的升级非常快，购买计算机时一步到位的想法是非常错误的，即使购买的是当时最高档的硬件通过一年的时间也会从高档沦为低档。普通家用计算机只要能够运行主流的操作系统和一般的应用软件，能满足平时学习、工作、娱乐、上网的需要就可以了，因此其配置无须非常高，这样不仅可以节省购买费用，还能充分发挥各部件的功能。

另外，选购时还要货比三家，选择一个比较实惠的经销商处购买。在和经销商商订好价格后要确定书面的售后服务。硬件产品一定要先检查，检查硬件是否被打开过，型号是否正确，硬件质量是否完好等。

1.3.4　微机的组装

了解微型计算机的结构和部件，买齐了计算机硬件设备（包括 CPU、内存、硬盘、主板、显卡、光驱、机箱、电源、鼠标、键盘、显示器等）后，用户可以自己组装计算机。组装之前需要准备好安装的环境和所用工具，最基本的组装工具是螺丝刀。常规的装机顺序为：CPU→散热器→内存→电源→主板→电源连线→机箱连线→显卡→硬盘→光驱→数据线→机箱。下面简单介绍组装微机的主要过程。

1．安装 CPU

将主板小心放置平稳，把主机板上的 ZIF（零插拔力）插座旁的杠杆抬起。CPU 的形状一般是正方形的，其中一角有个缺角。找准 CPU 上的缺角和主板上 CPU 插座上的缺角，对准将 CPU 的针插入插座上的插孔即可，然后将插座上的杠杆放下扣紧 CPU。CPU 安装完成后，将少许导热硅脂均匀涂抹在 CPU 核心的表面，使 CPU 核心与散热器很好地接触，从而达到导热的目的。操作如图 1-18 所示。

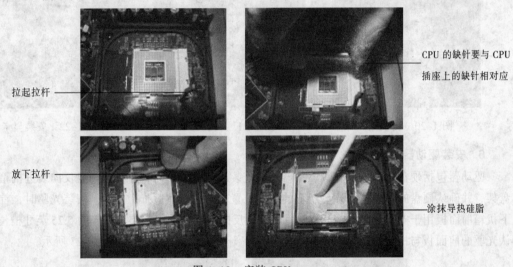

图 1-18　安装 CPU

2．安装内存

安装内存条之前，需要将主板上的内存插槽两端的夹脚（通常也称为"保险栓"）向两边扳开。找准内存条上的豁口和插槽上的突起，对准用力将内存条按下插入插槽。内存条安装到位时会发出啪啪的声响，插槽两端的夹脚会自动扣住内存条。操作如图 1-19 所示。

将保险栓向外侧扳动　　　将内存条引脚上的缺口对准内存插槽内的凸起处　　　保险栓自动卡住内存条两侧的缺口

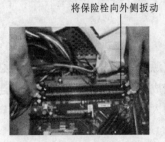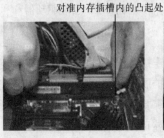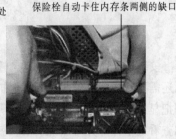

图 1-19　安装内存

3．安装电源

电源的一面通常有四个螺丝孔，把有螺丝孔的一面对准机箱上的电源架，并用四个螺丝将电源固定在机箱的后面板上。使电源后的螺丝孔和机箱上的螺丝孔一一对应，然后拧上螺丝，如图1-20所示。

4．安装主板

打开主机机箱的盖子，将机箱平放在桌面上，小心地将主板放入机箱中。确保机箱后部输出口都正确地对准位置，然后用螺丝钉拧紧，如图1-21所示。

5．安装显卡

首先去掉主板上 AGP 插槽的金属挡板，然后将显卡的金手指垂直对准主板的 AGP 插槽。垂直向下用力直到显卡的金手指完全插入插槽，最后用螺丝刀将螺丝拧紧，如图1-22所示。

将 ATX 12V 电源装入机箱　　　　将主板放入机箱中　　　　将 AGP 显卡的金手指垂直插入 AGP 插槽

图 1-20　安装电源　　　　图 1-21　安装主板　　　　图 1-22　安装显卡

6．安装驱动器

驱动器包括硬盘驱动器、光盘驱动器等。安装硬盘驱动器时，首先把硬盘反向装进机箱的硬盘架，并确认硬盘的螺丝孔与硬盘架上的螺丝位置相对应，然后拧上螺丝。安装光驱时，首先取下机箱前面板用于安装光驱的挡板，然后将光驱反向从机箱前面板装进机箱的 5.25 英寸槽位。确认光驱的前面板与机箱对齐平整，在光驱的每一侧用两个螺丝固定，如图1-23所示。

将光驱从机箱前面板反向装入

将硬盘反向装进机箱

图 1-23　安装驱动器

7．连接各类连线

安装以上所述主要部件后，连接各类连线，如数据线、电源线、信号线及音频线等。必要的话还需要安装声卡和网卡等其他扩展卡。整个机箱部分组装完成后，还要连接机箱的外部连线，即把显示器、鼠标、键盘、音箱等其他外部连线分别对应地插入机箱后面板的插座中。用户可仔细查看机箱背部并对照说明书，就可以很轻松地连接成功。

组装完机器后，还需要检测，成功后再扣上机箱的盖子。

1.4　计算机网络基础

当今社会正处于经济快速发展的信息时代，作为信息高速公路的计算机网络，也以前所未有的速度迅猛发展。风靡全球的因特网，已成为世界上覆盖面最广、规模最大、信息资源最丰富的计算机网络，是人类工作与生活不可缺少的基本工具。掌握计算机网络的基本知识及应用，是当今信息时代的基本要求。

1.4.1　计算机网络简述

1. 计算机网络概念

计算机网络（computer networks）是计算机技术与通信技术相结合的产物，最早出现于 20 世纪 50 年代，是指分布在不同地理位置上的具有独立功能的一群计算机，通过通信设备和通信线路相互连接起来，在通信软件的支持下实现数据传输和资源共享的系统。

将两台计算机用通信线路连接起来可构成最简单的计算机网络，而因特网则是将世界各地的计算机连接起来的最大规模的计算机网络。

2. 计算机网络的主要功能

计算机网络的功能主要表现为资源共享与快速通信。资源共享可降低资源的使用费用，共享的资源包括硬件资源（如存储器、打印机等）、软件资源（如各种应用软件）及信息资源（如网上图书馆、网上大学等）。计算机网络为联网的计算机提供了有力的快速通信手段，计算机之间可以传输各种电子数据、发布新闻等。计算机网络已广泛应用于科研、教育、商业、家庭等各个领域。

3. 计算机网络的分类

计算机网络可以从不同的角度进行分类，最常见的分类方法是按网络覆盖范围进行分类。按网络覆盖范围可以将网络分为局域网（Local Area Network，LAN）、城域网（Metropolitan Area Network，MAN）、广域网（Wide Area Network，WAN）和因特网（Internet）。

（1）局域网

局域网又称局部区域网，一般由微机通过高速通信线路相连，覆盖范围一般为几十米到几千米，通常用于连接一间办公室、一栋大楼或一所学校范围内的主机。局域网的覆盖范围小，数据传输速率及可靠性都比较高。

（2）城域网

城域网是在一个城市范围内建立的计算机网络。覆盖范围一般为几千米至几十千米。城域网通常使用与局域网相似的技术。城域网的一个重要作用是作为城市的骨干网，将同一城市内不同地点的主机、数据库及局域网连接起来。

（3）广域网

广域网又称远程网，是远距离大范围的计算机网络。覆盖范围一般为几十千米至几千千米。这类网络的作用是实现远距离计算机之间的数据传输和信息共享。广域网可以是跨地区、跨城市、跨国家的计算机网络。广域网通常借用传统的公用通信网络（如公用电话网）进行通信，其数据传输率比局域网低。由于广域网涉辖的范围很大，联网的计算机众多，因此广域网上的信息量非常大，共享的信息资源极为丰富。

（4）互联网

互联网是指通过网络互连设备，将分布在不同地理位置、同种类型或不同类型的两个或两个以上的独立计算机网络进行连接，使之成为更大规模的计算机网络系统，以实现更大范围的数据通信和资源共享。

Internet 又称因特网，连接了世界上成千上万个各种类型的局域网、城域网和广域网。因此，无论从地理范围还是从网络规模来讲，它都是当前世界上最大的计算机网络。

4．计算机网络的拓扑结构

计算机网络的另一种重要分类方法，就是按网络的拓扑结构来划分网络的类型。拓扑（topology）也称拓扑学，是从图论演变而来的一个数学分支，属于几何学的范畴，是一种研究与大小形状无关的点、线、面特点的方法。在计算机网络中，将结点抽象为点，将通信线路抽象为线，就成了点、线组成的几何图形，从而抽象出了网络共同特征的结构图形，这种结构图形就是所谓的网络拓扑结构。因此，采用拓扑学方法抽象的网络结构，称为网络拓扑结构。网络的基本拓扑结构有星形结构、环形结构、总线形结构、树形结构和网状形结构。

（1）星形

在星形拓扑结构中，网络中的各结点设备通过一个网络集中设备（如集线器或交换机，称为中央结点）连接在一起，各结点呈星状分布。

这种结构是目前在局域网应用中最普遍的一种。这类网络目前用得最多的传输介质是双绞线，其拓扑结构如图 1-24 所示。星形结构具有容易实现、结点扩展及移动方便、维护容易等优点，缺点是一旦网络集中设备出现故障，会使整个网络瘫痪。

（2）环形

在环形拓扑结构中，网络由通信线路将各结点连成一个封闭的环路，如图 1-25 所示。在环形网络中，信息沿环形线路单向传输，由目的结点接收。环形结构的优点是结构简单，成本低，传输速度较快，缺点是环中任意一个结点出现故障，对整个网络系统影响较大，维护困难，扩展性差。

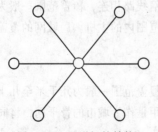

图 1-24　星形拓扑结构

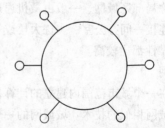

图 1-25　环形拓扑结构

（3）总线形

在总线形拓扑结构中，所有结点均由一条公用通信线路相连，这条通信线路称为总线。信息可沿两个不同的方向由一个结点传向另一个结点。总线结构结构简单，成本低。采用的传输介质一般是同轴电缆（包括粗缆和细缆）、光缆，所有的结点都通过相应的硬件接口直接与总线相连，如图 1-26 所示。

总线形结构的组网费用低，结点扩展较灵活，但连接的结点数量较少。总线形结构维护较容易，单个结点失效不影响整个网络的正常通信。但是如果总线一旦发生故障，则整个网络或者相应的主干网段就断了。

（4）树形

树形结构是星形结构的扩展，多级的星形结构就组成了树形结构。现在通过多级集线器组成的网络就属于树形结构。如图 1-27 所示为树形拓扑结构示意图。

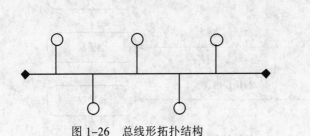

图 1-26 总线形拓扑结构 图 1-27 树形拓扑结构

（5）网状形

在网状形拓扑结构中，多个子网或多个网络连接起来构成网际拓扑结构。在一个子网中，集线器、中继器将多个设备连接起来，而桥接器、路由器及网关则将子网连接起来，如图 1-28 所示。

局域网由于覆盖范围较小，拓扑结构相对简单，通常采用星形结构、环形结构或总线形结构。而广域网由于分布范围广，结构复杂，一般为树型结构或网状形结构。一个实际的计算机网络拓扑结构，可能是由上述几种拓扑类型混合构成的。

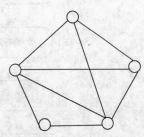

图 1-28 网状形拓扑结构

5. 计算机网络的体系结构

在计算机网络发展的初期，由于不同厂家生产的网络设备不兼容的问题，造成了网络互联的困难。为了解决这个问题，国际标准化组织（ISO）于 1984 年公布了开放系统互联参考模型 OSI（Open System Interconnection Reference Model），成为网络体系结构的国际标准。该模型的公布对于减少网络设计的复杂性，以及在网络设备标准化方面起到了积极作用。

OSI 将计算机互联的功能划分成七个层次，规定了同层次进程通信的协议及相邻层次之间的接口及服务，又称七层协议。该模型自下而上的各层分别为：物理层、数据链路层、网络层、传输层、会话层、表示层及应用层，如图 1-29 所示。

如果主机 A 的进程 Pl 向主机 B 的进程 P2 传送数据，Pl 先将数据交给应用层，应用层在数据上加上必要的控制信息，传给下一层。表示层收到应用层提交的数据后加上本层的控制信息，再传给会话层，依此类推。到达物理层后由于是比特流的传送，所以不再加上控制信息。这一串比特流经过网络的物理媒体传送到目的站点后，从物理层开始依次上升到应用层。每一层根据对应的控制信息进行必要的操作，在剥去控制信息后，将该层剩余的数据提交给上一层。最后，把 Pl 进程发送的数据交给 P2 进程。虽然进程 Pl 的数据要经过复杂的过程才能传送到进程 P2，但这些复杂的过程对用户来说是透明的，以致 Pl 进程觉得好像直接把数据交给了 P2 进程；

同理，任何两个同样层次之间的通信也好像直接进行对话。这就是 OSI 在网络通信过程中最本质的作用。

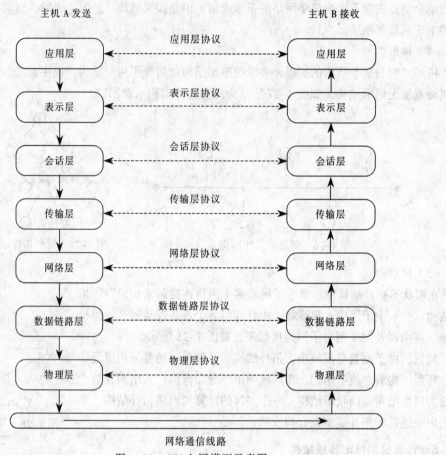

图 1-29　OSI 七层模型示意图

1.4.2　数据通信基础知识

1. 数据通信基本术语

数据通信是指通过传输媒体将数据从一个结点传送到另一个结点的过程。数据通信技术是计算机网络的重要组成部分。

下面是有关通信的几个基本术语。

（1）信号

通信的目的是传输数据，信号（signal）则是通信系统中数据的表现形式。信号有模拟信号与数字信号之分。模拟信号是指连续变化的信号，可以用连续的电波表示。例如声音就是一种典型的模拟信号。数字信号则是一种离散的脉冲信号，可用于表示二进制数。计算机内部处理的信号都是数字信号。

（2）信道

信道（channel）是计算机网络中通信双方之间传递信号的通路，由传输介质及其两端的信道设备共同构成。按照信道传输介质的不同，可分为有线信道、无线信道和卫星信道。按照信道中传输的信号类型来分，又可分为模拟信道和数字信道。模拟信道传输模拟信号，数字信道传输二进制脉冲信号。

（3）调制与解调

要在模拟信道上传输数字信号，首先必须在发送端将数字信号转换成模拟信号，此过程称为调制（modulate）；然后在接收端再将模拟信号还原成数字信号，这个相反的过程称为解调（demodulate）。把调制和解调这两种功能结合在一起的设备，称为调制解调器（modem）。因此，如果要使用普通电话线在公用电话网（PSTN）这样的模拟信道上传输数字信号，通信双方都必须安装调制解调器。

（4）带宽与传输速率

在模拟信道中，以带宽（bandwidth）表示信道传输信息的能力。带宽指信道能传送信号的频率宽度，即可传送信号的高频率与低频率之差。带宽以 Hz（赫兹）为基本单位，大的单位有kHz（千赫）、MHz（兆赫）或 GHz（吉赫）。如电话信道的频率为：300～3400Hz，即带宽为 3400Hz。

在数字信道中，用数据传输速率（即每秒传输的二进制数码的位数）表示信道传输信息的能力。由于二进制位称为比特（bit），所以数据传输速率也称比特率。比特率的基本单位为 bit/s（bits per second），即比特每秒，大的单位有 kbit/s（千比特每秒）、Mbit/s（兆比特每秒）或 Gbit/s（吉比特每秒）。例如，调制解调器的最大传输速率为：56 kbit/s。

通信信道的带宽与数据传输速率均用于表示信道传输信息的能力。当使用模拟信道传送数字信号时，信道的最大传输率与信道带宽之间存在密切关系，带宽越大，通信能力就越强，传输率也就越高。

根据传输率的不同，信道带宽有宽带与窄带之分。但目前宽带与窄带之间还没有一个公认的分界线。

（5）误码率

误码率（Bit Error Rate，BER）是指在信息传输过程中的出错率，是通信系统的可靠性指标。在计算机网络系统中，其通信系统的误码率越低，可靠性就越高。

2．通信协议基本概念

通信协议（communications protocol）是在网络通信中，通信双方必须遵守的规则，是网络通信时使用的一种共同语言。通信协议精确地定义了网络中的计算机在彼此通信过程的所有细节。例如，发送方的计算机发送的信息的格式和含义，以及接收方的计算机应做出哪些应答等。

在网络的发展过程中，产生了各种各样的通信协议。例如，NetBIOS（网络基本输入/输出系统）协议，主要用于局域网。IPX/SPX 协议，其中 IPX 是 Internetwork packet Exchange 的缩写，中文含义"互联网包交换"，SPX（Sequences Packet Exchange，顺序包交换）协议是由 Novell 公司提出的用于客户/服务器连接的网络协议，多用于该公司开发的 Netware 网络环境。而 TCP/IP 协议，则是目前因特网使用的通信协议。TCP（Transfer Control Protocol）中文含义为传输控制协议；IP（Internet Protocol）中文含义为因特网协议。TCP/IP 协议实为一个协议簇（组），它除了包含 TCP 和 IP 这两个基本协议外，还包括了与其相关的数十种通信协议，例如 DNS、FTP、HTTP、POP、PPP 等。TCP/IP 协议簇成功解决了不同类型的网络之间的互连问题，是现今网络互连的核心协议。

3. 计算机网络传输介质

传输介质是计算机网络通信中实际传送信息的物理媒体，是连接信息收发双方的物理通道。传输介质可分为两种：有线介质和无线介质。

（1）有线介质

常见的有线介质有同轴电缆（coaxial cable）、双绞线（twist pair）电缆、光缆（optical cable）和电话线等。

① 同轴电缆。同轴电缆的中心部分是一根导线，通常是铜质导线，导线外有一层起绝缘作用的塑性材料，再包上一层用于屏蔽外界干扰的金属网，最外层是起保护作用的塑料外套。同轴电缆分为基带与宽带两种。基带同轴电缆常用于组建总线型局域网络；宽带同轴电缆是有线电视系统（CATV）中的标准传输电缆。基带同轴电缆有粗缆与细缆之分。粗缆的传输距离可达 1 000 m，细缆的传输距离为 185 m。

② 双绞线。双绞线是两条相互绝缘并绞合在一起的导线。双绞线通常使用铜质导线，按一定距离绞合若干次，以降低外部电磁干扰，保护传输的信息。双绞线早已在电话网络中使用了，而用于计算机网络的双绞线，通常将四对双绞线再绞合，外加保护套，做成双绞线电缆。双绞线产品有非屏蔽双绞线（UTP）和屏蔽双绞线（STP）两种，屏蔽双绞线性能优于非屏蔽双绞线。国际电气（电信）工业协会目前定义了六类双绞线，其中第五类双绞线是目前使用最广泛的双绞线，常用于组建星型局域网络，其最大传输率为 100Mbit/s（兆比特每秒），最大传输距离为100 m。

③ 光缆。光缆也称光纤（fiber optics）电缆。光缆芯线由光导纤维做成，光导纤维是一种极细的导光纤维。这种导光纤维由玻璃或塑料等材料制造。光缆传输的是光脉冲信号而不是电脉冲信号。光缆是一种新型的传输介质，通信容量大，传输速率高，通信距离远，抗干扰能力强，是较安全的传输介质，被广泛用于建设高速计算机网络的主干网。光纤网络技术较为复杂，造价昂贵。

光纤有单模光纤和多模光纤之分。多模光纤使用发光二极管产生用于传输的光脉冲，单模光纤则使用激光。单模光纤传输距离比多模光纤更远，但价格也更高。

④ 电话线。计算机可以使用调制解调器，利用电话线，借助公用电话网（PSTN）连入计算机网络。

（2）无线介质

常用的无线介质有微波（microwave）、无线电波（radio waves）和红外线（infrared）等。通过无线介质进行无线传输的方式有：微波通信、无线电通信及红外线通信等。微波通信有地面微波通信和卫星微波通信之分。微波通信方式主要用于远程通信。无线电及红外线通信方式主要用于组建局域网。无线传输不受固定地理位置限制，可以实现三维立体通信和移动通信。无线传输的速率较低，安全性不高，且容易受到天气变化的影响。

1.4.3 计算机网络的组成

计算机网络系统与计算机系统一样，由硬件和软件两部分组成。

1. 网络硬件设备

常见的用于组网和联网的硬件设备，主要有如下几种。

（1）网络适配器

网络适配器（network adapter）又称网络接口卡（Network Interface Card，NIC），简称网卡。网卡是构成网络必需的基本设备，插在计算机的扩展槽中，也有的网卡集成于计算机主板中，用于将计算机和传输媒介相连。目前最常用的网卡接口，是 RJ-45 接口，这种接口通过双绞线连接网络，通常是连接到集线器或交换机。另外还有用于连接同轴电缆的 BNC 接口，用于连接光纤线缆的光纤接口，光纤接口的类型较多，如 FC、SC、ST 等。

（2）调制解调器

调制解调器（modem）是计算机通过公用电话网（PSTN）接入网络（通常是接入因特网）的设备，它具有调制和解调两种功能，以实现模拟信号与数字信号之间的相互转换。调制解调器分外置和内置两种，外置调制解调器是在计算机机箱之外使用的，一端用电缆连接在计算机上，另一端与电话线连接。内置调制解调器是一块电路板，类似网卡，插在计算机的扩展槽中，通过插口连接电话线。也有的调制解调器集成在计算机主板中。

（3）集线器

集线器（hub）是网络传输媒介的中间结点。常在星型网络中充当中心结点的角色，是局域网的基本连接设备。

（4）路由器

路由器（routing）是指通过相互连接的网络，把信号从源结点传输到目标结点的活动。一般来说，在路由过程中，信号将经过一个或多个中间结点。路由是为一条信息选择最佳传输路径的过程。

路由器（router）是实现网络互联的通信设备。路由器为经过该设备的每个数据帧（信息单元），在复杂的互联网络中，寻找一条最佳传输路径，并将其有效地转到目的结点。

（5）交换机

交换机（switch）是集线器的升级换代产品。交换机还包括物理编址、错误校验及信息流量控制等功能。目前一些高档交换机还具备对虚拟局域网（VLAN）的支持、对链路汇聚的支持，甚至有的还具有路由和防火墙等功能。交换机是目前最热门的网络设备，既用于局域网，也用于互联网。

除上面介绍的网络连接设备外，还有中继器（repeater）、网桥（bridge）、网关（gateway）、收发器（transiver）等网络设备。

随着无线局域网技术的推广应用，发展越来越多的无线网络设备（如无线网卡、无线网络路由器等），用于组建无线局域网。

2. 网络软件

（1）网络系统软件

网络系统软件是控制和管理网络运行，提供网络通信、分配和管理共享资源的网络软件，其中包括网络操作系统、网络协议软件（如 TCP/IP 协议软件）、通信控制软件和管理软件等。

网络操作系统是网络软件的核心软件，除有一般操作系统的功能外，还具有管理计算机网络的硬件资源、软件资源、计算机网络通信和计算机网络安全等方面的功能。

目前流行的网络操作系统有：Windows 2000 Server、Windows NT 4.0 Server、Windows Server 2003、UNIX 和 Linux、NetWare 等。Windows 9X 和 Windows XP 也具有一定的网络管理功能，但它们不属专业的网络操作系统。

（2）网络应用软件

网络应用软件包括两类软件，一类是用来扩充网络操作系统功能的软件，如浏览器软件、电子邮件客户软件、文件传输（FTP）软件、BBS 客户软件、网络数据库管理软件等；另一类是基于计算机网络应用而开发出来的用户软件，如民航售票系统、远程物流管理软件等。

1.4.4　C/S 结构与 B/S 结构

网络及其应用技术的发展，推动了网络计算模式的不断更新。网络计算模式主要有 C/S 模式与 B/S 模式两种。

1. C/S 结构

C/S（Client/Server）结构又称 C/S 模式或客户端/服务器模式，是以网络为基础，数据库为后援，把应用分布在客户端和服务器上的分布处理系统。服务器提供共享资源和存储、打印等各类服务，通常采用高性能的微机或小型机，并采用大型数据库系统，如 Oracle、SQL Server 等。客户端又称工作站，它向服务器请求服务，并接受服务器提供的各种服务。C/S 的优点是能充分发挥客户端的处理能力，很多工作可以在客户端处理后再提交给服务器。缺点主要有：只适用于局域网；客户端需要安装专用的客户端软件；系统软件升级时，每一台客户机需要重新安装客户端软件。

2. B/S 结构

B/S（Browser/Server）结构又称 B/S 模式或浏览器/服务器模式，是 Web 兴起后的一种网络结构模式。服务器端除了要建立文件服务器或数据库服务器外，还必须配置一个 Web 服务器，如 Microsoft 公司的 IIS（Internet Information Services），负责处理客户的请求并分发相应的 Web 页面。客户端上只要安装一个浏览器即可，如 Internet Explorer。客户端通常也不直接与后台的数据库服务器通信，而是通过相应的 Web 服务器"代理"以间接的方式进行。

B/S 结构最大的优点是系统的使用和扩展非常容易，只要有一台能上网的计算机以及拥有由系统管理员分配的用户名和密码，就可以使用了。甚至可以在线申请，通过公司内部的安全认证（如 CA 证书）后，不需要人的参与，系统可以自动分配给用户一个账号进入系统。B/S 架构的软件只需要管理服务器就行了，所有的客户端只是浏览器，根本不需要做任何的维护。这种模式统一了客户端，将系统功能实现的核心部分集中到服务器上，简化了系统的开发、维护和使用。目前，B/S 结构的应用越来越广泛。

1.4.5　计算机网络新技术

1. IPv6

随着 Internet 的发展，IPv4 的局限越来越暴露出来，严重制约了 IP 技术的应用和未来网络的发展。IPv4 由于存在地址空间危机、IP 性能及 IP 安全性等问题，将慢慢被 IPv6 所取代。IPv6 的发展是从 1992 年开始的，经过十几年，IPv6 的标准体系已经基本完善，目前正处于 IPv4 和 Ipv6 共存的过渡时期。IPv6 具有拥有广大地址空间、即插即用、移动便捷、易于配置、贴身安全、QoS 较好等优点。随着为各种设备增加网络功能的成本的下降，IPv6 将在连接有各种装置的超大型网络中运行良好，可以上网的不仅仅是计算机、手机，还可以是家用电器、信用卡等。

2．语义网

万维网已成为人们获得信息、取得服务的重要渠道之一，但是，目前万维网基本上不能识别语义，信息检索技术的准确率让人们很难满意。例如，当用户想要查找关于 OWL（ontology web language）的教学资源时，返回信息却有可能包含了关于"猫头鹰"（owl）的资源，而重要的相关资源（如本体、ontology 、RDF 等）没办法提供给用户，原因是传统的信息检索技术都是基于字词的关键字查找和全文检索，只是语法层面上的字、词的简单匹配，缺乏对知识的表示、处理和理解能力。

语义网（semantic Web）是未来的万维网（word wide web）的发展方向，是当前万维网研究的热点之一。语义网就是能够根据语义进行判断的网络。简单地说，语义网是一种能理解人类语言的智能网络，它不但能够理解人类的语言，而且还可以使人与计算机之间的交流变得像人与人之间交流一样轻松。在语义网中，信息都被赋予了明确的含义，机器能够自动地处理和集成网上可用的信息。语义网使用 XML（Extensible Markup Language，可扩展置标语言）来定义定制的标签格式以及用 RDF（Resource Description Framework，资源描述框架）的灵活性来表达数据，采用描述 Ontology（本体）的语言（如 OWL）来描述网络文档中的术语的明确含义和它们之间的关系。在语义网中，假设检索关键词为"本体"，通过计算机领域本体可以发现 "本体"与"元数据"、"语义网"、"ontology"、"RDF"、"OWL"等关键词之间存在丰富的语义关系，用户除了可以检索到关键词为"本体"的资源，还可以通过这些相关的概念集检索到其他相关资源。

3．网格技术

网格技术的目的是利用互联网把分散在不同地理位置的计算机组织成一台"虚拟的超级计算机"，实现计算资源、存储资源、数据资源、信息资源、软件资源、通信资源、知识资源、专家资源等的全面共享。其中每一台参与的计算机就是一个结点，就像摆放在围棋棋盘上的棋子一样，而棋盘上纵横交错的线条对应于现实世界的网络，所以整个系统就叫做"网格"了。在网格上做计算，就像下围棋一样，不是单个棋子完成的，而是所有棋子互相配合形成合力完成的。传统互联网实现了计算机硬件的连通，Web 实现了网页的连通，而网格实现互联网上所有资源的全面连通。

4．P2P 技术

P2P（Peer To Peer）也可以理解为"点对点"。要说清这个概念，我们先从以前的 FTP 和 HTTP 下载方式说起。FTP 下载和 HTTP 下载有一个共同点就是用户必须访问服务器，从服务器开始下载。而 P2P 技术的出现，它让下载者自己成为了下载服务器，同时也是下载用户。比如 A 和 B 都想在 C 上下载一个文件，此时，A 和 B 都会对 C 发出连接请求，C 把文件的一部分发送给 A，另一部分发送给 B，当 A 和 B 都获得了不同的两部分，此时 A 和 B 就会互相链接，互相交换自己需要的另一部分。这个过程中，A 和 B 就是完全对等的，不存在服务器和用户的概念，这就是一个 P2P 网络，如果这个网络扩展开，不单局限于 A 和 B，而是成千上万台电脑时，那么每人都可能是资源发布者也是资源下载者。

P2P 直接将人们联系起来，让人们通过互联网直接交互。P2P 使得网络上的沟通变得容易，更直接共享和交互，真正地消除中间商。P2P 就是使计算机可以直接连接到其他的计算机从而交换文件，而不是像过去那样连接到服务器去浏览与下载。P2P 另一个重要特点是改变互联网现在的以大网站为中心的状态，重返"非中心化"，并把权力交还给用户。除了大家熟知的 BT 下载、电驴下载和 P2P 网络电视外，很多东西的原理都是基于 P2P 这个概念延伸出来的。例如，淘宝网上用户和用户间的交易，没有经过任何中间商直接进行交易，这也是是一种 P2P 技术。

1.5　计算机安全

随着计算机的快速发展以及计算机网络的普及，伴随而来的计算机安全问题越来越受到广泛的重视与关注。国标委员会（ISO）对计算机安全的定义是：为数据处理系统建立和采取的技术和管理的安全保护，保护计算机硬件、软件、数据不因偶然的或恶意的原因而遭破坏、更改、显露。

对计算机的威胁多种多样，主要是自然因素和人为因素。自然因素是指一些意外事故的威胁；人为因素是指人为的入侵和破坏，主要是计算机病毒和网络黑客。

1.5.1　计算机病毒

1. 计算机病毒的概念

计算机病毒（computer virus）在《中华人民共和国计算机信息系统安全保护条例》中有明确定义：病毒指编制或者在计算机程序中插入的破坏计算机功能或者破坏数据，影响计算机使用并且能够自我复制的一组计算机指令或者程序代码。通俗地讲，病毒就是人为的特殊程序，具有自我复制能力，很强的感染性，一定的潜伏性，特定的触发性和极大的破坏性。

2. 计算机病毒的特征

（1）传染性

计算机病毒具有再生与扩散能力。计算机病毒可以从一个程序传染到另一个程序，从一台计算机传染到另一台计算机，从一个计算机网络传染到另一个计算机网络。传染性是计算机病毒最根本的特征，也是判断、检测病毒的重要依据。计算机病毒主要通过闪存盘、移动硬盘、光盘、网络等媒介进行传播。

（2）破坏性

绝大部分的计算机病毒具有破坏性，有的干扰计算机工作，有的占用系统资源，有的使计算机网络瘫痪，有的会破坏数据、删除文件，有的会格式化磁盘，有的甚至会破坏计算机硬件。

（3）隐藏性

计算机病毒一般是一些很小的可执行程序，往往隐藏在操作系统、引导程序、可执行文件或数据文件中，不易被人们发现。

（4）潜伏性

计算机病毒具有寄生能力，能依附在其他文件上，入侵计算机的病毒可以在一段时间内不发作。在这期间，病毒程序可以悄悄地传染而不被人们发现。

（5）触发性

计算机病毒一般具有一定的激活条件，这些条件可能是病毒设计好的日期、时间、文件类型或者某些特定数据。当条件满足的时候就启动传染机制，进行破坏或者攻击。

另外，计算机病毒还有非授权可执行性、不可预见性等特征。

3. 计算机病毒的类型

（1）引导型病毒

引导型病毒又称操作系统型病毒，主要寄生在硬盘的主引导程序中，当系统启动时进入内存，伺机传染和破坏。典型的引导型病毒有大麻病毒、小球病毒等。

（2）文件型病毒

文件型病毒一般感染可执行文件（*.com 或*.exe）。在用户调用染毒的可执行文件时，病毒首先被运行，然后驻留内存传染其他文件。如 CIH 病毒。

（3）宏病毒

宏病毒是利用办公自动化软件（如 Word、Excel 等）提供的"宏"命令编制的病毒，通常寄生在为文档或模板编写的宏中。一旦用户打开了感染病毒的文档，宏病毒即被激活并驻留在普通模板上，使所有能自动保存的文档都感染这种病毒。如果在其他计算机上打开了这类染毒文档，病毒就扩散到这一计算机。宏病毒可以影响文档的打开、存储、关闭等操作，删除文件，随意复制文件，修改文件名或存储路径，封闭有关菜单，不能正常打印，使人们无法正常使用文件。

（4）网络病毒

因特网的广泛使用，使利用网络传播的病毒成为病毒发展的新趋势。网络病毒一般利用网络的通信功能，将自身从一个结点发送到另一个结点，并自行启动。它们对网络计算机尤其是网络服务器主动进行攻击，不仅非法占用了网络资源，而且导致网络堵塞，甚至造成整个网络系统的瘫痪。蠕虫病毒（worm）、特洛伊木马（trojan）病毒、冲击波（blaster）病毒、电子邮件病毒都属于网络病毒。

（5）混合型病毒

混合型病毒是以上两种或两种以上病毒的混合。例如，有些混合型既能感染磁盘的引导区，又能感染可执行文件；有些电子邮件病毒是文件型病毒和宏病毒的混合体。

4. 计算机感染病毒后的常见症状

了解计算机感染病毒后的各种症状，有助于及时发现病毒。常见的症状有：

① 屏幕显示异常。屏幕上出现异常图形、莫名其妙的问候语，或直接显示某种病毒的标志信息。

② 系统运行异常，计算机反应缓慢。原来能正常运行的程序现在无法运行或运行速度明显减慢，经常出现异常死机或重新启动。

③ 硬盘存储异常。硬盘空间异常减少，经常无故读写磁盘，或磁盘驱动器"丢失"等。

④ 内存异常。内存空间骤然变小，出现内存空间不足，不能加载执行文件的提示。

⑤ 文件异常。例如，文件名称、扩展名、日期等属性被更改，文件长度加长，文件内容改变，文件被加密，文件打不开，文件被删除，甚至硬盘被格式化等。莫名其妙地出现许多来历不

明的隐藏文件或者其他文件。可执行文件运行后，神秘地消失，或者产生出新的文件。某些应用程序被屏蔽，不能运行。

⑥ 打印机异常。不能打印汉字或打印机"丢失"等。

⑦ 蜂鸣器无故发声。

⑧ 硬件损坏。例如，CMOS 中的数据被改写，不能继续使用；BIOS 芯片被改写等。

虽然以上情况不能百分百地说明计算机已经感染病毒，不过最好马上做查毒工作，以防万一。

1.5.2 网络黑客

黑客（hacker），原指那些掌握高级硬件和软件知识，能剖析系统的人，但现在"黑客"已变成了网络犯罪的代名词。黑客就是利用计算机技术、网络技术，非法侵入、干扰、破坏他人计算机系统，或擅自操作、使用、窃取他人的计算机信息资源，对电子信息交流和网络实体安全具有威胁性和危害性的人。

黑客攻击网络的方法是不停寻找因特网上的安全缺陷，以便乘虚而入。黑客主要通过掌握的技术进行犯罪活动，如窥视政府、军队的机密信息，企业内部的商业秘密，个人的隐私资料等；截取银行账号，信用卡密码，以盗取巨额资金；攻击网上服务器，使其瘫痪，或取得其控制权，修改、删除重要文件，发布不法言论等。

1.5.3 计算机病毒和黑客的防范

计算机病毒和黑客的出现给计算机安全提出了严峻的挑战，解决问题最重要的一点就是树立"预防为主，防治结合"的思想，树立计算机安全意识，防患于未然，积极地预防黑客的攻击和计算机病毒的侵入。

1. 防范措施

① 对外来的计算机、存储介质（光盘、闪存盘、移动硬盘等）或软件要进行病毒检测，确认无毒后才能使用。

② 在别人的计算机使用自己的闪存盘或移动设备的时候，最好要处于写保护状态。

③ 不要运行来历不明的程序或使用盗版软件。

④ 不要在系统盘上存放用户的数据和程序。

⑤ 对于重要的系统盘、数据盘以及磁盘上的重要信息要经常备份，以便遭到破坏后能及时得到恢复。

⑥ 利用加密技术，对数据与信息在传输过程中进行加密。

⑦ 利用访问控制权限技术规定用户对文件、数据库、设备等的访问权限。

⑧ 不定时更换系统的密码，且提高密码的复杂度，以增强入侵者破译的难度。

⑨ 迅速隔离被感染的计算机。当计算机发现病毒或异常时应立刻断网，以防止计算机受到更多的感染，或者成为传播源，再次感染其他计算机。

⑩ 不要轻易下载和使用网上的软件；不要轻易打开来历不明的邮件中的附件；不要浏览一些不太了解的网站；不要执行从 Internet 下载后未经杀毒处理的软件；调整好浏览器的安全设置，并且禁止一些脚本和 ActiveX 控件的运行，防止恶性代码的破坏。对于通过网络传输的文件，应在传输前和接收后使用反病毒软件进行检测和清除病毒，以确保文件不携带病毒。

⑪ 关闭或删除系统中不需要的服务。默认情况下，许多操作系统会安装一些辅助服务，如 FTP 客户端、Telnet 等。这些服务为攻击者提供了方便，如果用户不需要使用这些功能，则可删除它们，这样可以大大减少被攻击的可能性。

⑫ 购买并安装正版的具有实时监控功能的杀毒卡或反病毒软件，时刻监视系统的各种异常并及时报警，以防止病毒的侵入。并要经常更新反病毒软件的版本，以及升级操作系统，安装漏洞的补丁。

⑬ 对于网络环境，应设置"病毒防火墙"。

2. 利用防火墙技术

（1）防火墙介绍

防火墙的本义是指古代构筑和使用木制结构房屋时，为防止火灾的发生和蔓延，人们将坚固的石块堆砌在房屋周围作为屏障，这种防护构筑物被称为"防火墙"。网络防火墙（firewall）是借鉴了古代真正用于防火的防火墙的喻义，它指的是隔离在本地网络与外界网络之间的一道防御系统。防火墙将内部网和公众访问网分开，在两个网络通信时控制访问尺度，它能允许用户"认可"的人和数据进入自己的网络，同时将用户"不认可"的人和数据拒之门外，最大限度地阻止网络中的黑客访问用户的网络。防火墙可以使 Internet、企业内部局域网（LAN）或者其他外部网络互相隔离，限制网络互访，目的是保护内部网络。典型的防火墙具有以下三方面的基本特性。

① 内部、外部网络之间的所有网络数据流都必须经过防火墙。

② 只有符合安全策略的数据流才能够通过防火墙。

③ 防火墙自身具有非常强的抗攻击能力。

目前常见的防火墙有 Windows 防火墙、天网防火墙、瑞星防火墙、江民防火墙、卡巴斯基防火墙等。下面以 Windows 防火墙为例介绍如何设置防火墙。

（2）Windows 防火墙设置

① 打开"控制面板"窗口，双击"网络连接"图标，如图 1-30 所示。

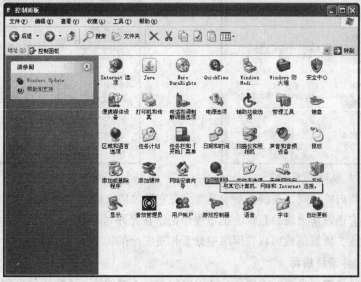

图 1-30　控制面板中的网络连接

② 在"网络连接"窗口中右击"本地连接"图标，在弹出的快捷菜单中选择"属性"命令，如图1-31所示。

③ 在弹出的"本地连接属性"对话框中切换到"高级"选项卡，单击"设置"按钮，如图1-32所示。

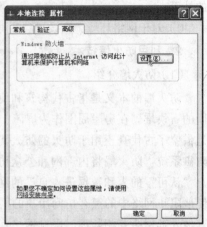

图1-31　本地连接属性　　　　　　　　　图1-32　本地连接属性中的高级标签选项卡

④ 弹出"Windows 防火墙"对话框，当前状态为"启用"，如图1-33所示。

⑤ 切换至"例外"选项卡，在"程序和服务"列表框中被选择的程序为允许通过防火墙的程序，可单击"编辑"按钮或"删除"按钮对程序进行设置，如图1-34所示。

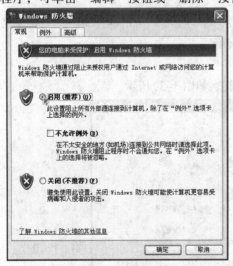

图1-33　启动防火墙　　　　　　　　　　图1-34　通过防火墙程序列表

当有程序需要向外访问，系统会提示是否允许它通过防火墙。如果确定这个程序是安全的程序，就可以允许它通过防火墙，系统会把该程序记录在允许列表中。

通过以上设置，计算机就可以在网络中处于相对安全的区域了。

3. 用杀毒软件清除病毒

在计算机中除了需要设置防火墙外，还需安装一种杀毒软件。杀毒软件也称反病毒软件，用于消除计算机病毒、特洛伊木马和恶意软件，保护计算机安全的一类软件的总称，可以对资源进行实时的监控，阻止外来侵袭。杀毒软件通常集成病毒监控、识别、扫描和清除，以及病毒库自动升级等功能。杀毒软件的任务是实时监控和扫描磁盘，其实时监控方式因软件而异。有的杀毒软件是通过在内存中划分一部分空间，将计算机中流过内存的数据与杀毒软件自身所带的病毒库（包含病毒定义）的特征码相比较，以判断是否为病毒。另一些杀毒软件则在所划分到的内存空间中，虚拟执行系统或用户提交的程序，根据其行为或结果做出判断。部分杀毒软件通过在系统添加驱动程序的方式，进驻系统，并且随操作系统启动。大部分的杀毒软件还具有防火墙功能。

目前，使用较多的杀毒软件有卡巴斯基、NOD32、诺顿、瑞星、江民、金山毒霸等，具体信息可在相关网站中查询。有些杀毒软件还提供免费试用，例如，目前卡巴斯基和 NOD32 两款杀毒软件都提供半年的试用期限。详情请浏览网址 http://kaba.360.cn/custom/codehelp.html 和 http://www.pplive.com/zh-cn/download.htm。

由于计算机病毒种类繁多，新病毒又在不断出现，病毒对反病毒软件来说永远是超前的，也就是说，清除病毒的工作具有被动性。切断病毒的传播途径，防止病毒的入侵比清除病毒更重要。

4. 安装 360 安全卫士

除了安装杀毒软件外，建议安装 360 安全卫士。

360 安全卫士是一款由奇虎公司推出的完全免费的安全类上网辅助工具软件，它有病毒查杀、查杀恶意软件、插件管理、诊断及修复、保护等多个功能，同时还提供弹出插件免疫，清理使用痕迹以及系统还原等特定辅助功能。并且提供对系统的全面诊断报告，方便用户及时发现问题。下面介绍 360 安全卫士的使用方法。

① 访问 http://www.360safe.com/网址，下载最新版本的安全卫士软件。

② 在向导的指引下，完成软件的安装过程。

③ 软件安装完成后，会自动弹出设置窗口，切换到"保护"选项卡，开启所有保护选项，如图 1-35 所示。

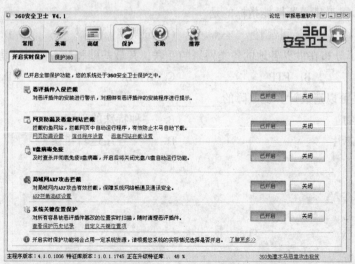

图 1-35　开启实时保护

④ 第一次运行 360 安全卫士时，建议单击"常用"工具然后切换到"修复系统漏洞"选项

卡，360 安全卫士将提示当前系统存在的漏洞，并有向导指引如何解决这些漏洞问题，如图 1-36 所示。

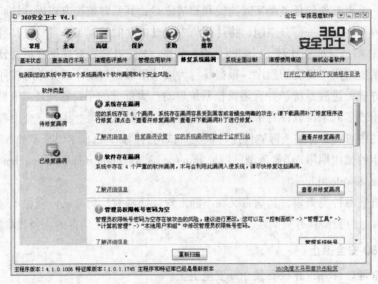

图 1-36 修复系统漏洞

⑤ 关闭软件窗口后，360 安全卫士将会实时保护计算机。

练　习

1. 通常，根据所传递的内容信息来分类，可将系统总线分为三类：数据总线、地址总线和 _____。

    A. 内部总线　　　　B. 控制总线　　　　C. I/O 总线　　　　D. 系统总线

2. 下列术语中，属于显示器性能指标的是 _____。

    A. 速度　　　　　　B. 可靠性　　　　　C. 分辨率　　　　　D. 精度

3. Internet 实现了分布在世界各地的各类网络的互联，其最基础和核心的协议是 _____。

    A. TCP/IP　　　　　B. FTP　　　　　　C. HTML　　　　　　D. HTTP

4. 计算机病毒是可以造成计算机故障的 _____。

    A. 一种微生物　　　　　　　　　　　B. 一种特殊的程序

    C. 一块特殊芯片　　　　　　　　　　D. 一个程序逻辑错误

第 2 章 // Windows XP 操作系统

学习目标

- 掌握启动与退出 Windows XP 操作系统的方法；掌握鼠标与键盘的使用方法；熟悉 Windows XP 桌面的组成；掌握菜单、图标、窗口、对话框的操作
- 掌握文件窗口和资源管理器的使用；可以熟练地创建、打开；移动、复制、删除、重命名、搜索文件或文件夹；掌握其属性设置的方法
- 掌握磁盘浏览、格式化、属性设置、碎片整理、备份及清理的方法
- 掌握控制面板的使用方法；掌握添加、删除及设置硬件设备的方法；掌握系统属性设置的方法
- 掌握应用程序安装、删除、启动、退出的方法；掌握添加与删除 Windows XP 组件的方法
- 能够使用常用的工具软件，并了解各种常用工具软件的用途
- 了解 Windows XP 操作系统的安装与维护

2.1　操作系统概述

Windows XP 操作系统是目前比较流行的计算机操作系统，是计算机操作技能学习的基础。

2.1.1　操作系统及其作用

操作系统（Operating System，OS）是计算机系统的核心系统软件，它可以有效控制和管理计算机系统（软件系统和硬件系统）资源。操作系统的作用体现在计算机系统资源的配置管理，用户通过操作系统提供的交互界面对计算机进行操作。计算机操作系统通过与用户的交流，对计算机的进程、存储器、设备、文件和任务进行有效的管理。

Windows XP 操作系统提供了更为新颖、简洁的图形化用户界面，操作直观、形象、简捷；不同应用程序保持了操作和界面的一致性，为用户带来了很大方便，提高了用户计算机的使用效率，增加了易用性；进一步提高了计算机系统的运行速度、运行可靠性和易维护性；提供了增强的 Internet 功能和增强的多媒体功能；支持更多新的硬件和软件，提供更多新技术，能最方便承载各种数码产品。

2.1.2 操作系统的安装

1. DOS

只要用户打开计算机，计算机就开始运行程序，进入工作状态。计算机运行的第一个程序就是操作系统。

首先运行操作系统，而不直接运行像 WPS、Word 这样的应用程序，是因为没有操作系统的统一安排和管理，计算机硬件和软件不能有序地执行指令。操作系统为计算机硬件和应用程序与用户提供了一个交互的界面，为计算机硬件选择要运行的应用程序，并指挥计算机的各部分硬件有效地运行。

最初的计算机采用的都是 DOS 操作系统，后来，微软公司开发了 Windows 操作系统，又叫做 Windows 操作平台。由于 Windows 操作平台简单易学，不必记忆大量的英文命令，而且功能也越来越完善，所以受到人们的欢迎。

提示： 对 DOS 感兴趣的学生，可访问网址 http://download.csdn.net/source/295836，下载"模拟 DOS 学习练习软件"进行阅读和练习。

2. Windows XP 系统的安装

Windows XP 是目前使用最广泛的操作系统，因此有必要了解一下 Windows XP 系统的安装过程，以便日后计算机发生故障或者中毒不能正常进入系统时，可以自己动手解决了。

① 在安装系统前，需要准备好一张 Windows XP 的安装光盘，并要在 BIOS 中将启动顺序设置为 CD-ROM 优先，并用 Windows XP 安装光盘进行启动，启动后即可开始安装。

提示： 一般计算机默认都是光驱优先启动的，所以一般不用做任何设置。如果不是光驱优先启动，可查看主板说明书，查找相关设置。

② 安装程序运行后，会出现如图 2-1 所示的"欢迎使用安装程序"界面，按【Enter】键开始安装。

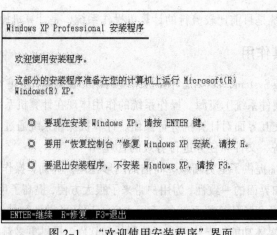

图 2-1 "欢迎使用安装程序"界面

③ 会出现 Windows XP 的许可协议界面，在这里自然是按【F8】键同意，即可进行下一步操作。

④ 接着会显示如图 2-2 所示的界面，在此要用方向键选择 Windows XP 将要使用的分区或创建分区，选择后按【Enter】键即可。

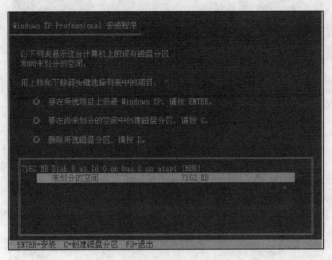

图 2-2　选择安装磁盘界面

⑤ 选择或创建好分区后，还需要对磁盘进行格式化，如图 2-3 所示。可使用 FAT（FAT32）或 NTFS 文件系统来对磁盘进行格式化，建议使用 NTFS 文件系统。在这里使用方向键来选择，选择好后按【Enter】键即开始格式化。

⑥ 格式化完成后，安装程序开始从光盘中向硬盘复制安装文件，复制完成后会自动重新启动计算机。

⑦ 启动后会看到熟悉的 Windows XP 启动界面。接下来的安装过程非常简单，在安装界面（见图 2-4）左侧显示了安装的几个步骤，其实整个安装过程基本上是自动进行的，需要人工操作的地方不多。用户只需要在安装提示时输入一些用户信息、产品序列号等信息。

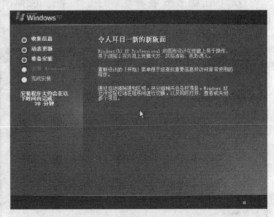

图 2-3　选择格式化方式　　　　　　　图 2-4　系统安装界面

⑧ 自动安装完成后计算机会自动重新启动。重启后开始运行 Windows XP。不过第一次运行 Windows XP 时，还会要求设置 Internet 和用户，并进行软件激活。Windows XP 至少需要设置一个用户账户，可在"谁会使用这台计算机"步骤（见图 2-5）中输入用户名称，中文英文均可。

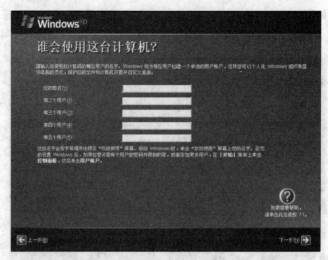

图 2-5 设置系统用户

⑨ 至于其他步骤都不是必需的，可在启动之后完成，此时可以单击右下角的"下一步"按钮跳过其他步骤，完成 Windows XP 的安装。

提示： 可访问网址 http://soft.ylmf.com/downinfo/327.html，下载"Windows XP 模拟安装程序"进行系统安装的练习。

3. 硬件驱动程序的安装

当计算机重新安装了操作系统之后，首先要做的一件事就是安装正确的驱动程序。刚装完操作系统之后，用户会在 Windows 的设备管理器（右击"我的电脑"图标，在弹出的快捷菜单中依次选择"属性"→"硬件"→"设备管理器"命令）中看到若干部件前面都带有醒目的黄色问号，表明这些部件的驱动程序尚未安装，如图 2-6 所示。

① 右击需要安装驱动程序的设备，在弹出的快捷菜单中选择"更新驱动程序"命令，如图 2-7 所示。

图 2-6 查看硬件驱动

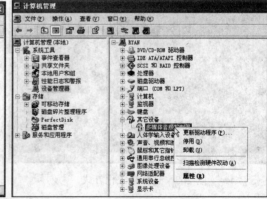

图 2-7 更新硬件驱动

② 在打开的"硬件更新向导"对话框中（见图 2-8），选择"是，仅这一次"单选按钮，单

击"下一步"按钮。

③ 把购买硬件时附带的驱动程序光盘放置在光驱中，然后选择"自动安装软件"单选按钮后单击"下一步"按钮，系统将会搜索光盘中合适的驱动程序进行安装，如图 2-9 所示。

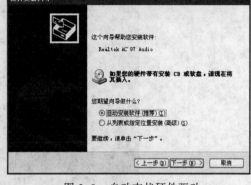

图 2-8　硬件更新向导　　　　　　　　　图 2-9　自动查找硬件驱动

提示：如果找不到驱动程序光盘，可以到网络上搜索并下载硬件的驱动程序。在安装的过程中，系统可能会提示"还没有通过 Windows 徽标测试，是否继续"，如图 2-10 所示。单击"仍然继续"按钮继续安装。

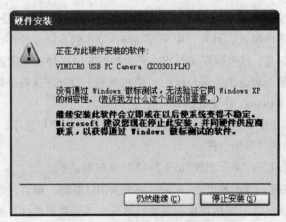

图 2-10　驱动没有通过验证提示框

2.2　Windows XP 简介

2.2.1　Windows XP 的启动和退出

1. Windows XP 的启动

Windows XP 安装成功后，启动 Windows XP。启动计算机的步骤如下：

① 依次打开计算机外部设备的电源开关和主机电源开关。

② 计算机执行硬件测试，测试无误后即开始系统引导。

③ 若安装 Windows XP 的过程中设置了多个用户使用同一台计算机，启动过程中将需要选择用户，输入用户名和密码，然后继续完成启动。出现 Windows XP 的桌面，如图 2-11 所示。

　　默认情况下，Windows XP 操作系统的桌面背景为蓝天、白云、草地的画面，用户可以根据情况进行修改，如将照片、其他主题图片等设置为桌面背景。

图 2-11　Windows XP 桌面

2．退出 Windows XP 并关闭计算机

　　Windows XP 为了有效地保护系统和用户的数据，避免程序数据和处理信息丢失及系统损坏，提供了一种安全的关机退出模式。另外，由于 Windows XP 的多任务特性，运行时需要占用大量的磁盘空间来保存临时信息，这些保存在特定文件夹中的临时文件在正常退出 Windows 时会被清除，以免浪费资源；而非正常退出 Windows 时将使系统来不及处理这些临时信息。因此，完成工作后应按以下步骤退出 Windows 并关机：

　　① 保存所有应用程序中处理的结果，关闭所有正在运行的应用程序。

　　② 单击屏幕左下角的"开始"按钮。

　　③ 选择"关闭计算机"命令，出现如图 2-12 所示的对话框。

　　④ 单击"关闭"按钮，表示要退出 Windows 并关闭计算机；单击"取消"按钮，表示不退出 Windows；单击"重新启动"按钮将重新启动计算机；当重新启动计算机后，桌面将完全恢复到重新启动前的状态。

2.2.2　Windows XP 的桌面

　　计算机启动后，就可以进入 Windows XP 系统了，屏幕上显示出的画面即为桌面。用户可以把最常用的程序和文件放在桌面上，以方便随时调用。了解桌面的有关知识是认识 Windows XP 系统的第一步。

　　桌面由桌面背景、桌面图标、"开始"菜单、任务栏组成。桌面上的一个图标对应一个程序、文件或者是文件夹。

1．桌面图标

　　桌面上显示的常用图标，如图 2-13 所示。常用的桌面图标以及作用如表 2-1 所示。

图 2-12　"关闭计算机"对话框

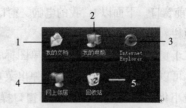

图 2-13　桌面图标

表 2-1　常用桌面图标及意义

编　号	名　　称	说　　　　　明
1	我的文档	存储用户自己创建的文档
2	我的电脑	包括硬盘、用户的所有文件资料，可对计算机资源进行管理
3	Internet Explorer	浏览网络信息的浏览器
4	网上邻居	访问局域网中其他计算机的共享资源
5	回收站	存放被用户删除的文件或文件夹，还具有误删还原的功能

2. 任务栏

任务栏位于桌面下方，了解任务栏各部分的作用并灵活运用任务栏，可以极大提高用户使用计算机的效率。

任务栏的具体构成与说明如图 2-14 和表 2-2 所示。

图 2-14　任务栏

表 2-2　任务栏各区域及意义

编　号	名　　称	说　　　　　明
1	"开始"菜单	包括了计算机中所有安装的软件和程序的快捷方式，通过它可以打开程序
2	快速启动栏	可以快速启动程序，默认状态下有浏览器、显示桌面图标等
3	应用程序区	执行应用程序打开一个窗口后，在任务栏上出现一个对应的按钮
4	语言栏	可以选择各种输入法
5	系统通知区域	显示日期、声音图标，以及一些后台程序图标等

2.2.3　Windows XP 的窗口和对话框

Windows XP 操作系统被称为视窗操作系统，窗口是 Windows XP 系统最大的特点。通过窗口，不仅方便了操作过程，还可以完整地将结果呈现在用户面前。在本节中，以"我的电脑"窗口为例进行讲解。

1. 窗口组成

在 Windows XP 操作系统中几乎所有的操作都是通过窗口来完成的。窗口是屏幕上的一个矩形区域，各类应用程序也在其对应的程序窗口中运行，用户可以在窗口中通过菜单、对话框或图标操作程序。Windows XP 操作系统可以同时运行多个程序，在桌面上会出现多个窗口。但只有一个窗口供用户操作，叫当前窗口。下面以 "我的电脑" 窗口为例，介绍窗口的结构和功能，如图 2-15 所示。

（1）标题栏

标题栏位于窗口顶部，显示控制菜单图标、窗口名称和对窗口大小进行控制的按钮。双击控制菜单图标，可以关闭该窗口，单击则弹出菜单，用来控制窗口大小。标题栏右侧的按钮可以分别用来进行最小化、最大化/还原、关闭窗口操作，如图 2-16 所示。

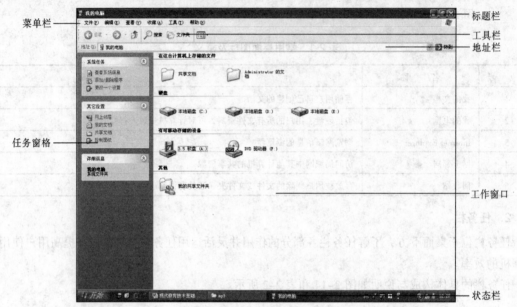

图 2-15　"我的电脑" 窗口

（2）菜单栏

菜单栏位于标题栏下方，存放着对当前窗口进行各种操作的命令。菜单栏包含多个菜单。每个菜单中又包含多个命令。单击任意一个菜单，可以从中选择所需命令。"查看" 菜单如图 2-17所示。

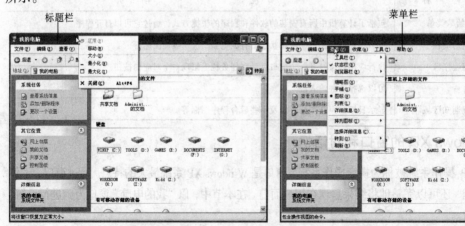

图 2-16　标题栏　　　　　　　　图 2-17　"查看" 菜单

（3）工具栏

工具栏位于菜单栏下方，在其中列出了一些以小图标按钮显现的常用的命令，可以方便用户操作。如"后退"、"搜索"等按钮，如图 2-18 所示。

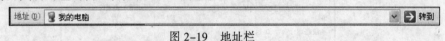

图 2-18　工具栏

（4）地址栏

地址栏位于工具栏的下方，单击其右侧的下三角按钮，在弹出的下拉列表中单击要打开的对象，即可打开其所对应的窗口，如图 2-19 所示。

图 2-19　地址栏

（5）工作窗口

工作窗口是窗口中最大的显示区域，用于显示操作对象和操作结果。当窗口不能完整地把全部内容显示出来时，将会出现垂直滚动条或水平滚动条，拖动滚动条或单击滚动条两侧的按钮，可以显示窗口中的其他内容，如图 2-20 所示。

（6）任务窗格

任务窗格是 Windows XP 系统的一大特色，它位于窗口左侧，提供了丰富的信息和命令，以分组的方式显示（见图 2-21），通常包括"系统任务"、"其他位置"、"详细信息"三组标题且每组标题右侧均有折叠按钮，方便展开和折叠各组。选择任意命令，均会执行相应的操作，可以极大地提高工作效率。

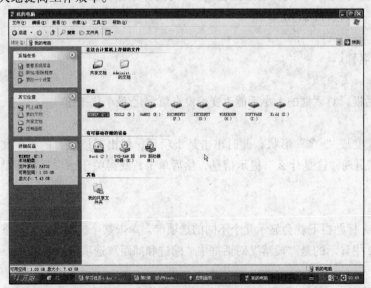

图 2-20　工作窗口

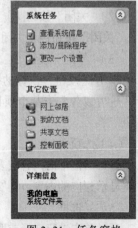

图 2-21　任务窗格

对窗口的操作主要有打开窗口、改变窗口大小、移动窗口、排列窗口、切换窗口和关闭窗口等。

2. Windows XP 对话框

对话框是计算机通过操作系统与用户交流的窗口。在菜单中选择命令或者在工具栏上单击命令按钮可以激活对话框。用户可以在对话框中阅读、更改或填入信息，或者在选项列表中选择所需的选项。系统根据对话框设置信息进行下一步操作。设置完成后单击"确定"按钮，使设置生效；否则单击"取消"按钮，取消操作。在对话框的各选项卡之间切换，除了使用鼠标直接选择，还可以使用【Tab】键。对话框如图 2-22 所示。

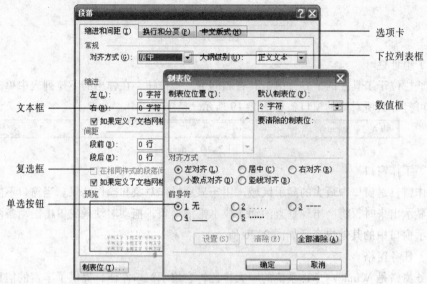

图 2-22　对话框及组成

对话框与 Windows 窗口有一定的区别，对话框不带边框不能改变大小。窗口有最大化/最小化按钮，对话框没有。程序运行过程中如果出现对话框，用户必须阅读、处理（关闭）该对话框后，程序才能继续运行。对话框中一般包含以下元素：

（1）标题栏

标题栏用于显示对话框的名称。

（2）"关闭"按钮 ⊠

"关闭"按钮用于关闭对话框。对话框的大小不能改变，没有最大化/最小化按钮。

（3）"帮助"按钮 ▮

单击此按钮，鼠标的指针变成"▯?"形状，此时单击某个项目，将出现该项目的提示文字。也可以先右击某个项目，出现"这是什么"提示信息，然后单击，获得关于该项目的帮助信息。

（4）选项卡

当对话框中的内容较多时，标题拦下就会显示几个不同的选项卡。单击某个选项卡，对话框中将显示相应的内容。图 2-22 中显示的是"段落"对话框中"缩进和间距"选项卡的内容。

（5）复选框

通过单击进行选择或取消选择，选中时选项显示"☑"，当再次单击时，便可取消选中状态，显示▯。可以在一组复选框中选中其中的一个或多个，也可以一个都不选。

（6）单选按钮

单选按钮通常表现为一个小圆形，在其后面有文字说明。当选中单选按钮时，小圆形中间出现一个小黑点。但是一组单选按钮中只能有且只有一个被选中，选中时选项前显示 ◉。

（7）文本框

文本框通常表现为一个矩形长条框，主要用来输入文本或数值等字符。

（8）数值框

数值框通常表现为一个矩形框，在其右侧有微调按钮，用户可以通过单击向上或下三角按钮来实现数字的增加或减小，也可直接在数值框中输入数值。

（9）下拉列表框

下拉列表框通常表现为一个矩形框，单击其右侧的下拉按钮后会弹出一个下拉列表，可以从中选择一个选项并执行。

（10）命令按钮

命令按钮通常表现为一个矩形方框，在按钮上面标注了该按钮的名称，这个名称同时也表明了该按钮的作用。单击按钮，系统将执行相应的操作。

2.2.4　菜单的使用

菜单是应用程序命令的一个集合，用户通过选择其中的命令来实现相应的操作。菜单命令的操作可以通过鼠标和键盘实现。

Windows 中的菜单一般分为四种："开始"菜单、窗口下拉式菜单、控制菜单和快捷菜单。

1. "开始"菜单

"开始"菜单就是单击"开始"按钮弹出的菜单。开始菜单中包含了使用 Windows 所需的命令。"开始"菜单可以用来执行大部分操作，包括启动程序、查找文件、访问"帮助"和关机操作。"开始"菜单上的一些项目带有向右箭头 ▶，意味着该项目还有二级子菜单（也叫做级联菜单），如图 2-23 所示。

2. 控制菜单

控制菜单是单击应用程序窗口标题栏最左端的控制图标所弹出的菜单。单击控制图标打开控制菜单，其中的命令主要是对应用程序的窗口操作。双击控制图标可以关闭所在窗口，如图 2-24 所示。

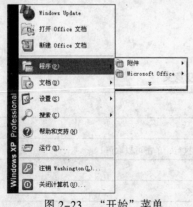

图 2-23　"开始"菜单

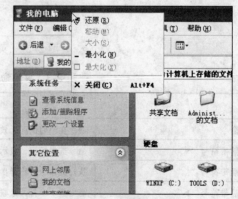

图 2-24　"控制"菜单

3. 命令菜单

命令菜单是使用某应用程序时所需命令组成的菜单。该菜单在应用程序窗口的菜单栏，一般是将命令分类后，以下拉菜单形式出现。每个应用程序的命令菜单不同，菜单的内容多少由程序本身来确定，也体现了该应用程序的复杂程度和难易程度，如图 2-25 所示。

4．快捷菜单

快捷菜单是鼠标定位在某对象，右击后弹出的菜单。该菜单中包含可以对该对象操作的命令，所以使用起来非常方便快捷。例如，在某文件夹下选中文档"第一章"，右击弹出快捷菜单，如图 2-26 所示。

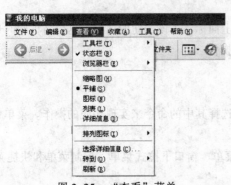

图 2-25　"查看"菜单　　　　　　　　　　图 2-26　快捷菜单

菜单使用中要注意各种菜单的标志使用方式。下面列出菜单中所带标志符号的含义，如表 2-3 和图 2-27 所示。

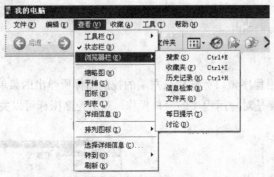

图 2-27　菜单中的符号

表 2-3　菜单命令的符号及意义

命　　令	意　　义
灰色命令	命令在当前情况无效，不可使用
命令前带符号"√"	命令选择标记，表示命令已经被执行，单击可以取消
命令后带符号"…"	执行该命令后将弹出一个对话框
命令后带符号"▶"	需要进一步打开级联菜单选择命令
命令前带符号"●"	多项命令中只能选一个，被选中的命令前带的符号
命令后带有下画线的字母	字母表示该命令的热键，打开菜单后可以直接按热键执行命令
命令后是组合键（如【Ctrl+C】）	表示可以直接使用该组合键执行命令

2.2.5　Windows XP 应用程序的操作

使用计算机的操作主要是运行计算机中的各种应用程序，如使用 Microsoft Word 程序进行文档编辑，使用 Flash 进行动画设计等。下面介绍 Windows XP 中如何启动应用程序。

1．启动应用程序

要启动的应用程序，必须是计算机中已经安装的程序。Windows XP 中要启动应用程序，有以下几种方法：

① 如果桌面上有该应用程序的快捷方式，可以通过打开快捷方式启动应用程序。

② 单击"开始"→"程序"，然后从"程序"级联菜单中单击该程序的快捷方式。

③ 如果在任务栏的快速启动栏中有该程序的快捷方式，则可以单击该快捷方式。

④ 单击"开始"→"运行"，输入需要运行的程序的可执行文件名。

⑤ 从"我的电脑"窗口中找到程序的可执行文件，双击该文件。

⑥ 当某些文件和程序关联时，可以通过打开文件来启动应用程序。如双击打开一个扩展名为".doc"的文件，系统将启动 Word 程序。

2．应用程序的退出

退出应用程序根据个人习惯有多种退出方式。在退出应用程序前应该保存该应用程序打开的所有文档。

① 单击窗口右上角的"关闭"按钮，关闭应用程序窗口。

② 单击"文件"菜单，选择 "退出"命令。

③ 双击窗口左上角的控制图标。

④ 打开控制菜单，选择 "关闭"命令。

⑤ 按【Alt+F4】组合键，关闭当前窗口。该组合键还可以执行关机命令。

3．建立程序的快捷方式

建立程序的快捷方式后，用户可以通过快捷方式方便地启动程序。建立程序的快捷方式有几种方法：

① 从"我的电脑"窗口中找到程序的可执行文件，右击该文件，从弹出的快捷菜单中选择"创建快捷"方式命令，将在窗口中建立该程序的快捷方式。然后将该快捷方式移动到所需的位置，如将快捷方式移动到桌面上。

② 打开需要创建某程序的快捷方式的文件夹窗口，在窗口的空白处右击，选择"新建"→"快捷方式"命令，将弹出"创建快捷方式对"话框，如图 2-28 所示。输入需要创建快捷方式的程序文件名，或者通过"浏览"按钮选择程序的可执行文件。然后单击"下一步"按钮，出现"选择程序标题"对话框，输入新建的快捷方式的名称，再单击"完成"按钮即可。

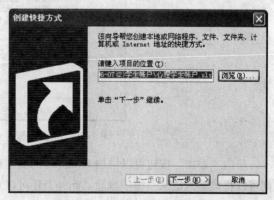

图 2-28　"创建快捷方式"对话框

③ 从"我的电脑"窗口中找到程序的可执行文件，按住
右键将该文件拖动到需要创建快捷方式的位置，松开鼠标后
将弹出如图 2-29 所示的菜单，在菜单中选择"在当前位置
创建快捷方式"命令。

图 2-29   右键拖动创建快捷方式

④ 如果要在桌面上建立程序的快捷方式，还可以右击程序的可执行文件，从弹出的快捷菜
单中选择"发送到"级联菜单，然后选择"桌面快捷方式"命令即可。

2.2.6   汉字输入

Windows XP 系统提供了多种内置汉字输入法，如全拼、双拼、智能 ABC 和郑码等。允许对
每个应用程序拥有不同的汉字输入环境。也可以根据需要，在 Windows XP 系统中安装和卸载某种
汉字输入法。

此外还有一些输入法也广泛使用，如紫光拼音输入法，五笔字形输入法等。

输入法图标一般显示在任务栏右下角，单击输入法图标，展开即可选择输入法。也可以使用
快捷键来切换输入法。

1．输入法的设置

系统默认的输入法一般是英文，所以显示的图标是 ▦，要添加或删除输入法，将鼠标指针定
位在 ▦ 上，在右击弹出的快捷菜单中选择"设置"。在弹出的对话框中可以添加\删除输入法，也
可以设置输入法的热键，还可以设置默认输入法，如图 2-30 所示。

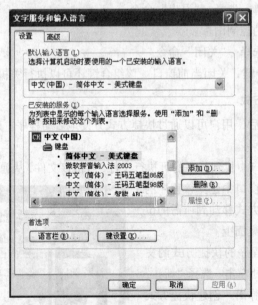

图 2-30   "文字服务和输入语言"对话框

单击"添加"按钮可以添加 Windows 的其他输入法。选择某种输入法后单击"删除"按钮，
则可以将该输入法从系统中删除。此外，还可以对各种输入法进行相应的设置。

在对话框的下方还有一个选择框"启动任务栏上的指示器"，用来设置是否在任务栏上显示输
入法图标。

2．中文输入法操作

（1）输入法的切换

输入法的切换可以通过鼠标选择，或者按【Ctrl+Space】组合键，如表 2-4 所示。

表 2-4　输入法切换快捷键

组　合　键	功　　能	组　合　键	功　　能
Ctrl+Space	中文、英文输入法间切换	Ctrl+,	中文标点、英文标点之间切换
Ctrl+Shift	中文输入法之间切换	Shift	中英文切换（某些输入法有差异）
Shift+Space	全角/半角之间切换		

（2）中文中特殊符号的输入

键盘上显示的图示为英文符号，如果要输入中文符号，可看下表的对应关系，如表 2-5 所示。

表 2-5　中英文输入符号对照

按　　键	输出中文符号	按　　键	输出中文符号
.	。	@	·（有的输入法◎）
\	、	< >	《 》
^	……	'	' '
$	￥	"	" "
-			

中文输入法中的一些输入的技巧，可以在显示的输入法状态栏中右击，在弹出的快捷菜单中选择"帮助"命令。不同输入法获取帮助的方式不同，需要掌握自己选择的输入法的帮助查看方式。

3．输入法介绍

下面介绍几种常用的输入法。

（1）拼音输入法

① 单字输入。在全拼音输入状态下，用字母键（字母 V 代表拼音 ü）逐个输入汉字的拼音字母，屏幕底行显示同音汉字，用户可按数字键选择其中的汉字，对于提示行中的第一个汉字，可按空格键确认。

② 词组输入。在全拼音输入时，可像输入单字一样完整输入词组。例如，输入"中文"词组，用户可完整输入"zhongwen"。

（2）智能 ABC 输入法。对于不同的用户，智能 ABC 输入法提供了"标准"和"双打"两种方式。单击"标准"输入法按钮，可切换到"双打"方式，再单击"双打"可切换到"标准"方式。

在"标准"方式下，可用全拼、简拼、混拼、笔形、混合等输入方式。

① 全拼。输入规则：按规范的汉语拼音输入，输入过程和书写汉语拼音的过程完全一致。例如：

wo　xiang　wei　qin'aide　mama　dian　yi　zhi　ge
我　　想　　为　亲爱的　　妈妈　点　一　支　歌

注意：单字输入时，韵母"ü"要用"V"代替。

② 简拼。输入规则：取各个音节的第一个字母组成，对于包含 zh、ch、sh（知、吃、诗）的音节，也可以取前两个字母组成。

例如：

汉字	全拼	简拼
计算机	jisuanji	jsj
长城	changcheng	cc、cch、chc、chch

③ 混拼。混拼即两个音节以上的词语输入时，有的音节全拼，有的音节简拼。

例如：

汉字	全拼	混拼
金沙江	jinshangjiang	jinsj、jshaj

④ 笔形输入法。笔形输入法是一种形码输入，对拼音不熟悉的使用者字可使用形码。

在智能 ABC 系统汉字"形"的元素，按照基本的笔画形状共分为八类，如表 2-6 所示。

表 2-6　笔形输入笔画意义

笔形代码	笔 形	笔形名称	实 例	注 释
1	—	横（提）	二、要、厂、政	"提"也算做横
2	∣	竖	同、师、少、党	
3	ﾉ	撇	但、箱、斤、月	
4	、	点（捺）	写、忙、定、间	"捺"也算做点
5	フ（ ）	折（竖弯勾）	对、队、刀、弹	顺时针方向弯曲，多折笔画，以尾折为准
6	L	弯	匕、她、绿、以	逆时针方向弯曲，多折笔画，以尾折为准
7	十（乂）	叉	草、希、档、地	交叉笔画只限于正叉
8	口	方	国、跃、是、吃	四边整齐的方框

⑤ 音形混合。拼音和笔形的混合输入是为了减少在全拼或简拼输入时的重码。

编辑规则：（拼音+笔形描述）+（拼音+笔形描述）+……（拼音+笔形描述），其中，"拼音"可以是全拼、简拼或混拼。

对于多音节词的输入，"拼音"一项是不可少的；"笔形描述"项可有可无，最多不超过两笔。

⑥ 单字输入。在全拼音输入状态下，用字母键（字母 V 代表拼音 ü）逐个输入汉字的拼音字母，屏幕底行显示同音汉字中文数量词简化输入。

智能 ABC 提供阿拉伯数字和中文大小写数字的转换能力，对一些常用量词也可简化输入。

输入规则：

"i"＋"数字"则输入简写中文数字。例如，按"i81"则输入"八一"。

"I"＋"数字"则输入繁写中文数字。例如，按"I54"则输入"伍肆"。

⑦ 自定义词组。智能 ABC 输入法允许用户自定义词组。基本方法是：先输入词组的拼音串，

在提示行上选择，即可造好新词。

例如，输入"changshaminyuan"后先选择"长沙"再选择"民院"，"长沙民院"新词就造好了。下次只要输入"changshaminyuan"或"csmy"即可输入"长沙民院"四个字。

其他输入法在此不再做一介绍。

2.3　Windows 的资源管理

2.3.1　文件和文件夹的概念

1. 文件

文件是计算机系统中数据组织的基本单位，文件系统是操作系统的一项重要内容，它决定了文件的建立、存储、使用和修改等各方面的内容。

在计算机中，数据和程序都以文件的形式存储在存储器上。按一定格式建立在外存储器上的信息集合称为文件。在操作系统中用户所有的操作都是针对文件进行的，这就是"面向文件"的概念。

文件名通常由主文件名和扩展名两部分组成，中间由小圆点间隔，例如，"歌曲.mp3"。

主文件名即文件的名称，通过它可以了解到文件的主题或内容，主文件名可以由英字符、汉字、数字及一些符号等组成，但不能使用"+""<"">""*""?""\"等符号。扩展名表示文件的类型，通常由三个字母组成。有些系统软件会自动给文件加上扩展名。如"歌曲.mp3"表示该文件是音频文件，文件名称为"歌曲"。不同类型的文件都有与之对应的文件显示图标。如表 2-7 所示为常见的文件扩展名和文件类型。

2. 文件的类型

计算机中的文件可分为系统文件、通用文件与用户文件三类。前两类是在安装操作系统和硬件、软件时装入磁盘的，其文件名和扩展名由系统自动生成，不能随便更改或删除。

用户文件是由用户建立并命名的文件，多为文本或数据文件，即可以显示或打印供用户直接阅读的文件，可分为文书文件和非文书文件两种。文书文件包括文章、表格、图形等，非文书文件是指用汇编语言或各种高级程序设计语言编写的源程序文件、数据文件及用户编写的批处理文件、系统配置文件等。

文件的扩展名用于说明文件的类型，系统对于扩展名与文件类型有特殊的约定，常用的扩展名及其含义如表 2-7 所示。

表 2-7　文件类型及扩展名

扩 展 名	文 件 类 型	扩 展 名	文 件 类 型
.txt	文本文档/记事本文档	.doc	Word 文档
.exe　.com	可执行文件	.xls	电子表格文件
.hlp	帮助文档	.rar　.zip	压缩文件
.htm　.html	超文本文件	.wav　.mid　.mp3	音频文件
.bmp　.gif　.jpg	图形文件	.avi　.mpg	可播放视频文件

扩　展　名	文 件 类 型	扩　展　名	文 件 类 型
.int　.sys　.dll　.adt	系统文件	.bak	备份文件
.bat	批处理文件	.tmp	临时文件
.drv	设备驱动程序文件	.ini	系统配置文件
.mid	音频文件	.ovl	程序覆盖文件
.rtf	丰富文本格式文件	.tab	文本表格文件
.wav	波形声音	.obj	目标代码文件

3. 文件夹

计算机是通过文件夹来组织管理和存放文件的，文件夹用来分类组织存放文件。可以将相同类别的文件存放在一个文件夹中。一个文件夹中还可以包含其他文件夹，在 Windows 中，文件的组织形式是树形结构。

4. 盘符

硬盘空间分为几个逻辑盘，在 Windows 中表现为 C 盘、D 盘等。它们其实都是硬盘的分区，而 A、B 盘则是指软盘。每一个盘符下可以包含多个文件和文件夹，每个文件夹下又有文件或文件夹，形成树形的结构。

5. 路径

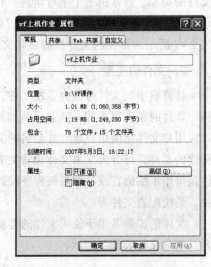

每个文件和文件夹都存放于计算机的某个位置。例如，文件"第一节.doc"位于 D 盘目录下的"第一章"文件夹中，则称该文件的路径是："D：\第一章"，而该文件的文件标识符是："D：\第一章\第一节.doc"，盘符、文件夹和文件之间都使用"\"进行分隔。在不同的路径下可以有相同的文件名，但是它们不是同一文件。

6. 文件和文件夹的属性

右击文件或文件夹后，选择"属性"命令，或者选择"文件"→"属性"命令，弹出属性对话框，如图 2-31 所示。在此对话框中可以显示和修改文件的属性。

在 Windows 中文件和文件夹的属性有四种读取方式：只读、隐藏、存档和系统。

图 2-31　文件和文件夹的属性

- 只读：表示对文件或文件夹只能读不能修改。
- 隐藏：可以在系统不显示隐藏文件时，将该对象隐藏起来，不被显示。
- 存档：当用户新建一个文件或文件夹时，系统自动为其设置"存档"属性。
- 系统：只有 Windows 的系统文件才具有该属性，其他文件不具有系统属性。

2.3.2　"我的电脑"和"资源管理器"

在计算机中，存在着大量的文件和文件夹，需要运用工具对文件和文件夹进行良好的管理。"我的电脑"和"资源管理器"可以帮助用户快捷地对文件或文件夹进行浏览、新建、重命名、复制等各项操作。

1. 我的电脑

"我的电脑"用于管理和控制计算机的资源，可以通过它来对文件和文件夹进行管理。

（1）"我的电脑"窗口

双击桌面"我的电脑"图标，打开"我的电脑"窗口，如图 2-32 所示。

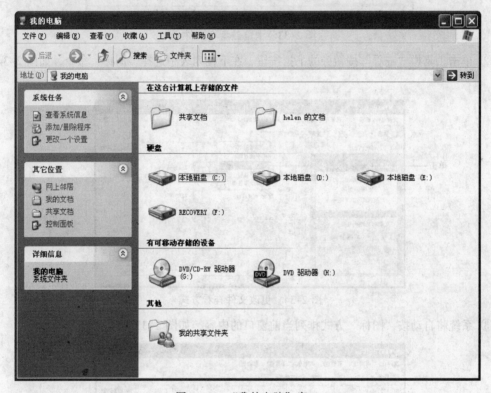

图 2-32　"我的电脑"窗口

"我的电脑"窗口中通常包括两部分：

① 共享文档和计算机管理员的文档。

② 硬盘。硬盘中包括本地磁盘的若干个盘符（如 C、D），双击某个盘符就可进入对应的磁盘窗口，可以对窗口中的对象进行操作。

（2）浏览文件夹

在"我的电脑"窗口中有多种查看文件或文件夹的方式，如缩略图、图标、列表、详细信息等方式。

① 双击 C 盘图标，打开 C 盘窗口，如图 2-33 所示。

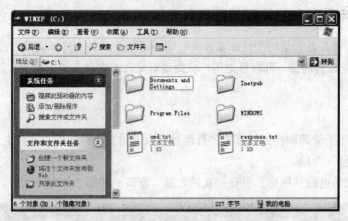

图 2-33　浏览磁盘 C 文件

② 单击工具栏"查看"按钮旁的下拉按钮，在下拉列表中选择"图标"命令，如图 2-34 所示。

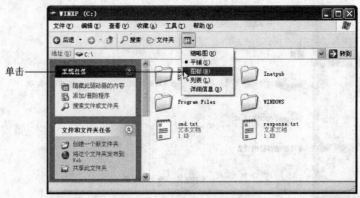

图 2-34　更改文件查看方式

③ 系统将自动按"图标"方式排列当前窗口的内容，如图 2-35 所示。

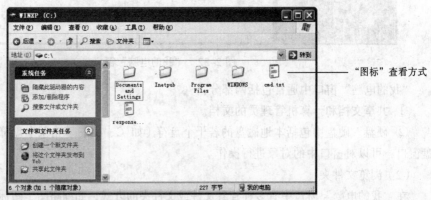

图 2-35　"图标"查看方式

提示： 用户可以通过单击选择其他查看方式，如"缩略图"、"图标"、"列表"等方式，注意观查显示效果的不同。

2．资源管理器

"资源管理器"以树形结构显示计算机硬盘中的文件和文件夹。打开"资源管理器"有两种方法。一种是选择"开始"→"所有程序"→"附件"→"资源管理器"命令；另一种是右击"我的电脑"图标，在弹出的快捷菜单中，选择"资源管理器"命令。具体操作如下：

① 右击"我的电脑"图标，在弹出的快捷菜单中选择"资源管理器"命令，打开"资源管理器"窗口，如图 2-36 所示。

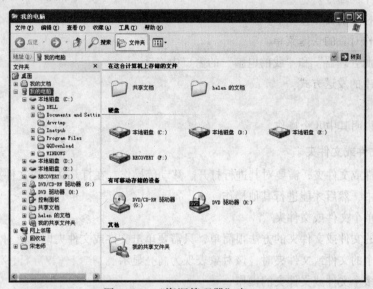

图 2-36　"资源管理器"窗口

② 在左侧窗格中单击"＋"号可展开文件夹，单击"－"号可折叠文件夹，如图 2-37 所示。

图 2-37　展开文件夹

③ 显示在右侧窗格的是在左窗格中选中的文件夹内的详细文件或文件夹选项。

2.3.3 文件和文件夹操作

文件和文件夹操作在"资源管理器"和"我的电脑"都可以完成。在执行文件或文件夹的操作前，要先选择操作对象，然后按自己熟悉的方法对文件或文件夹进行操作。文件或文件夹的操作一般有创建文件夹、重命名、复制、移动、删除、查找文件或文件夹，修改文件属性，创建文件的快捷操作方式等。这些操作可以用以下六种方式之一完成，以自己操作习惯而定。

- 用菜单中的命令。
- 用工具栏中的命令按钮。
- 用该操作对象的快捷菜单。
- 在"资源管理器"和"我的电脑"的窗口中拖动。
- 用菜单中的发送方式。
- 用组合键。

下面举例说明其中几个操作。

1. 选择文件或文件夹

创建完文件或文件夹，需要对其进行打开、移动等操作。在打开文件或文件夹之前应先将文件或文件夹选中，然后才能进行其他操作。

（1）选择单个文件或文件夹

选择单个的文件或文件夹的方法很简单，只需要单击文件或文件夹即可。

当选中单个的文件或文件夹时，该对象表现为高亮显示。

（2）选择多个文件或文件夹的操作

按住键盘上的【Ctrl】键同时单击，可以实现多个不连续文件（夹）的选择；按住键盘上的【Shift】键同时单击，可实现多个连续文件（夹）的选择。

2. 新建文件夹

要创建新文件夹有两种方法

- 打开"资源管理器"，确定要建立文件夹的位置，选择"文件"→"新建"→"文件夹"命令，单击后即创建一个"新建文件夹"，输入文件夹名为"新建文件夹"命名，如图 2-38 所示。

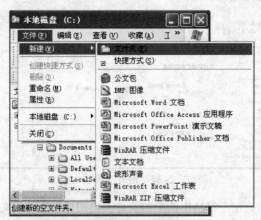

图 2-38　新建文件夹

- 在"资源管理器"中确定文件夹位置后，在右窗格空白处右击弹出快捷菜单，选择"新建"→"文件夹"命令，新建文件夹后重命名。

3．新建文件

新建文件有多种方法。最简单的方法就是双击文件对应的程序快捷图标，也可以通过右击桌面，从快捷菜单中选择要新建的文件类型。这里以新建记事本文件为例。

（1）在桌面新建记事本文件

① 右击桌面空白处，在弹出的快捷菜单中选择"新建"命令；在级联菜单中选择"文本文档"命令，如图 2-39 所示。

图 2-39　使用右键快捷菜单新建

② 系统执行新建文件命令。

（2）使用菜单中命令新建文件

① 打开某个硬盘分区的窗口（以 C 盘为例），选择要建立记事本文件的位置后，选择"文件"→"新建"命令，在级联菜单中选择要新建的文件类型，这里选择"文本文档"命令，如图 2-40 所示。

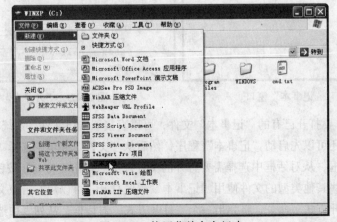

图 2-40　使用菜单命令新建

② 系统执行新建文件命令，并将文件新建在执行命令的位置。

提示： 也可以在当前窗口的工作区空白处右击，在弹出的快捷菜单中选择相应命令。

（3）利用"记事本"程序来建立新的记事本文件

选择 "开始"→"附件"→"记事本"命令，启动记事本程序窗口，如图 2-41 所示。下面介绍一些"记事本"的基本操作。

① 新建文件。选择"文件"→"新建"命令，可新建文件。而如果正在编辑其他文件还没有保存就新建文件，则会提示是否对当前文件进行保存。

② 保存文件。编辑文件后，选择"文件"→"保存"或"另存为"命令，可以对文件进行保存

如果是新建文件后第一次对文件进行保存，选择"保存"或"另存为"命令，都将弹出一个"另存为"对话框，如图 2-42 所示。从"保存在"下拉列表框中选择保存的位置，从"保存类型"下拉列表框中选择保存文件的类型，默认情况下为文本文档，而如果需要保存为其他类型的文件，则选择"所有文件"，然后在"文件名"文本框中输入保存的文件名和扩展名，例如"abc.html"，再单击"保存"按钮。

当对一个已保存过的文件进行编辑，然后进行保存，又分为两种情况。

• 如果要保存为原来的文件，则选择"文件"→"保存"命令即可。

• 如果需要将编辑过的文件保存为其他的文件，则选择"文件"→"另存为"命令，将弹出"另存为"对话框，如图 2-42 所示。选择保存路径，输入保存文件名称和保存类型，确认无误后，单击"保存"按钮。

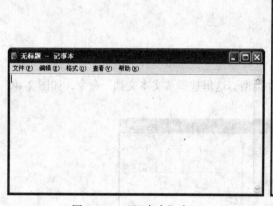

图 2-41 "记事本"窗口

图 2-42 "另存为"对话框

③ 打开文件。要打开已有的"记事本"文件，可以直接双击该文件，系统将启动"记事本"程序打开该文件。还可以先启动"记事本"程序，然后从"文件"菜单中选择"打开"命令，将出现"打开"对话框，从对话框中选择需要打开的文件，然后单击"打开"按钮。

如果需要将一些其他类型的文件使用"记事本"程序打开，可以用右击该文件，从弹出的快捷菜单中选择"打开方式"命令，将弹出一个"打开方式"对话框，从列表中选择"记事本"程序，然后单击"确定"按钮即可。但是并不是所有的文件都可以用"记事本"打开。

④ 编辑。在"编辑"菜单中，可以对文件中的内容进行一系列的编辑操作，如图 2-43 所示，其中有"撤销"、"剪切"、"复制"、"粘贴"、"查找"、"日期/时间"命令等。

撤销(U)	Ctrl+Z
剪切(T)	Ctrl+X
复制(C)	Ctrl+C
粘贴(P)	Ctrl+V
删除(L)	Del
查找(F)...	Ctrl+F
查找下一个(N)	F3
替换(H)	Ctrl+H
转到(G)...	Ctrl+G
全选(A)	Ctrl+A
时间/日期(D)	F5

其中"查找"可以在一篇字符比较多的文档中查找一些特定字符。"时间/日期"可以在记事本中插入当前的时间/日期

⑤ 格式。选择"格式"→"字体"命令，可以对文件中的字体进行设置。但是需要注意的是，在"记事本"中不能只对部分文字设置格式，一旦设置字体格式后，对文件中的所有文字都有效。

图 2-43　"编辑"菜单

选择"格式"→"自动换行"命令，可以对文件的内容换行显示，自动换行不影响文本的格式，显示的内容会根据窗口的大小自动调整换行。而不是在每行后添加换行符。

（4）打印

选择"文件"→"打印"命令，可以对文件进行打印。在打印前还可以通过"文件"菜单中的"页面设置"命令，对打印的纸张进行必要的设置。

（5）"写字板"程序

使用"记事本"程序虽然可以编辑简单的文本文件，但是格式很简单，如果在文件中需要设置较复杂的格式或插入图片，可以使用"附件"中的"写字板"程序。

"写字板"程序窗口如图 2-44 所示，提供了许多菜单和工具栏，可以对文件设置比较复杂的格式，它的功能和文字处理软件 Microsoft Word 的功能相似。

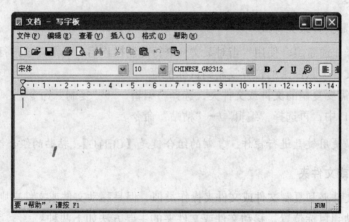

图 2-44　"写字板"窗口

4．重命名文件或文件夹

执行新建文件命令后，系统采用自动命名。用户更改文件名称的操作被称为重命名，用户可以根据工作需要对文件或文件夹进行重命名操作。

① 右击需要修改文件名的文件，在弹出的快捷菜单中，选择"重命名"命令，如图 2-45 所示。

② 在虚框内输入新文件名称，然后按【Enter】键即可重命名文件。

重命名文件夹的操作与重命名文件的操作一致，只是操作的对象是文件夹。

提示：也可以在某个磁盘分区（如 D 盘）进行重命名操作，具体的方法是在"我的电脑"窗口中，右击"D 盘"，选择"重命名"命令，如图 2-46 所示。

图 2-45 重命名文件

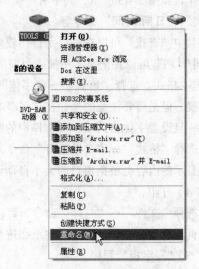

图 2-46 重命名磁盘

5. 打开文件或文件夹

打开文件或文件夹的操作很简单，双击要打开对象即可，或右击文件，在弹出的快捷菜单中选择"打开"命令。

6. 复制、粘贴文件或文件夹

复制、粘贴操作通常组合使用。当对某文件进行复制操作后，马上需要进行粘贴操作。复制文件是将文件或文件夹从原来的位置复制到目标位置。

① 单击选中需要复制的文件或文件夹，选择"编辑"→"复制"命令。

② 在目标窗口中，再选择"编辑"→"粘贴"命令。

提示：也可以使用键盘进行操作。复制的组合键是【Ctrl+C】，粘贴的组合键是【Ctrl+V】。

7. 移动文件或文件夹

移动文件或文件夹和复制文件或文件夹操作类似，但是移动文件或文件夹则是将原来位置的文件或文件夹移动到目标位置。移动文件或文件夹的主要方法如下两种：

（1）使用剪切、粘贴命令

① 单击需要移动的文件或文件夹，选择"编辑"→"剪切"命令。

② 打开目标位置窗口，选择"编辑"→"粘贴"命令。

（2）使用"移动文件夹"命令

① 单击需要移动的文件或文件夹，选择"编辑"→"移动到文件夹"命令，如图 2-47 所示。

② 在弹出的"移动项目"对话框中，选择目标位置，单击"移动"按钮即可，如图 2-48 所示。

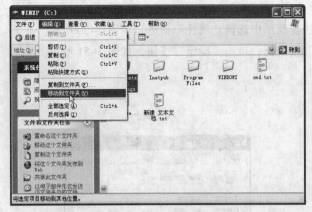

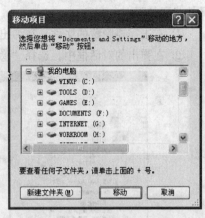

图 2-47 移动文件夹   图 2-48 选择移动位置

8．删除文件或文件夹

当不再需要某文件或文件夹时，可以将其删除，可以释放出更多的磁盘空间来存放其他文件或文件夹。在 Windows XP 操作系统中。从硬盘中删除的文件或文件夹被移动到"回收站"中，当用户确定不再需要时，可以将其彻底删除。

删除文件或文件夹的方法很多。一是选择要删除的文件或文件夹按【Delete】键；二是选择要删除的文件或文件夹。直接拖动至桌面的"回收站"图标；三是右击需要删除的文件或文件夹，利用快捷菜单中的"删除"命令进行操作。

9．还原文件或文件夹

删除文件或文件夹时难免会出现误删操作。这时可以利用"回收站"的还原功能将文件还原到原来的位置，即文件在删除之前保存的位置，以减少损失。只有从硬盘被删除的文件才会被操作系统放置到回收站。

① 双击桌面"回收站"图标打开"回收站"窗口。

② 右击需要还原的文件，在弹出的快捷菜单中选择"还原"命令，如图 2-49 所示，文件会被还原到删除前的位置。

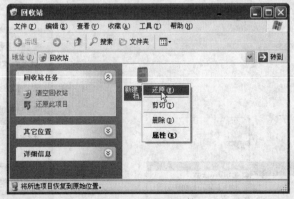

图 2-49 还原文件

10．隐藏文件或文件夹

对于存放在计算机中的一些重要文件，可以将其隐藏起来以增加安全性。以隐藏文件为例，具体步骤如下：

① 右击需要隐藏的文件，在弹出的快捷菜单中选择"属性"命令，如图 2-50 所示。

② 在弹出的对话框中，选择"隐藏"复选框，单击"确定"按钮，如图 2-51 所示。

图 2-50　查看文件属性

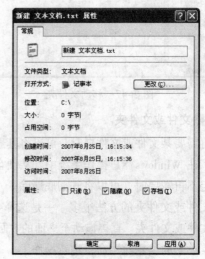

图 2-51　设置文件隐藏

③ 返回到文件夹窗口后，该文件已经被隐藏。

11. 搜索文件或文件夹

计算机中存放着大量的文件和文件夹。当用户急需要某些文件或文件夹，却忘了存放的位置。使用搜索功能可以方便查找。

① 选择"开始"→"搜索"→"文件夹搜索"命令，如图 2-52 所示。

② 搜索结果窗口将被打开，左侧出现"搜索助理"窗格。输入搜索文件或文件夹的名称，选择搜索的位置，单击"搜索"按钮开始搜索，如图 2-53 所示。

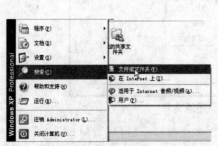

图 2-52　搜索文件或文件夹

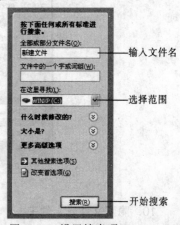

图 2-53　设置搜索项

③ 系统自动在设置的范围内搜索文件和文件夹，并将符合条件的文件和文件夹显示在右侧。

12．创建快捷方式

快捷方式是快速启动文件、文件夹或程序的一种方法。通常可分为创建桌面快捷方式和创建快速启动快捷方式。

（1）创建桌面快捷方式

① 右击需要创建快捷方式的对象。在弹出的快捷菜单中选择"发送到"→"桌面快捷方式"命令。

② 系统执行该命令后桌面上出现快捷方式图标。

（2）创建快速启动快捷方式

① 单击要创建快速启动快捷方式的图标。

② 拖动图标至任务栏快速启动区，此时该图标呈黑色竖线状释放鼠标即可，如图 2-54 所示。

13．设置文件或文件夹属性

在 Windows XP 系统中用户可以查看文件或文件夹的类型、位置、大小、占用空间，也可以设置其他属性等。

（1）查看文件或文件夹常规属性

① 右击需要查看属性的文件或文件夹，在弹出的快捷菜单中，选择"属性"命令。

② 在弹出的"属性"对话框中，切换至"常规"选项卡，可以查看类型、位置、大小等，如图 2-55 所示。

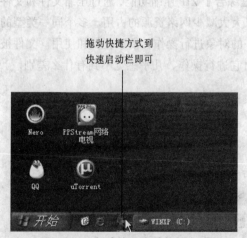

图 2-54　创建快速启动快捷方式

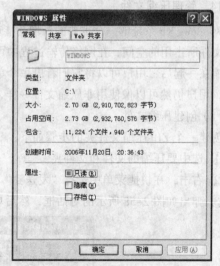

图 2-55　查看文件夹属性

（2）设置文件或文件夹共享

用户计算机在局域网中，就可以把文件或文件夹共享，允许局域网中的其他计算机访问。

① 右击要共享的文件或文件夹，在弹出的快捷菜单中选择"属性"命令，在弹出的"属性"对话框中选择"共享"选项卡。

② 在"网络共享和安全"选项区域中。选择"在网络上共享这个文件夹"复选框，如图 2-56 所示。

③ 用户根据自己需要，决定是否选择"允许网络用户更改我的文件"复选框，设置完毕后，单击"确定"按钮。

④ 返回到该文件夹所在的磁盘分区，此时，设置共享的文件夹图标已改变如图 2-57 所示。

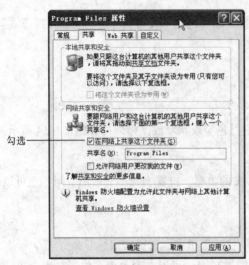

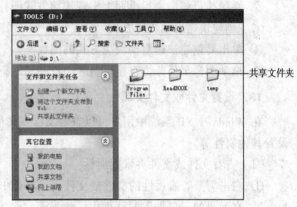

图 2-56 设置文件共享　　　　　　　　图 2-57 设置文件夹属性

14. 管理压缩文件

Windows XP 系统的一个重要的新增功能就是综合了 ZIP 压缩功能，通过压缩文件和文件夹来减少文件所占用的空间，在网络传输过程中可以大大减少网络资源的占用。多个同一类型的文件被压缩在一起后，用户可以将它们看成一个单一的对象进行操作，便于查找和使用。文件被压缩以后，用户仍然可以像使用非压缩文件一样，对它进行操作，几乎感觉不到有什么差别。

（1）创建压缩文件

创建一个 ZIP 压缩文件夹的步骤如下：

① 选中要压缩的文件和文件夹。

② 右击，在快捷菜单中选择"发送到"→"压缩文件夹"命令。

③ 弹出如图 2-58 所示的对话框，然后单击"是"按钮。

图 2-58 压缩对话框

④ 系统自动进行压缩，完成后被压缩的文件或文件夹图标为 VFP综合实验.zip。

⑤ 双击压缩后的文件或文件夹图标，则显示如图 2-59 所示窗口。

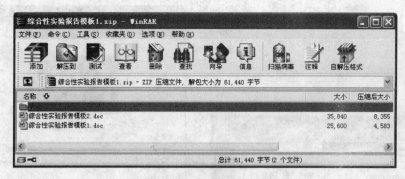

图 2-59　打开压缩后的文件夹

（2）添加和解压缩文件

向 ZIP 压缩文件夹中添加文件，只需要直接从资源管理器中将文件拖动到压缩文件夹即可。

要将文件从压缩文件中取出来，即解压缩文件，需先双击压缩文件，将该文件打开，然后从压缩文件夹中将要解压缩的文件或文件夹拖动到新的位置。如果要取出所有的文件或者文件夹，先右击该压缩文件夹，在弹出的快捷菜单中单击"全部提取"命令，在"ZIP 压缩文件夹解压缩向导"中，指定解压缩后的文件放置的位置。

2.4　Windows XP 系统设置

2.4.1　桌面设置

桌面是启动计算机，成功登录到 Windows XP 系统后看到的第一个界面。因此根据用户的需要设计一个个性化的桌面是很有必要的，下面将介绍如何排列桌面图标以规整桌面，如何设置喜欢的桌面背景，如何设置屏幕保护程序及外观等。

1．排列桌面图标

在 Window XP 系统中，用户可以根据自己的需要对桌面图标按照不同的方式进行排列，具体操作步骤如下：

① 右击桌面空白处，在弹出的快捷菜单中选择"排列图标"级联菜单，如图 2-60 所示。

② 用户在提供的排列方式中单击选择一种排列方式，系统将自动对图标进行排序。

2．设置桌面背景

Windows XP 系统默认的背景为蓝天白云，用户可以根据自己的爱好来设置桌面背景。具体操作步骤如下：

① 右击桌面空白处，在弹出的快捷菜单中选择"属性"命令。

② 在弹出的"显示属性"对话框中，切换到"桌面"选项卡，如图 2-61 所示。

③ 在"背景"列表框中选择图片文件，用户可在当前选项卡中预览到背景效果。

④ 在"位置"下拉列表框中，选择需要的类型同时在当前窗口中能见到预览效果。

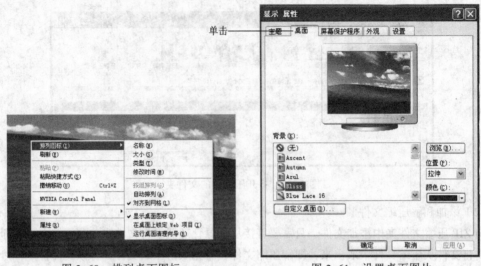

图 2-60 排列桌面图标　　　　　　　图 2-61 设置桌面图片

⑤ 用户设置完毕单击"确定"或"应用"按钮，桌面上即可显示该效果。

提示：用户除了可以使用系统提供的图片外，单击"浏览"按钮还可以使用外部图片。

3. 设置屏幕保护程序

屏幕保护程序是指在开机状态下在一段时间内没有使用鼠标和键盘操作时，屏幕上出现的动画或者图案。屏幕保护程序可以起到保护信息安全，延长显示器寿命的作用。具体设置步骤如下。

① 打开"显示属性"对话框，切换到"屏幕保护程序"选项卡，如图 2-62 所示。

② 单击"屏幕保护程序"下拉列表框的下拉按钮，在弹出的下拉列表框中选择一种屏幕保护程序。

③ 对"等待微调框"进行设置。

④ 设置完毕后，用户可单击"预览"按钮，观看屏幕保护效果。

⑤ 还可单击"电源"按钮，在"电源选项属性"对话框中进行电源选项设置，如图 2-63 所示。

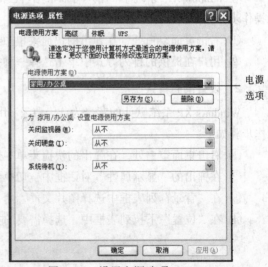

图 2-62 设置屏幕保护程序　　　　　　图 2-63 设置电源选项

4. 设置桌面主题

Windows XP 主题是为计算机桌面提供统一外观的一组可视元素。具体设置步骤如下：

① 在"显示属性"对话框中，切换至"主题"选项卡。

② 在"主题"下拉列表框中选择一种主题，预览其效果。

5. 设置显示分辨率和颜色

在 Windows XP 系统中，可以对显示分辨率、颜色、显示器刷新频率进行设置以满足不同的视觉需要。具体设置步骤如下：

① 在"显示属性"对话框中切换至"设置"选项卡，如图 2-64 所示。

② 在"屏幕分辨率"选项区域中，用鼠标拖动滑块对分辨率进行更改，在上方窗口中可预览效果。

③ 在"颜色质量"选项区域中，可以对颜色质量再进行修改，并可在上方窗口中预览效果。

④ 单击"高级"按钮进入如图 2-65 所示对话框，切换到"监视器"选项卡如图 2-65 所示。

单击
选项卡
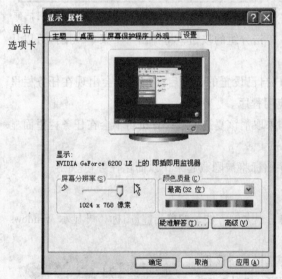

单击
选项卡
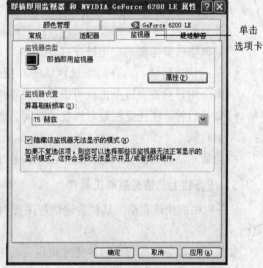

图 2-64 设置屏幕分辨率　　　　　　图 2-65 设置屏幕刷新率

⑤ 在"监视器设置"选项区域中，可以在"屏幕刷新频率"下拉列表框，选择合适的屏幕刷新频率。设置完毕后，单击"确定"按钮即可。

2.4.2 定制任务栏

1. 任务栏的位置和大小

默认情况下，任务栏位于桌面的底部，而用鼠标拖动的方法还可以将其拖动到桌面四周任意位置，而拖动任务栏的边框还可以调整它的大小。

2. 任务栏属性

选择"开始"→"设置"→"任务栏和「开始」菜单"命令，弹出如图 2-66 所示的对话框，可以对任务栏进行设置。还可以在任务栏的空白处右击，选择"属性"命令，也将出现该对话框。

在对话框中的"任务栏"选项卡下，可以设置：

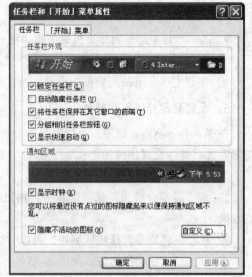

图 2-66   "任务栏和「开始」菜单属性"对话框

- 锁定任务栏。选中，用户不能对任务栏再做任何修改，直到该复选框被解除选取之后，才可以修改任务栏的属性。
- 自动隐藏。选中，当鼠标离开任务栏之后，任务栏就自动隐藏起来。
- 将任务栏保持在其他窗口的前端。选择后不管在任何时候，任务栏总是会显示在桌面上其他窗口的前面，不会被挡住。运行任何程序，任务栏都会出现在屏幕上。
- 分组相似任务栏按钮。选择后在打开的应用程序太多的时候，系统将对这些应用程序进行分组，相似的或相同的应用程序将被分配至一个任务栏按钮，以节约空间。单击分组的按钮，将弹出一个菜单，用户可以从菜单中选择需要的应用程序打开。
- 显示快速启动。选择后系统默认的和用户自己设置的快速启动按钮都会出现在任务栏里面，用户只要直接单击就可以快速启动应用程序。
- 显示时钟。在任务栏最右边显示时间，如果取消该复选框，计算机将不会在任务栏里面显示时间。
- 隐藏不活动的图标。选择后不活动的程序图标将被隐藏起来，以简化任务栏。

3．任务栏上的快速启动工具栏

任务栏中的快速启动工具栏为启动程序提供了很大的方便，如单击 图标，可显示 Windows 桌面。

如果希望添加一些程序的快捷方式到启动工具栏，将该程序的快捷方式或可执行文件拖动到快速启动栏即可，如图 2-67 所示。拖动时出现"I"符号表示添加成功，而如果出现""符号表示未成功。

图 2-67   添加快捷方式到"快速启动"工具栏

当需要将一个图标从快速启动工具栏中删除时，可以在该图标上右击，从弹出的快捷菜单中选择"删除"命令进行删除。

4．任务栏的设置

在任务栏的空白区域右击，就会弹出快捷菜单，如图 2-68 所示。

用户可以使用菜单中的选项对任务栏进行设置，还可以设置桌面和窗口。例如层叠窗口、横向平铺窗口、纵向平铺窗口、显示桌面等。一般对任务栏进行设置，主要是通过"工具栏"级联菜单，如图 2-69 所示。

图 2-68　任务栏快捷菜单　　　　　图 2-69　"工具栏"级联菜单

① 如果选择"工具栏"菜单中的"地址"命令，"地址"图标就会出现在任务栏的右边，如图
2-70 所示。双击"地址"，则在任务栏内显示输入地址对话框，如在

地址栏内输入"e:\"，单击"转到"后，就可以自动打开"我的电脑"
窗口，浏览 e:\ 的信息，如图 2-71 所示。若是取消工具栏中的"地址"　　　图 2-70　"地址"栏被选中
选项，则"地址"图标就会在任务栏里面消失，如图 2-72 所示。

图 2-71　双击地址栏　　　　　　图 2-72　"地址"栏被取消

② 如果选中"工具栏"级联菜单中的"快速启动"命令，则系统默认的快速启动按钮和用
户自己设置的快速启动按钮都会出现在任务栏里面，用户只要直接单击它们，就可以直接进入，
如图 2-73 所示。如果取消"快速启动"选项，则系统默认的快速启动按钮和用户自己设置的快
速启动按钮都会从任务栏里面消失，如图 2-74 所示。

快速启
动按钮

图 2-73　"快速启动"按钮被选中

图 2-74　"快速启动"按钮被取消

③ 如果选择了"新建工具栏"命令，则会弹出如图 2-75 所示的对话框。

在"新建工具栏"对话框里选择"我的文档"后单击"确定"按钮，则会出现如图 2-76 所示
的任务栏。右击 My Documents，就会出现如图 2-77 所示的菜单，在菜单里面选中"打开文件夹"
命令即可打开"我的文档"窗口，如图 2-78 所示。使用这种功能，可以将任何常用的文件夹放置
于任务栏中，从而可以提高操作效率。

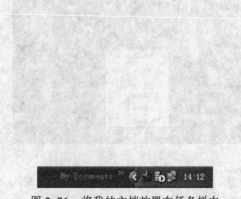

图 2-75　"新建工具栏"对话框　　　　图 2-76　将我的文档放置在任务栏中

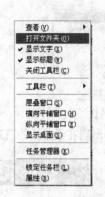

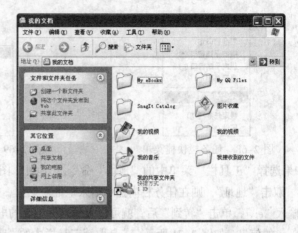

图 2-77 右击 My Documents 后弹出的菜单　　图 2-78 "我的文档"窗口

2.4.3 "开始"菜单

"开始"菜单中，包括了计算机中所有安装的软件和程序，它提供了对常用程序和公用区域的快捷访问，通过对"开始"菜单进行操作，可以快速启动相应的程序。熟练运用"开始"菜单，将给用户的操作带来诸多便捷。

1．"开始"菜单样式

Windows XP 系统为"开始"菜单提供了两种外观，一种是默认菜单，另一种是经典菜单。设置步骤如下：

① 右击任务栏空白处，在弹出的快捷菜单中选择"属性"命令，如图 2-79 所示。

② 在弹出的"任务栏和「开始」菜单属性"对话框中切换至"「开始」菜单"选项卡，如图 2-80 所示。

图 2-79 任务栏属性　　　　　　　　图 2-80 设置开始菜单

③ 在"「开始」菜单"选项卡中。有两个单选按钮，在上方窗口中可以预览到效果。设置完毕后，单击"确定"按钮即可生效。

2. "开始" 菜单设置

在 Windows XP 系统中可以通过对"开始"菜单的自定义设置来达到显示效果上的不同。具体操作步骤如下：

① 打开"任务栏和「开始」菜单属性"对话框。单击当前选中的「开始」菜单样式后面对应的"自定义"按钮，如图 2-81 所示。

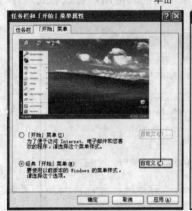  

图 2-81　自定义开始菜单

② 在两种开始菜单样式的"自定义"对话框中，用户都可以对开始菜单的显示方式进行个性化设定。

2.4.4　控制面板

控制面板是 Windows 中的一个系统工具，可以对计算机的各方面性能、参数进行控制，用户通过控制面板，可以对 Windows 进行一些重要的设置。用户对 Windows 控制面板了解得越多，对于计算机的工作也了解得越多，虽然本章是以 Windows XP 为例讲解的，但有关控制面板的知识对于其他版的 Windows 同样适用。

选择"开始"→"设置"→"控制面板"命令，即可打开"控制面板"窗口。用户可以选择两种不同的视图方式。在两种视图方式下的效果如图 2-82 所示。

图 2-82　控制面板视图

"系统"图标是控制面板中最重要的图标。它可以设置大部分与计算机工作相关的控制选项。双击"系统"图标，打开"系统属性"对话框，系统属性设置的具体步骤如下：

① 在"控制面板"窗口中双击"系统"图标。

② 在弹出的"系统属性"对话框中，选择"常规"选项卡，其中显示系统的操作系统等版本信息，如图 2-83 所示。

③ 选择"计算机名"选项卡。若用户处于一个网络中则局域网内的其他用户可以看到该计算机名，还可对计算机名进行更改，如图 2-84 所示。

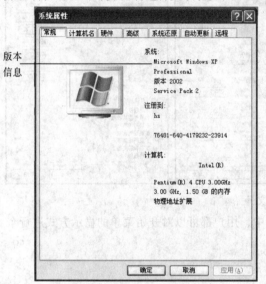

图 2-83 查看系统属性　　　　　　　　图 2-84 查看或更改计算机名

④ 选择"硬件"选项卡，在该选项卡中可检查或更改计算机硬件设置。其中包括外部设备和内部设备，如图 2-85 所示。

⑤ 在"硬件"选项卡中单击"设备管理器"按钮，在弹出的窗口中显示列出计算机中的所有硬件，并按目录排列，如图 2-86 所示。

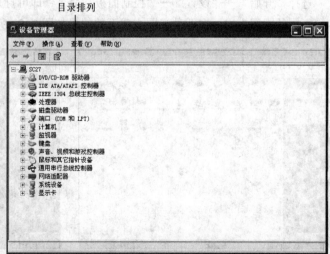

图 2-85 查看设备管理　　　　　　　　图 2-86 计算机中安装的所有硬件

⑥ 选择"系统还原"选项卡。该选项卡可以在系统出现错误时，恢复到正常工作的状态。

⑦ 选择"自动更新"选项卡，在该选项卡中，主要设置系统自动更新的频率。推荐设置为自动。

2.4.5　安装与删除硬件设备

硬件是任何连接到计算机并由计算机的微处理器控制的设备，包括制造和生产时连接到计算机上的设备以及用户后来添加的外部设备。移动硬盘、调制解调器、磁盘驱动器、CD-ROM 驱动器、打印机、网卡、键盘和显示适配卡都是典型的硬件设备。

设备分为即插即用设备和非即插即用设备，它们都能以多种方式连接到计算机上。某些设备，例如声卡和网卡，连接到计算机内部的扩展槽中。其他设备，例如打印机和扫描仪，连接到计算机端口上。一些称为 PC 卡的设备，只能连接到便携式计算机的 PC 卡槽中。

为了使设备能在 Windows XP 上正常工作，必须在计算机上加载设备驱动程序的软件。每个设备都有自己唯一的设备驱动程序，一般由设备制造商提供。但某些驱动程序是由 Windows XP 提供的。

可以通过"控制面板"窗口中的"添加硬件"向导或"设备管理器"来配置设备。

在 Windows XP 中，对于即插即用设备，系统会自动添加设备驱动程序，即添加硬件，对于非即插即用设备，可以通过 Windows XP 的硬件安装向导进行安装。

1. 安装设备

按照安装的难易，可将设备大概分为两组，即插即用和非即插即用。大多数 1995 年以后生产的设备都能即插即用，即插即用设备是该设备连接到计算机上就立即可以使用，且无须手动配置的设备。

无论是即插即用还是非即插即用设备，在安装时通常包括三个步骤：

① 连接到计算机上。

② 安装适当的设备驱动程序。如果设备支持即插即用，该步骤可能没有必要。

③ 配置设备的属性。如果你的设备支持即插即用，该步骤可能没有必要。

不论即插即用设备还是非即插即用设备，都应该遵循设备制造商的安装说明进行安装与使用，以确保设备工作正常。一般的安装步骤为先关闭计算机，然后将设备连接到合适的端口或将设备插入合适的插槽中。

如果设备不自动工作，那么该设备是非即插即用的，或者是硬盘那样需要重新启动的设备，必须重新启动计算机后，Windows 才能检测新设备。

（1）安装即插即用设备

按照设备厂商的说明，将设备连接到计算机上的相应端口或插槽中。可能需要重新启动计算机。

（2）安装非即插即用设备

① 在经典视图样式的"控制面板"窗口中，双击"添加硬件"图标，打开"添加硬件向导"对话框。

② 单击"下一步"按钮，在"硬件是否连接好？"界面中，选择硬件连接状态。

③ 单击"下一步"按钮，在"已安装的硬件"列表框中，选择"添加新硬件设备"选项，如图 2-87 所示。

④ 单击"下一步"按钮，然后执行操作之一如图 2-88 所示。

- 如果希望 Windows XP 尝试检测你想要安装的新的非即插即用设备，选择"搜索并自动安装"单选按钮。

- 如果知道要安装硬件的类型和型号，并想从设备列表中选择该设备，选择"安装我手动从列表选择的硬件"单选按钮。

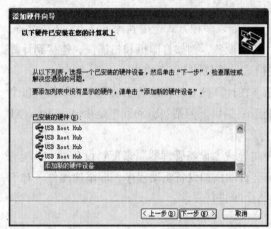

图 2-87 准备安装设备

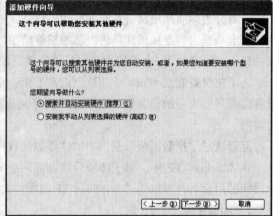

图 2-88 选择是否搜索硬件

⑤ 单击"下一步"按钮，然后按照安装向导进行操作。

2. 安装与删除设备

有一部分设备为即插即用设备，如使用 USB、FireWire 和 PC 卡连接的硬件设备都是支持热插拔的，用户可以 Windows 在运行的时候插入或者拔出这些设备，同时不会带来任何负面影响。Windows 会根据需要自动为热插拔的设备加载或卸载驱动程序。

（1）安装热插拔设备

当第一次插入一个热插拔设备时，Windows 将在任务栏上弹出一条消息，告之用户它已经注意到这个设备。然后 Windows 会自动查找设备驱动程序以便能够和该设备进行通信。Windows 首先检查驱动程序存储处，在这里包含了大量的预先安装的设备驱动程序，如果在这里没有发现，并且计算机连接到 Internet，它将检查 WindowsUpdate 站点，查看是否有该设备的驱动程序。如果有，将下载并安装驱动程序。当驱动程序安装好并可以工作后，Windows 将显示弹出消息，告之用户可以使用该设备。如果 Windows 无法找到设备驱动程序，它将打开"找到新的硬件向导"对话框，这样用户可以手动为该设备提供驱动程序。

（2）删除热插拔设备

删除 USB 或 FireWire 设备和拔下这些设备一样容易。Windows 会注意到用户已经删除了设备，并会自动卸载它的驱动程序。

（3）停用与卸载设备

① 停用设备。

a. 单击"开始"按钮，右击"我的电脑"图标，然后选择"属性"命令，打开"系统属性"对话框。

b. 选择"硬件"选项卡，然后单击"设备管理器"按钮，打开"设备管理器"窗口。

c. 右击要停止使用的设备，然后从弹出的快捷菜单中选择"停用"命令，如图 2-89 所示，这时屏幕上弹出如图 2-90 所示的确认消息框，单击"是"按钮。

② 卸载设备。

从物理上删除或拔除设备之前，使用"设备管理器"删除设备（实际上是删除设备驱动程序）以防止数据丢失或其他严重的故障是很重要的。

a. 右击"我的电脑"，然后选择"属性"命令，打开"系统属性"对话框。

b. 单击"硬件"选项卡，然后单击"设备管理器"按钮，打开"设备管理器"窗口。

c. 右击要停止使用的设备，然后从弹出的快捷菜单中选择"卸载"命令，这时屏幕上弹出如图 2-91 所示的确认消息框，单击"确定"按钮。

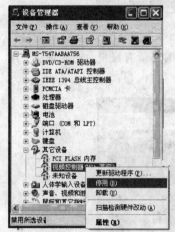

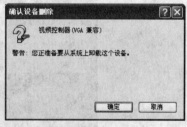

图 2-89　停用设备　　　　图 2-90　确认消息框　　　　图 2-91　卸载设备

2.4.6　设置和管理用户账户

Windows XP 系统支持多用户操作，可以设置多个用户账户并且为用户赋予不同的操作权限。若多个用户共同使用一台计算机。可以为用户设置不同的账户和密码。

1. 创建新用户账户

如果多个用户共同使用一台计算机。则可以为每位用户设置一个用户账户。

① 在"控制面板"窗口中双击"用户账户"图标。

② 在弹出的"用户账户"窗口中单击"创建一个新账户"选项，如图 2-92 所示。

③ 在文本框中输入新账户名称后单击"下一步"按钮。

④ 系统提供了两种账户类型：计算机管理员和受限。先选择要创建的账户类型再单击"创建账户"按钮。

单击

图 2-92 创建新账号

⑤ 创建账户成功后系统会自动给新账户添加默认的图标，同时将所有账户一同显示在"用户账户"窗口中，如图 2-93 所示。

新创建的用户账号

图 2-93 账号创建成功

2. 管理账户

完成了创建用户操作后，需要对该账户进行管理。如进行更改名称、创建密码、更改图片、删除账户等操作。

只需要先选择账户，然后按照向导指示执行相应的操作即可。

2.4.7 添加或删除程序

软件是计算机的灵魂。用户要借助软件来完成各项工作。可以双击控制面板中的"添加或删除程序"图标，在打开的窗口中添加新的 Windows 组件来添加软件。

1. 更改或删除程序

用户可以通过控制面板，删除不使用的程序或已经损坏的程序，或对程序进行其他功能的添加或修改，具体操作步骤如下：

① 在"控制面板"窗口中双击"添加或删除程序"图标，打开如图 2-94 所示窗口。

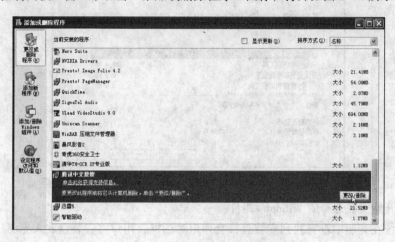

图 2-94　"添加删除程序"窗口

② 在弹出的"添加或删除程序"窗口中的"当前安装的程序"列表框中列出了计算机中安装的所有程序，选择要进行操作的程序，单击"更改/删除"按钮。

③ 若需要更改，应事先准备好安装盘。单击"更改/删除"按钮后，屏幕上将弹出安装提示进度条，可按照向导提示操作。

2. 添加/删除 Windows 组件

可以删除 Windows 组件中的小组件或者进行整个组件的删除，也可以进行相关组件的添加。组件前有对应的复选框，如果复选框被选择，则表示该组件已经被添加，如果复选框没有被选择，则表示可以将该组件进行添加操作。

① 在"添加或删除程序"窗口中单击"添加/删除 Windows 组件"，如图 2-95 所示。

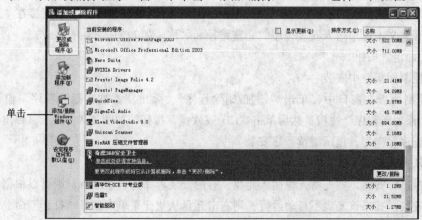

图 2-95　添加删除组件

② 在弹出的"Windows 组件向导"对话框中，选择所需要安装的 Windows 组件，单击"下一步"按钮，如图 2-96 所示。

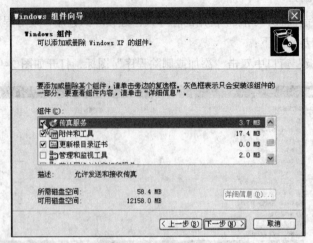

图 2-96　Windows 组件向导

③ 系统开始安装选择的 Windows 组件。

④ 若系统在光驱中没有找到安装盘，会弹出对话框，用户将安装盘放入光驱后，单击"确定"按钮即可。

3. 安装应用程序

在 WindowsXP 中，安装应用程序有如下四种方式

（1）在"资源管理器"中安装

① 启动"资源管理器"。

② 将应用程序安装盘插入光驱或软驱中，在"资源管理器"窗口中，在光驱或软驱文件中，直接双击应用程序的安装程序 Install.exe 或 Setup.exe。

（2）使用"开始"菜单上的"运行"命令进行安装

① 将应用程序安装盘插入光驱或软驱中。

② 选择"开始"→"运行"命令，屏幕上出现"运行"对话框。

③ 单击该对话框上的"浏览"按钮，在"浏览"窗口中选定安装程序，或直接在"运行"对话框的"打开"文本框中输入安装程序的完整路径和名称（如 E:\vfp98\setup.exe）。

④ 单击"确定"按钮。

（3）在"控制面板"中安装

① 在"控制面板"窗口中，单击"添加/删除程序"，弹出"添加或删除程序"窗口。

② 单击"添加新程序"按钮，然后单击"CD 或软盘"按钮，如图 2-97 所示，弹出"从软盘或光盘安装程序"向导，提示继续程序安装。

（4）直接从光盘安装

如果从光盘进行安装，则先将光盘插入光驱，有的安装程序将自动运行，则可以根据自动运行的提示进行安装。如果该光盘不自动运行，则右击光盘从快捷菜单中选择"打开"命令，这样将显示光盘中的内容，从中找到程序的安装文件。而如果需要安装的程序文件在硬盘中已经存在，

则可以直接打开该程序的安装文件所在的文件夹。一般情况下，程序的安装文件名为 Setup.exe。当然也有其他名称的安装文件，如以程序的名称命名的安装文件。

　　① 找到安装文件后，直接双击它开始进行程序的安装向导。如安装 Visual FoxPro 6.0 时，将出现如图 2-98 所示的向导，单击"下一步"按钮即可以继续安装了。

图 2-97　"添加或删除程序"窗口

图 2-98　安装程序向导

　　② 一般情况下，安装的过程中会出现一个用户是否同意许可协议的步骤。选择同意它所提供的协议，才能单击"下一步"按钮继续进行安装。

　　③ 在继续安装的过程中，有时还需要用户自己定义安装的路径。默认的安装路径在 C:\Program Files 文件夹下，如果希望修改安装目录，可单击"浏览"按钮，选择安装目录，然后再单击"下一步"按钮。

　　④ 接下来继续按照安装向导的提示进行安装。当安装完成后，一般会出现"安装完成"界面，如图 2-99 所示，单击"确定"按钮即可。有的程序安装完成后需要重新启动计算机。

　　⑤ 在安装过程的任意步骤中，单击"取消"按钮都可以取消程序的安装。

图 2-99　安装完成

2.4.8　打印机设备安装与管理

　　对于单位或家庭用户来讲，拥有一台能够承担文档、图片和照片输出且功能较全面的打印机已经逐渐成为一种趋势。市场上打印机产品种类较多，一般分为针式打印机、喷墨打印机和激光打印机三大类。这三类打印机的性能和指标已在第 1 章中已讲述过，本节只介绍打印机的使用方法。

1．添加打印机

　　① 根据打印机厂商的说明书，将打印机电缆连接到计算机正确的端口上。

　　② 将打印机电源插入电源插座，并打开打印机，这时 Windows XP 将检测即插即用打印机，并在很多情况下不做任何选择即可安装它。

③ 如果出现"发现新硬件向导",应选择"自动安装软件(建议)"复选框,并单击"下一步"按钮,然后按指示操作。

2.打印机共享

如果用户的计算机处在局域网中,那计算机中安装的打印机可以设置为共享,让其他局域网中的计算机都能共同使用该打印机。

① 在"控制面板"中双击"打印机和传真"机图标,弹出"打印机和传真"窗口,单击打印机图标,在左侧任务窗格中单击"共享此打印机"选项,如图 2-100 所示。

图 2-100　共享打印机

② 弹出的属性对话框中,选择"共享这台打印机"单选按钮,单击"确定"按钮,如图 2-101 所示。

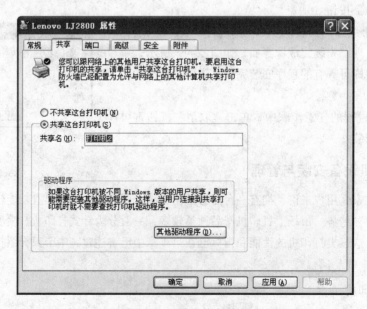

图 2-101　设置共享属性

③ 返回至"打印机和传真"窗口中,这时打印机图标已发生了变化出现了"手"的形状,共享该打印机的设置已完成。

3．管理打印作业

当用户将打印作业提交给打印机之后，即将打印文档发送给打印机之后（如在 Word 应用程序窗口中，选择"文件"→"打印"命令可将 Word 文档发送给打印机），或在文档打印时，可以对打印文档进行管理，即管理打印作业。管理打印作业包括更改打印队列中文档的顺序、删除打印文档、暂停或重新启动打印机等。

（1）激活打印机管理器

要管理打印作业，首先需要激活打印机管理器。

* 打开"打印机和传真"窗口，在"打印机和传真"窗口中，双击要使用打印机图标，打开打印机管理器，如图 2-102 所示。如果没有提交任何打印作业至该打印机中，打印机管理器窗口为空白，且在该窗口的状态栏上显示"队列中有 0 个文档"。
* 如果在应用程序中执行了打印操作，即发送了打印作业，这时在任务栏的右端将显示打印机图标，如图 2-103 所示，双击该图标可以打开该打印机管理器。

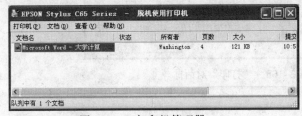

打印机图标

图 2-102　打印机管理器　　　　　图 2-103　任务栏上的打印机图标

（2）取消、暂停、继续、重新打印作业

在打印机打印文档之前，用户还可以取消、暂停、继续、重新启动打印作业。

① 打开"打印机和传真"窗口。

② 双击正在使用的打印机，打开打印机管理器。

③ 右击用户欲暂停或继续打印的文档，弹出快捷菜单，如图 2-104 所示。

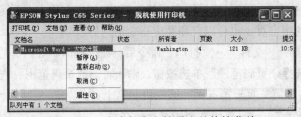

图 2-104　右击打印文档弹出的快捷菜单

④ 按照需要选择所需操作。

4．打印文档

在打印之前，最好用打印预览命令事先查看打印效果，对不满意的地方做进一步修改。Word 2003 和 Excel 2003 具有"所见即所得"功能，对文本的显示同打印后所看到的文本在格式上是一致的。可以使用常用工具栏上的"打印预览"按钮或选择"文件"→"打印预览"命令。

（1）打印文档的方法

① 工具栏按钮方法。在打开的要打印文档的窗口内，单击常用工具栏的打印按钮，文档

将直接被打印。

② 菜单命令方法。选择"文件"→"打印"命令，弹出"打印"对话框。

（2）"打印"对话框的基本操作

"打印"对话框如图 2-105 所示，其中有许多可设置的内容，完成设置后即可打印。

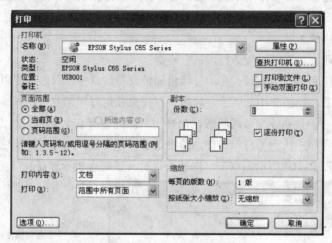

图 2-105   "打印"对话框

① 份数。

a. 在"份数"文本框中输入要打印的份数。

b. 选择"逐份打印"，则在多份打印时，会一份一份打印，否则会打印完所有第 1 页再打印所有的第二页，直到完成。

② 打印完整文档。打印完整的文档是最常用的打印方式，操作也是最简单的。操作方法是：单击常用工具栏中"打印"按钮。Word 或 Excel 会按照默认方式打印出当前窗口中的文档，即打印一份完整的当前编辑的文档。

③ 打印选择部分。有时可能只想打印文档的一部分，Word 和 Excel 提供了很方便的解决方法，可以打印文档中的指定页，也可以打印页中指定的内容。

a. 打印指定页。选择"文件"→"打印"命令后，在"打印"对话框的"页面范围"选项区域中（见图 2-105）选择"页码范围"单选按钮，输入页码或页码范围，或者两者都输入。如输入"3-5, 8,10"将会打印第三页至第五页、第八页、第十页。

b. 当前页。打印当前页。只打印文档中光标所在页。

c. 在文档中选择要打印的内容，如一部分文档或图表，然后，选择"文件"→"打印"命令，在"打印"对话框的"页面范围"选项区域中选择"所选的内容"单选按钮。

2.5 Windows XP 系统优化

Windows 操作系统版本不断更新，伴随而来的是操作系统的"臃肿"和运行的缓慢，如何才能让系统更快的运行，优化计算机系统可以实现这个目标。系统优化包括定期清理磁盘、定期整理磁盘碎片和使用系统优化软件对系统进行优化。

2.5.1　清理磁盘

用户在使用计算机的过程中，免不了会进行大量的读/写以及应用程序的安装等操作。而在系统和应用程序的运行过程中，都会根据系统管理的需要而产生一些临时的信息文件。虽然在退出应用程序或者正常关机的情况下，系统会自动地删除这些临时文件。但是，由于在使用中经常会出现误操作或者由死机等原因引起的非正常关机情况，所以临时文件就随着这种情况的发生留在磁盘上。随着临时文件的增加，磁盘上的可用空间越来越少，直接导致了计算机的运行速度慢。此时，用户就需要删除一些磁盘上的临时文件。

使用磁盘清理程序可以帮助用户释放硬盘空间，删除系统临时文件、Internet 临时文件，安全删除不需要的文件，减少它们占用的系统资源，以提高系统性能。

Windows XP 系统为用户提供了磁盘清理工具。使用这个工具，用户可以删除临时文件，释放磁盘上的可用空间。

在"我的电脑"或者"资源管理器"窗口中，右击磁盘驱动器图标，在弹出的快捷菜单中选择"属性"命令，弹出如图 2-106 所示的对话框。在"属性"对话框中单击"磁盘清理"按钮，打开磁盘清理对话框，如图 2-107 所示。

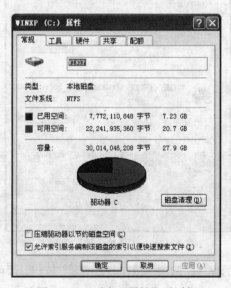

图 2-106　磁盘"属性"对话框

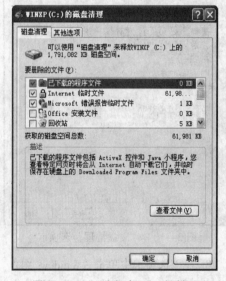

图 2-107　"磁盘清理"对话框

清理磁盘的步骤如下：

① 单击"开始"按钮，选择"所有程序"→"附件"→"系统工具"→"磁盘清理"命令。

② 打开"选择驱动器"对话框，如图 2-108 所示

③ 选择要进行清理的驱动器，然后单击"确定"按钮，系统将会进行先期计算，同时出现如图 2-109 所示的对话框，这时候用户还可以取消磁盘清理的操作。计算完成后，进入该驱动器的磁盘清理对话框，选择"磁盘清理"选项卡，如图 2-110 所示。

④ 在该选项卡中的"要删除的文件"列表框中列出了可删除的文件类型及其所占用的磁盘空间，选择某文件类型前的复选框，在进行清理时即可删除；在"获取的磁盘空间总数"信息中显示了删除所有选择文件类型后可得到的磁盘空间。

图 2-108 "选择驱动器"对话框

图 2-109 "磁盘清理"对话框

⑤ 在"描述"中显示了当前选择的文件类型的描述信息，单击"查看文件"按钮，可查看该文件类型中包含文件的具体信息。

⑥ 单击"确定"按钮，将弹出"磁盘清理"确认删除消息框，单击"是"按钮，弹出"磁盘清理"对话框，清理完毕后，该对话框将自动关闭。

⑦ 若要删除不可用的可选 Windows 组件或卸载不用的安装程序，可选择"其他选项"选项卡，如图 2-111 所示。

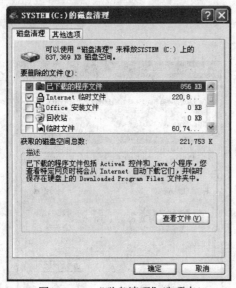

图 2-110 "磁盘清理"选项卡

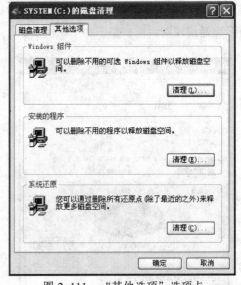

图 2-111 "其他选项"选项卡

⑧ 在该选项卡中单击"Windows 组件"或"安装的程序"选项区域中的"清理"按钮，即可删除不用的 Windows 组件或卸载不用的安装程序。

2.5.2 整理磁盘碎片

在硬盘刚刚使用时，文件在磁盘上的存放位置基本是连续的，随着用户对文件的修改、删除、复制或者保存新文件等频繁的操作，使得文件在磁盘上留下许多小段空间，这些小的空闲空间，就被称为磁盘碎片。

磁盘碎片的形成原理：Windows XP 把文件保存在磁盘上时，首先将文件中的数据保存在第一个没有被其他文件占用的空间上。如果这个空白空间不足已存放整个文件，那 WindowsXP 就必须为文件寻找下一块可以用来存储的空间来存放文件的另一部分，直到文件被全部保存到磁盘上为止。如果磁盘中已经存储了许多文件，而用户又经常对这些文件进行复制和删除，那么整个磁盘中的空白空间就会变小而且不连续。这些磁盘碎片在逻辑上是相互连续的，不会影响用户对文件的正常读取。但在读取和写入的时候，磁盘的磁头必须不断地移动来寻找文件的碎片，最终导致操作时间延长，降低系统运行速度。

磁盘整理操作步骤：

① 单击"开始"按钮，选择"程序"→"附件"→"系统工具"→"磁盘碎片整理程序"命令，打开"磁盘碎片整理程序"窗口，如图 2-112 所示。

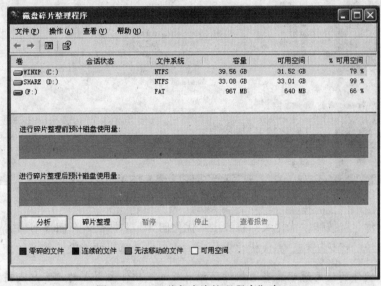

图 2-112　"磁盘碎片整理程序"窗口

② 在如图 2-112 所示的"磁盘碎片整理程序"窗口中，在列表框中选择需要整理的磁盘。

③ 窗口中间的两个窗口则分别是磁盘碎片整理的分析栏和磁盘碎片整理过程的显示栏。最下面的窗口中显示的是磁盘碎片的说明，Windows XP 用了不同颜色的小方块来代表不同的磁盘空间状态。

④ 单击"分析"按钮，系统会对选择的驱动器进行分析和评估，然后给出是否进行整理的操作建议。

⑤ 单击"磁盘碎片整理"按钮，开始磁盘整理。

2.5.3　使用 Windows XP 优化工具优化系统

Windows 优化大师是一款功能强大的系统工具软件，它提供了全面有效且简便安全的系统检测、系统优化、系统清理、系统维护四大功能模块及数个附加的工具软件。Windows 优化大师能够有效地帮助用户了解自己的计算机软/硬件信息；简化操作系统设置步骤；提升计算机运行效率；清理系统运行时产生的垃圾；修复系统故障及安全漏洞；维护系统的正常运转。软件下载地址为 http://www.wopti.net。

系统安装了 Windows 优化大师后，双击运行该程序，便出现如图 2-113 所示的软件界面。

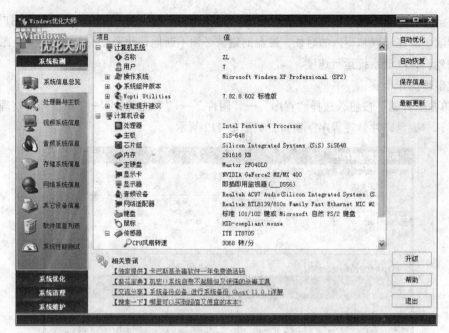

图 2-113　Windows 优化大师界面

单击"自动优化"按钮，优化大师将弹出"优化向导"对话框，在向导的指引下，一步一步地自动完成对系统的优化工作。完成优化工作后，用户的计算机便能处于较好的使用状态。

提示：详细软件的使用说明需查看软件的帮助或浏览软件主页上的"客户支持"链接。

2.6　常用软件及设备的使用

2.6.1　常用软件及其使用

用户计算机除了安装操作系统外，还需要根据使用的需要安装各种常用的应用软件。应用软件是用户利用计算机硬件和系统软件，为解决各种实际应用问题而编制的程序。应用软件包括应用软件包和面向问题的应用软件。

常用的应用软件包括媒体播放软件、图像浏览软件、通信工具、文本阅读器、文字输入法等。这些软件都可以在太平洋电脑网（http://www.pconline.com.cn/download/）、华军软件园（http://www.newhua.com/index.htm）下载。如果想了解这些常用软件的使用，可浏览 eNet 网络学院视频教程（http://www.enet.com.cn/eschool/zhuanti/yongsoft/）。

此外，还可以安装软件百科 iDesktop（http://www.soft1001.com/download/），它是一款计算机操作辅助软件，通过结合桌面应用的丰富性和网络的传播介质，旨在解决用户在计算机使用中遇到的困难和疑惑、提升用户计算机的使用性及用户本身操作能力。

安装并运行 iDesktop 后，它将会搜索用户计算机中所有安装的软件程序，如图 2-114 所示。

如果用户对某种软件的操作不熟悉，可以单击该软件图标，将弹出该软件的功能简介及帮助指南，如图 2-115 所示。

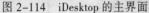

图 2-114　iDesktop 的主界面　　　　　　图 2-115　软件帮助说明

2.6.2　图形图像工具

1. 图片浏览工具 ACDSee

ACDSee 是常用的一款高性能图片浏览软件，支持常用的 BMP、JPEG、GIF 等格式的图片文件。使用 ACDSee，用户可以方便快捷地浏览和编辑图片。

使用 ACDSee 7.0 浏览图片的具体步骤如下：

① 运行 ACDSee 7.0，打开如图 2-116 所示的界面

② 在窗口左边的"文件夹"窗格中找到图片所在的文件夹，单击将之打开，此时在"预览"窗格中将显示第一幅图片；而在右边窗格中，则显示文件夹中图片的列表，如图 2-117 所示。

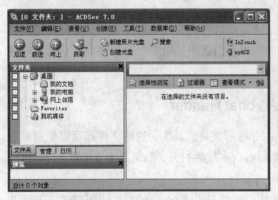

图 2-116　ACDSee 7.0 界面　　　　　　图 2-117　打开图图片所在的文件夹

③ 要详细观看一幅图片，可在右边窗格中双击该图片，即可在整个窗口中显示该图片，如图 2-118 所示。

④ 要全屏幕显示图片，则选择"查看"→"全屏幕"命令。

⑤ 选择"查看"→"自动播放"命令，则可自动放映全部选中的图片。

⑥ 选择"查看"→"缩放工具"命令，则可对选中的图片进行放大和缩小。

⑦ 选择"修改"→"转换文件格式"命令，可以对文件的格式进行修改，如可以把原来的 BMP 文件转化为 JPG 文件。

⑧ 选择"修改"→"旋转/翻转"命令，可以对图片的方向进行调整，如将图片旋转 90°。

图 2-118　双击该图片

⑨ 选择"修改"→"调整图片的曝光度"命令，可以对图片的曝光度、对比度等属性进行调整。

2．图形图像处理软件 Photoshop

Photoshop 是图像创意广告设计、插图设计、网页设计等领域普遍应用的一种功能强大的图形创建和图像合成软件，是目前公认的最好的 PC 通用平面美术设计软件。其功能完善，性能稳定，使用方便，几乎在所有的广告、出版、软件公司都是首选的平面工具。

3．抓图工具 HyperSnap-DX

HyperSnap-DX 是一款功能强大的抓图工具，除了可以进行常规的标准桌面抓图外，还支持 DirectX、3Dfx Glide 环境下的抓图。它能将抓到的图保存为通用的 BMP、JPG 等文件格式，方便用户浏览和编辑。

2.6.3　文本工具 PDF 阅读软件 Adobe Acrobat Reader

有很多用户询问如何打开后缀名为 .caj、.vip、.pdf 等文件。其实，这些文件都可以使用专业的阅读软件打开，后缀名为.caj 的文件可以使用 CAJViewer 软件打开，后缀名为.pdf 的文件，可以使用 Adobe Acrobat Reader 打开。

Acrobat Reader 是由美国著名排版软件和图像处理软件公司 Adobe 开发的，用于查看、阅读和打印 PDF 文件的文档阅读工具。PDF 文件是目前常见的一种电子图书格式，它能图文并茂地再现纸质书籍的效果，使用户很快适应电子图书的阅读，同时由于其不依赖于具体的操作系统，极大地方便了用户进行网上阅读。

Adobe Reader 的操作界面与大多数软件一样，其主要功能为：打开一个 PDF 文档、打印文本选择、文档缩放等。Acrobat Reader 提供的文档编辑功能很少，无法对文档的内容进行修改。

① 启动 Acrobat Reader。可以双击桌面上的快捷方式 Acrobat Reader 图标，也可以单击"开始"按钮，然后选择"程序"→Acrobat Reader 命令来启动软件。

② 软件启动后，将会打开 Acrobat Reader 窗口，如图 2-119 所示。

③ 选择"文件"→"打开"命令，或者单击常用工具栏上的"打开"按钮，将弹出"打开"

对话框，如图 2-120 所示。

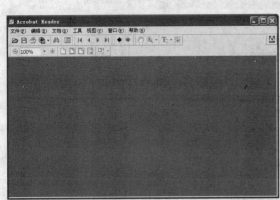

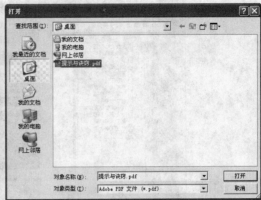

图 2-119　Acrobat Reader 窗口　　　　　　　　图 2-120　"打开"对话框

④ 在该对话框中，找到要查看的 PDF 文件，然后单击"打开"按钮，就会在"Acrobat Reader"窗口中打开该文件，如图 2-121 所示。这时，就可以查看该文件的内容了。

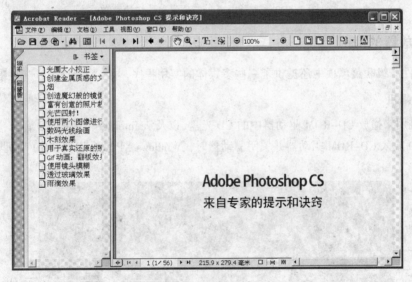

图 2-121　打开并阅读文件

⑤ 如果要调整查看页面的缩放比例，可以利用"缩放"工具栏中的按钮。"适合页面"按钮，可以调整页面以整高方式显示；"适合宽度"按钮可以调整页面以整宽的方式显示；"放大工具"按钮，使用后单击页面就可以改变页面的缩放比例。

⑥ 如果在查看过程中，想要引用某部分的内容，可以单击工具栏上的"选择工具"按钮，然后选择要引用的内容。右击选择的内容，在弹出的快捷菜单中选择"复制"命令，然后粘贴到引用位置即可，如图 2-122 所示。

⑦ 查阅完毕文件后，可以直接关闭软件。

Acrobat Reader 可以嵌入浏览器中，浏览网页时如果看到了 PDF 文件，只需单击它，Acrobat Reader 就会自动打开这个 PDF 文件。

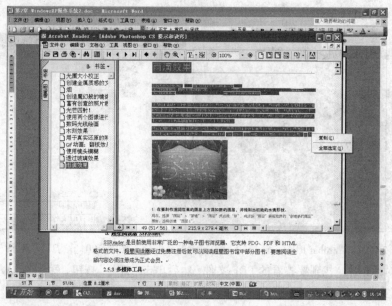

图 2-122　选择内容右击后弹出的快捷菜单

2.6.4　播放器的使用

在"附件"级联菜单项中还提供了一些多媒体的实用程序，如"录音机"、"CD 唱机"等。

1. CD 唱机

CD 唱机用来播放 CD-ROM 驱动器中的 CD 光盘，以及从 Internet 下载的 CD 音乐，如图 2-123 所示。将 CD 放入 CD-ROM 驱动器并关闭驱动器时，Windows XP 就会启动"CD 唱机"自动播放 CD。

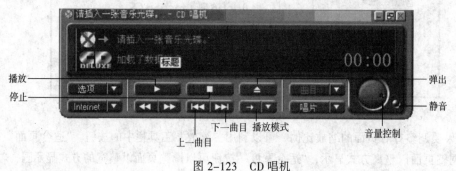

图 2-123　CD 唱机

2. Windows Media Player

打开 Windows XP 媒体播放器的方法是：选择"开始"→"程序"→"附件"→"娱乐"→ Windows Media Player 命令，媒体播放器的界面如图 2-124 所示。

在 Windows Media Player 界面的左侧有几个选项，其作用分别为：

- "正在播放"选项除可以显示正在播放的视频外，还可以为音频文件配上多种可选择的可视化效果，同时显示播放文件的标题、媒体信息及其所属的播放列表等内容。
- "媒体指南"选项用于访问 Internet 上最新的音乐、电影预告片及新闻的更新等。

- "从 CD 复制"选项用于把 CD 盘上选择的文件复制到计算机中指定的位置
- "媒体库"选项可以显示计算机中所有的媒体文件，用户可以按照不同的选择分类浏览音频或视频文件，也可以建立自己的各种播放列表，按照设定的顺序播放喜爱的媒体文件。
- "收音机调谐器"选项可以通过 Internet 查找或访问世界各地的广播电台。
- "复制 CD 或设备"选项可以把选定的媒体文件通过刻录机复制到 CD 盘或复制到其他设备上。
- "精品服务"选项可以通过访问 Internet 来订阅最佳数字媒体内容。
- "外观选择器"选项可以为媒体播放器选择不同的外观。

（1）搜索计算机中的媒体文件

在 Windows 媒体播放器窗口中选择"工具"→"搜索媒体文件"命令或按【F3】键，可以在指定范围内搜索计算机中的媒体文件，并添加到媒体库中，便于查看和播放。

（2）播放媒体文件

使用 Windows 媒体播放器播放多媒体文件的方法有：在 Windows 媒体播放器窗口中选择"文件"→"打开"命令，在弹出的"打开"对话框中找到要播放的文件，单击"打开"按钮开始播放。如果要播放的媒体文件已经出现在媒体库或播放列表中，可以在媒体库或播放列表中选择文件后单击媒体播放器的播放按钮，或直接双击要播放的文件。

（3）建立播放列表

利用 Windows 媒体播放器可以建立播放列表，按照用户自己定义的顺序播放用户选择的媒体文件。

建立新播放列表的方法是单击"新建播放列表"按钮（见图 2-124）或单击"新建播放列表"按钮上方的"显示菜单栏"按钮，选择"文件"→"新建播放列表"命令，在出现的对话框中输入播放列表的名称即可。

把媒体文件添加到播放列表的方法是：在媒体库中选择所需要的一个或多个文件，右击鼠标，从弹出的快捷菜单中选择"添加到播放列表"命令，或单击媒体播放器上端的"添加到播放列表"按钮，在出现的对话框中选择一个已有的播放列表，单击"确定"按钮就把选择的文件添加到了指定的播放列表中。也可以单击"新建"按钮，为选择的文件建立一个新的播放列表。

（4）调整媒体文件的播放顺序

在媒体库或播放列表中选择一个文件开始播放后，Windows 媒体播放器会自动按当前文件的显示顺序连续播放，如果要改变文件的播放顺序，可以在媒体库或播放列表中选择文件，右击选择"上移"或"下移"命令进行调整。

（5）删除媒体文件

将媒体文件从播放列表或媒体库中删除，先选择待删除的文件，右击后，在快捷菜单中根据需要选择"从播放列表中删除"或"从库中删除"命令。当选择"从库中删除"命令时，会出现一个对话框，用户可以选择是"仅从媒体库中删除"还是"从计算机和媒体库中删除"命令，后者将把选择的媒体文件删除到回收站中。

3．录音机

使用 Windows 的"录音机"程序，可以录制、播放和编辑声音，"录音机"程序窗口如图 2-125 所示。

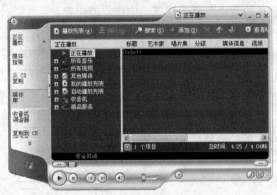

图 2-124　媒体播放机　　　　　　　图 2-125　"录音机"程序窗口

（1）录音

① 单击"文件"→"新建"命令。

② 然后单击录音按钮●，开始进行录音，将音频输入设备（包括 CD-ROM 和麦克风）发出的声音记录下来。

③ 要停止录音，可单击"■"按钮。

④ 再单击"文件"→"另存为"命令，将录制下来的声音信息保存下来，被保存的声音文件扩展名为.wav。

（2）播放

选择"文件"→"打开"命令，选择声音文件进行播放。

（3）声音文件的编辑

使用"录音机"程序，除了可以将音频输入设备发出的声音录制下来，还可以对现有的声音文件进行编辑。可以将一个声音文件录制到另一个声音文件中，还可以在一个声音文件中插入另一个声音文件，以及将两个声音文件混合起来，或者删除文件中的部分声音等。具体的操作方法可以从"帮助"菜单中获得。

4．音量控制

音量控制用来控制计算机中发出的声音大小以及效果。

在"任务栏"上有一个音量按钮，单击该图标可以对音量进行调整，其中选择"静音"复选框，可使计算机音箱不发出声音。而如果双击音量图标，或者从"附件"的"娱乐"级联菜单中选择"音量控制"命令，则将弹出如图 2-126 所示的"音量控制"窗口。

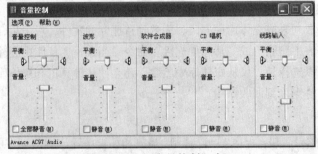

图 2-126　"音量控制"窗口

通过该窗口，可以调整计算机或其他多媒体应用程序（如 CD 唱机、DVD 播放器和录音机）所播放声音的音量、左右扬声器之间的平衡、低音和高音设置等。

2.6.5　刻录机的使用

刻录机在现代的办公中，逐渐为人们所接受。在使用刻录机进行光盘刻录时，可以使用 Windows XP 自带的刻录工具，也可以使用专业刻录软件来完成刻录操作。下面讲解一下最常用的刻录软件 Nero 的使用。

Nero Burning Rom 软件是一个功能强大的光盘刻录程序。使用它可以用轻松快捷的方式刻录 CD 和 DVD。

①　从软件网站下载该软件并安装后，选择"开始"→"所有程序"→Nero 的 NeroStartSmart 命令。

②　系统执行命令启动程序，主界面如图 2-127 所示。

③　如果现在需要刻录的是 CD 数据光盘，先在右上角选择 CD 刻录状态。然后将鼠标指针指向"数据"图标在其显示出的界面中单击"制作数据光盘"选项，如图 2-128 所示。

图 2-127　Nero 的主界面　　　　　　　　　　图 2-128　选择制作数据光盘

④　弹出 Nero Express 窗口单击右侧的"添加"按钮添加需要刻录的内容，如图 2-129 所示。

⑤　在弹出的"选择文件及文件夹"对话框中。选择需要添加的文件或文件夹。然后单击"添加"按钮，如图 2-130 所示。

图 2-129　选择添加文件按钮　　　　　　　　　图 2-130　添加文件

⑥ 可继续添加其他文件或文件夹。添加完毕后单击"已完成"按钮。

⑦ 返回 Nero Express 窗口。查看添加的文件或文件夹无误后，单击"下一步"按钮，如图 2-131 所示。

⑧ 进入"最终刻录设置"界面，输入光盘名称后单击"刻录"按钮即可，如图 2-132 所示。系统会自动完成刻录。

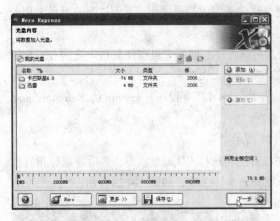

图 2-131　完成添加文件

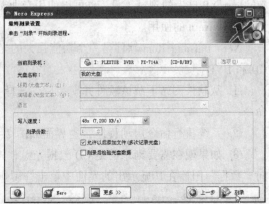

图 2-132　选择刻录参数并开始刻录

2.6.6　闪存盘的使用

闪存盘是一种采用 USB 接口的无需物理驱动器的微型高容量移动存储设备，它采用的存储介质为闪存（flash memory）。闪存盘不需要额外的驱动器，将驱动器及存储介质合二为一，只要接在计算机上的 USB 接口就可独立地存储读/写数据。

1. 闪存盘简介

闪存盘以 flash memory 为介质所以具有可多次擦写、速度快而且防磁、防震、防潮的优点。闪存盘一般包括闪存（flash memory），控制芯片和外壳。闪存盘采用流行的 USB 接口，具有体积小、重量轻、不用驱动器、无需外接电源、即插即用等优点，可在不同电脑之间进行文件交流，存储容量从 64 MB 到 8 GB 不等，可以满足不同用户的需求。

随着集成电路和存储技术的发展，MP3、MP4 等播放器也可用作存储文件，如图 2-133 所示为常见的闪存盘、MP3 播放器、MP4 播放器。

2. 闪存盘的使用

闪存盘不仅可以存储多种类型的文件，如文档、图片、音频、视频等，还可以实现不同电脑间数据的传输。闪存盘通过与电脑主机箱上的 USB 接口连接，系统会自动进行硬件检测。然后弹出对话框。系统闪存盘的具体使用操作步骤如下：

图 2-133　常见闪存盘

① 在机箱上插好闪存盘，系统进行硬件检测后，会在任务栏上显示移动存储器图标，然后自动弹出"可移动磁盘"窗口。

② 将需要保存的文件通过复制/粘贴或剪切/粘贴的方式保存到可移动磁盘中，也可使用菜单发送到可移动磁盘中，如图 2-134 所示。

图 2-134　把文件或文件夹发送到可移动磁盘

③ 当不再对闪存盘进行操作时需要将其移除，也称为删除硬件。单击任务栏上的移动存储器图标，弹出"安全删除硬件"的提示，如图 2-135 所示。选择需要移除的磁盘驱动器。

④ 此时，系统提示"安全地移除硬件"的信息，如图 2-136 所示。此时便可直接在机箱上拔出闪存盘。

图 2-135　选择需要移除的磁盘

图 2-136　成功移除磁盘

3．闪存盘的维护

闪存盘是一个技术含量相对较低的电子产品，具有极高的易用性，但仍然需要对闪存盘进行必要的维护。

首先，闪存盘本身抗震防潮能力比较强但在长时间不用的情况下，注意防潮还是必要的。

其次，闪存盘存放需要注意的是防止 usb 接口的氧化锈蚀和水分对内部电路的腐蚀。一般情况下注意放在干燥的地方并注意盖好闪存盘的帽子就可以了，不需要做特别的防护处理。

最后需要特别注意的是合理的插拔操作。如果直接拔除虽然对主板不会造成什么伤害，但是对闪存盘的控制芯片寿命会造成一定的影响，只有合理的使用方式才能保证闪存盘的使用寿命。而且，规范的操作还可以避免在数据正在读/写的时候被拔除，这样可以减少对闪存盘造成伤害。

练　　习

一、选择题

1．打开窗口控制菜单的操作可以单击控制菜单框或者_____。

A．双击标题栏　　　　　　　　　　　　B．按【Alt + Space】组合键

C．按【Ctrl+Space】组合键　　　　　　D．按【Shift + Space】组合键

2. 下列关于 Windows "回收站"的叙述中，错误的是_____。

A. "回收站"可以暂时或永久存放已被删除的信息

B. 放入"回收站"的信息可以恢复

C. "回收站"所占据的空间是可以调整的

D. "回收站"的内容可按删除日期排序

3. 用户经常进行文件的移动、复制、删除以及安装/删除程序等操作后，可能会出现坏的磁盘扇区，这时用户可执行_____，以修复文件系统的错误、恢复坏扇区等。

A. 系统还原   B. 磁盘清理程序

C. 整理磁盘碎片   D. 磁盘查错

4. 关于打印机和驱动程序，下列说法中不正确的是_____。

A. Windows XP 可同时设置多种打印机为默认打印机

B. Windows XP 可同时安装多种打印机驱动程序

C. 若所要安装的打印机与默认打印机兼容，则不必安装驱动程序即可直接使用

D. Windows XP 改变默认打印机后，不必重新启动系统即可生效

二、操作题

1. 选择"滚动字幕"为屏幕保护程序，在屏幕上随机位置快速显示"热烈欢迎参加 2008 年第 1 次英语考务工作会议的领导和嘉宾"，选用隶书、72 号、红色字体。

2. 打开 Windows XP 控制面板，试用"添加/删除程序"功能向导删除"腾讯 QQ 2008"应用软件。

第 3 章 // 文稿编辑 Word 2003

学习目标

- 了解并熟悉 Word 窗口的组成、菜单命令的分类，掌握常用工具按钮的功能
- 熟练掌握 Word 文档的创建、输入和编辑的相关操作和方法
- 能够灵活运用查找和替换的操作修改文档
- 掌握利用格式刷和样式格式化文档，以及灵活运用替换操作修改文本的格式
- 熟练掌握在文档中插入特殊符号、图片、自绘图形、文本框、表格、公式等对象的方法
- 熟练掌握在文档中对图片、文本框、表格等对象的格式设置，进行图文混排的操作
- 掌握文档格式设置和页面设置的方法
- 掌握建立目录和索引的基本方法

3.1　Word 2003 概述

3.1.1　Word 2003 的启动和退出

启动 Word 2003 程序，可以单击"开始"按钮，然后选择"程序"→Microsoft Office→Microsoft Office Word 2003 命令（见图 3-1），即可进入 Word 2003 的编辑窗口。

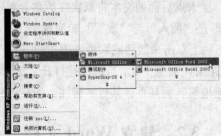

图 3-1　启动 Word 2003

3.1.2　Word 2003 窗口组成

启动 Word 2003 后，屏幕上会打开一个 Word 的窗口，它是与用户操作交互的界面，是用户进行文字编辑的最重要工作环境。窗口的主要部分如图 3-2 所示。

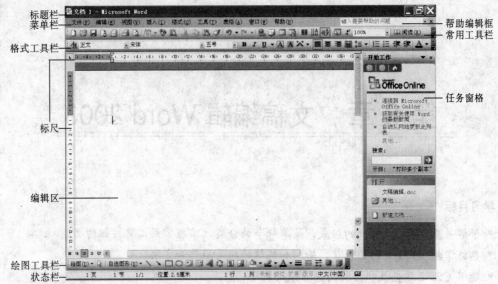

图 3-2 Word 2003 的窗口

在 Word 的窗口状态栏中，有一些鲜为人知的功能。

- 录制：创建一个宏，相当于批处理。如果在 Word 中反复执行某项任务，可以使用宏自动执行该任务。宏是一系列 Word 命令和指令，这些命令和指令组合在一起形成了一个单独的命令，以实现任务执行的自动化。
- 修订：Word 具有自动标记修订过的文本内容的功能。也就是说，可以将文档中插入的文本、删除的文本、修改过的文本以特殊的颜色显示或加上一些特殊标记，便于以后再对修订过的内容作审阅。
- 扩展：一种选择文本的方式，以光标所在位置为一个基点，选择前面一块或后面一块，类似【Shift】+单击选择。扩展选择快捷键为【F8】。
- 改写：指输入的文本会覆盖当前插入点"|"所在位置的文本；插入是指将输入的文本添加到插入点所在位置，插入点后面的文本将顺次往后移。Word 默认的编辑方式是插入。键盘上的【Insert】键即是"插入"与"改写"转换键。

以上功能可以通过在状态栏上双击来激活或取消该项功能。

- 位置：用鼠标双击状态栏的"位置"处，可以快速打开"查找和替换"对话框。其中的"定位"选项卡，可以快速地跳转到某页、某行、脚注、图形等目标。

3.2 建立 Word 文档

3.2.1 使用模板建立文档

Word 2003 启动后，会自动新建一个空文档，默认的文件名为"文档 1"。空文档就如一张白纸一样，可以在里面随意输入和编辑。此外，还可以使用"本机上的模板"（包括常用、Web 页、报告、备忘录、出版物、其他文件、信函和传真、英文向导模板等九类）建立适合自己使用的文档格式。

所有的文档都是基于模板生成的，模板是一种特殊的文档，模板决定了文档的基本结构和文档设置。Word 2003 提供了各种类型的模板和向导辅助我们创建各种类型的文件，如传真、备忘录、论文、手册、简历等。

例如，要建立一份"专业信函"的文档，可按如下步骤操作：

① 选择"文件"→"新建"命令，然后单击"新建文档"任务窗格的"本机上的模板"选项。

② 弹出"模板"对话框，如图 3-4 所示，选择"信函和传真"选项卡。

③ 双击"专业型信函"即可打开如图 3-3 所示的文档。按照该文档的格式输入相应的内容。

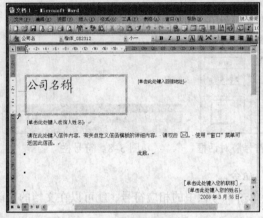 

图 3-3　模板应用示例　　　　　　图 3-4　"模板"对话框

3.2.2　保存文档的方法

文档编辑完毕后，通常应将它保存起来，以便日后再次使用该文档。下面介绍保存文档的两种常用方法。

1．保存文档

在编辑过程中，想要保存修改过的文档，最简单直接的方法是单击工具栏上的"保存"按钮，或者按如下步骤操作：

① 选择"文件"→"保存"命令。

② 如果是新建的文档，则会弹出"另存为"的对话框，如图 3-5 所示。此时，可以输入"文件名"，选择文档的"保存位置"和"保存类型"等。

如果该文档是已编辑保存过的，就不会弹出"另存为"对话框，而是用现有的文件名直接保存文档。

图 3-5　"另存为"的对话框

2．另起名保存

如果想将已存过盘的文档重命名另外保存，或要保存到其他位置上，可按如下步骤操作：

① 选择"文件"→"另存为"命令。

② 在弹出的"另存为"对话框中输入"文件名"，选择文档的"保存位置"和"保存类型"等。

3.2.3 输入特殊符号和日期时间

有时在编辑文档时，需要输入一些键盘上没有的特殊字符或图形符号，如希腊字母、数字序号、汉字的偏旁部首等，这时可以使用符号插入功能。

例如，要输入以下的刊物标头内容（见图3-6），可按如下步骤操作：

① 将光标移至需要插入特殊符号的位置，选择"插入"→"特殊符号"命令。

② 在弹出的"插入特殊符号"对话框中（见图3-7），选择"标点符号"选项卡，双击"『』"符号。

Word 2003 符号栏（见图3-8）是快速输入常见特殊符号的简便方法，具体操作步骤如下：

图3-6 插入特殊字符

图3-7 "插入特殊符号"对话框

图3-8 符号栏

① 选择"视图"→"工具栏"→"符号栏"命令。

② 通常符号栏放在 Word 窗口的底部，直接单击符号栏中的相应符号，就可以在文档的当前位置插入符号了。

此外，若遇到某些在"插入特殊符号"对话框中无法找到的符号，可以尝试选择"插入"→"符号"命令，在"符号"对话框中查找，如图3-9所示。并可以选择不同的字符，如 Webdings、Wingdings、Wingdings2 等。

对于一些常见的特殊符号，还可以使用组合键将其输入到文档中，例如，按【Ctrl+Alt+C】组合键可以输入版权符号©，按【Ctrl+Alt+.】组合键可以输入省略号"…"等。

此外，若要输入当天的日期和时间的内容，可以利用 Word 自带的插入日期和时间功能，按如下步骤操作：

① 将光标移至需要插入时间的位置，选择"插入"→"插入日期和时间"命令。

② 在弹出的"日期和时间"对话框，（见图3-10）中，选择一种日期和时间格式。

图3-9 "符号"对话框

图3-10 "日期和时间"对话框

3.2.4 输入项目符号和编号

为了使文档更具有层次性，便于人们阅读和理解，经常需要在段落中添加项目符号或编号。Word

的项目符号和编号功能很强大，可以设置多种格式的项目符号、编号以及多级编号等。

1. 使用的基本方法

要给文档的段落加上项目符号或编号，可按如下步骤操作：

① 在文档中选择要添加项目符号的段落，选择"格式"→"项目符号和编号"命令。

② 弹出"项目符号和编号"对话框，选择"项目符号"或"编号"选项卡，在对应的列表框中选择一种所需的项目符号样式或编号样式，如图 3-11 和图 3-12 所示。

图 3-11　"项目符号"选项卡　　　　　　图 3-12　"编号"选项卡

2. 自定义项目符号和编号

有时需要根据自己的要求重新定义项目符号或编号的格式，这时如下步骤操作：

① 选择"格式"→"项目符号和编号"命令，弹出"项目符号和编号"对话框后，选择"项目符号"或"编号"选项卡。

② 在"项目符号"或"编号"选项卡的列表框中选取一种样式，然后单击"自定义"按钮。

③ 在"自定义项目符号列表"对话框中（见图 3-13 和图 3-14）设置相关的参数，如"制表位位置"、"缩进位置"、"编号格式"等。

图 3-13　"自定义项目符号列表"对话框　　　图 3-14　"自定义编号列表"对话框

3. 设置多级符号和编号

对于一篇较长的文档，需要使用多种级别的标题编号，如第 1 章、1.1、1.1.1 或一、（一）、1、（1）等。使用 Word 提供的多级符号和编号，在日后对章节进行了增删或移动，这些编号会相应地调整，不需要手工逐个修改。下面以图 3-15 所示为例，介绍如何进行多级符号编号的设置。

要编辑上述文档的目录结构，可按如下步骤操作：

① 选择"格式"→"项目符号和编号"命令，然后在弹出的"项目符号和编号"对话框中选择"多项符号"选项卡。

② 在"多项符号"选项卡的列表框中，可选择第一行二列的样式，并单击"自定义"按钮。

③ 对一级编号进行设置。在"级别"列表框中选择"1"，在"编号样式"下拉列表框中选择"1，2，3，…"，在"起始编号"下拉列表框中选择"3"，在"编号格式"文本框中的"1"前加一个"第"，后面加一个"章"字。此时"编号格式"文本框中应该是"第 3 章"。

图 3-15 带有多级编号的文档示例

④ 对二级编号进行设置。在"级别"列表框中选择"2"，在"编号样式"下拉列表框中选择"1，2，3，…"，在"起始编号"下拉列表框中选择"1"，此时，"编号格式"文本框中应该是"3.1"。

⑤ 对三级编号进行设置的方法依照二级编号的设置方法设置。

⑥ 输入如图 3-15 所示的标题内容，依次按【Enter】键后，下一行的编号级别和上一段的编号同级，只能按【Tab】键才能使当前行成为上一行的下级编号；若要让当前行编号成为上一级编号，则要按【Shift+Tab】组合键才行。

在 Word 中，提供了许多智能化的功能。例如，在输入文本前，输入数字或字母，如"1."、"A)"、"(一)"等格式的字符，后跟一个空格或制表符，然后输入文本。当按【Enter】键时，Word 会自动添加编号到段前。

同样，在输入文本前，若输入一个星号"*"后跟一个空格或制表符（即【Tab】键），然后输入文本，并按【Enter】键，则会自动将星号转换成黑色圆点（"●"）的项目符号添加到段前。如果是两个连字号"-"后跟空格，则会出现黑色方点符"■"。

这些智能化的功能使用起来很方便，但有时不需要这些自动功能。很多人都不习惯使用"自动编号"功能，不喜欢在一行输入完按【Enter】键后下一行自动出现编号。当按【Enter】键后，出现自动编号时，按【Ctrl+Z】组合键就可以取消出现的自动编号。

如果要关闭这个自动编号功能，可选择"工具"→"自动更正选项"命令，弹出"自动更正"对话框，切换到"键入时自动套用格式"选项卡，取消选择"键入时自动应用"选项区域中的"自动编号列表"复选框即可，如图 3-16 所示。下次再使用时，"自动编号"功能就不起作用了。

图 3-16 "自动更正"对话框

可以在"自动更正"对话框中取消其他功能，此时取消选择相应的选项。

3.2.5 Word "选项"设置

Word 选项设置是在"工具"菜单下，共有 12 个选项卡，可以对 Word 的所有功能作预先的设置，使 Word 在使用中效率更高，用户使用时更方便安全，更有个性。

1. "视图"选项卡

视图选项卡中的选项主要是对 Word 的界面及其中的文本、图片、表格等对象的外观进行设置，如图 3-17 所示。

（1）显示

选择"突出显示"复选框后，当单击"审阅"工具栏中的"突出显示"按钮时，选择文字或图形后就会突出显示所选择的文本和图形。如果关闭这一项，则不能突出显示那些需要特别注意的信息。要更改突出显示所用的颜色，可以单击"突出显示"按钮右侧的箭头，单击需要的颜色，然后选择要突出显示的文字或图形。

要注意的是，突出显示与"格式"菜单中的"边框和底纹"的效果是有区别的，首先它们的操作方法不同，其次前者只是用某种颜色作为文本或图形的底纹，而后者则不仅可以调整底纹的颜色，更可调整底纹的图案。

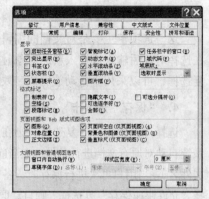

图 3-17　"视图"选项卡

选择"水平滚动条"、"垂直滚动条"和"状态栏"复选框，则在程序窗口中分别显示出水平滚动条、垂直滚动条和状态栏，对于显示器较小的用户，可以关闭这几个选项，以加大文档的显示范围。

选择"屏幕提示"复选框，则将显示批注和修订中的屏幕提示。注意，如果要打开当鼠标指针停留在工具栏按钮上时的屏幕提示，则要通过"工具"菜单中的"自定义"对话框中的"选项"选项卡，选择"显示关于工具栏的屏幕提示"复选框。

选择"动态文字"复选框，则在给文本设置了动态文字后，即可在文档中体现出来，否则即便设置了动态文字，也观察不到文字的动态效果。

（2）格式标记

选择"空格"复选框，则文档中的空格将以一定的方式显示出来，在半角状态下输入空格则显示为一个小点，在全角状态下输入则显示为一个方框。注意，这些空格虽然可以在屏幕上显示出来，却不能打印到纸张上。除了对空格的显示与否可以进行设置外，在此还可以对制表符、连字符、段落标记等的显示情况进行设置。

（3）页面视图和 Web 视图

在页面视图中，即便选择了"视图"选项卡中的"标尺"复选框，也不一定能够打开垂直标尺。要想打开垂直标尺，还需在此选择"垂直标尺"复选框。

另外，选择"正文边框"复选框后，将在正文的四周出现一个虚线的边框，可以明确地看到图片、文本框等是否在所设置的纸张页面范围内，以避免在输出时图片不完整。

（4）大纲视图和普通视图

如果选择"窗口内自动换行"复选框，则在采用大纲视图时，每行文本的字数与窗口的宽度有关，即每行文本的字数与所设置的纸张页面范围允许的字符数可能不等，这与页面视图方式有比较大的区别（可以说前者不具有所见即所得功能）。

2."常规"选项卡

在此可以对 Word 文档的总体进行设置。例如，文档采用"蓝底白字"的方式输入；在"文件"菜单中列出最近所用文件的数量；在打开与当前程序不同版本的文档而进行格式转换时是否需要用户进行确认；中文字体是否也能应用于西文；度量的单位是厘米、毫米还是磅，甚至是以字符个数为单位，也就是说，对于标尺、字间距、行间距等，它们的度量单位可以在此进行设置。

3. "编辑"选项卡

这一选项卡主要是对文档的编辑选项进行设置。选择"键入内容替换所选内容"复选框，则在选择对象后输入或插入新的对象时，将替换原来所选的对象。另外，选择"拖放式文字编辑"复选框，可以采用直接动放完成字块的移动、复制等操作。

4. "保存"选项卡

选择"保留备份"复选框，则在进行第二次以后的文档保存时，系统不仅保存该文档，同时系统自动对原有文档进行备份，在当前文件夹下生成一个"备份属于 ×××.wbk"的文档（×××是文档文件名）。当用户再次进行保存时，备份文档的内容也会自动进行更新，即只有一个备份文档。而选择"允许快速保存"复选框，则自动取消"保留备份"复选框的选择，在进行文档保存时，不产生备份文档。在这两项都没有选择时，Word 系统默认选择"快速保存"复选框。

在选择了"提示保存文档属性"复选框后，在每次保存文档时，将弹出一个命名文档的属性对话框。用户可以在"摘要信息"选项卡中，修改标题、主题、文章作者（Word 程序的拥有者）、作者所在单位以及单位经理等信息。当用户在文件夹窗口中选择该文档时，会发现窗口左侧的文档摘要信息发生了变化（在"查看"菜单中选择"按 Web 页"命令）。这些摘要信息，在同一文件夹下有多个相近名称的文件或较长一段时间后用户忘记了文件内容的情况下，为查找该文件提供了很大的方便。另外，在"统计信息"选项卡中，可以看到文档的修改时间、文档的行数、段落数等统计信息，这些统计信息与"工具"菜单下的"字数统计"命令中的统计信息是一致的。

选择并设置"自动保存时间间隔"（以分钟为单位），这对于电源不稳定的用户尤为重要，但要注意，设置的时间太长将起不到自动保存的作用，而时间太短则频繁保存，将花费大量时间，降低工作效率，一般以 20 min 为宜。

5. "拼写和语法"选项卡

此选项卡主要是用于设置在输入时是否对单词拼写进行错误检查，或者是在输入时对语法进行检查。另外，有时使用"工具"菜单中的"拼写和语法"命令，对文档进行拼写和语法的错误检查工作，但是这一命令只能对文档进行一次拼写和语法检查，如果用户要对文档重新第二次检查，则无法正常运行这一命令了。这时，在"校对工具"选项区域中，单击"重新检查文档"按钮，确定后就可以再次对文档进行拼写和语法检查操作。

6. "修订"选项卡

文档写出来以后，有时要对文档进行一些批阅操作，对文档的修改应该用不同的字体或其他方式表现出来。这就是通过"修订"选项卡来进行设置的。在这里可以对插入的文字、删除的文字、修改过的格式、修改过的行进行一些不同颜色或下画线的设置。

当然并不是设置了这些格式后，在批阅文档时就可以自动呈现出来。还必须在"工具"菜单中，选择"审阅"→"突出显示"命令，这样批阅特性才能显示出来，也可以在打印时体现出来。

7. "文件位置"选项卡

这里的几个选项用于设置文档所在的打开路径、保存路径等文件所在的位置信息。

在"文件类型"列表框中选择"文档"选项，然后单击"修改"按钮，可以弹出"修改位置"对话框，在这里更改在 Word 保存文档、打开文档时的默认路径。用同样的方法，用户可以对"用户模板"、"启动"等文件的位置进行设置。

8．"安全性"选项卡

有时，多个用户共用一台计算机，对于一些需要加密的私人信件，Word 可以为其设置一个打开密码，方法是在"打开文件时的密码"文本框中输入一个密码，然后再保存该信件。另外，也可以在"修改文件时的密码"文本框中输入一个密码，对于用这种方式所保存的文档，如果用户不知道这一密码，则不能对该文档进行编辑修改操作。

9．其他选项卡

其他几个选项卡的内容，对于人们用好 Word 也很重要。例如，在"打印"选项卡中选择"后台打印"复选框，则文档打印时总是在后台进行，用户仍然可以在前台进行自己的工作。在"用户信息"选项卡中可以对用户的姓名和通讯地址进行修改；"兼容性"选项卡主要设置 Word 处理转换后的文档的方式；"中文版式"选项卡专门用于在中文、标点符号和西文混合排版时，对字符间距的控制方式以及规定哪些标点符号可以作为后置标点（如"！"、"）"等，这些标点符号不能作为文档中某一行的首字符）、前置标点（如"（""、"等，这些标点符号不能作为行的最后一个字符）进行设置。

3.3　编辑和格式化

3.3.1　选择文本

在文档的编辑操作中需要选择了相应的文本之后，才能对其进行删除、复制、移动等操作。当文本被选择后将呈反白显示。Word 提供多种选择文本的方法，下面介绍使用鼠标的选择方法。

（1）拖动选择

把插入点光标"I"移至要选择部分的开始，并按住鼠标左键一直拖动到选择部分的末端，然后松开鼠标左键。该方法可以选择任何长度的文本块，甚至整个文档。

（2）对字词的选择

把插入点光标放在某个汉字（或英文单词）上双击则该字词被选定，如图 3-18 所示。

（3）对句子的选择

按住【Ctrl】键并单击句子中的任何位置，如图 3-18 所示。

（4）对一行的选择

单击这一行的选择栏（该行的左边界），如图 3-18 所示。

（5）对多行的选择

选择一行，然后在选择栏中向上或向下拖动。

（6）对段落的选择

双击段落左边的选择栏，或三击段落中的任何位置。

（7）对整个文档的选择

将光标移到选择栏，鼠标变成一个向右指的箭头，然后三击鼠标。

（8）对任意部分的快速选择

用鼠标单击要选择的文本的开始位置，按住【Shift】键，然后单击要选择的文本的结束位置。

（9）对矩形文本块的选择

把插入光标置于要选择文本的左上角，然后按住【Alt】键和鼠标左键，拖动到文本块的右下角，即可选定一块矩形的文本，如图 3-18 所示。

图 3-18　各种选定文本方式

3.3.2　查找与替换

1．字符和格式的查找

在文档中查找相关的内容，也是文档编辑中常用的操作，Word 提供的查找功能可以让我们迅速地找到所需的字符及其格式。

在文档的查找操作中，通常是查找其中的字符，可按如下步骤操作：

① 选择"编辑"→"查找"命令。

② 在"查找与和替换"对话框的"查找内容"文本框中，输入要查找的文字，如图 3-19 所示。

③ 单击"查找下一处"按钮，如果查找到，则光标以反白显示，继续单击"查找下一处"按钮，直至查找完成，如图 3-20 所示。

图 3-19　查找的"查找和替换"选项卡

图 3-20　查找完成

除了可以查找文档的字符，还可以查找字符和段落的格式等，查找文档的相关格式可以参考下面"格式替换"部分的内容。

2．字符和格式的替换

编辑好一篇文档后，往往要对其进行核校和订正，如果文档的错误较多，可用传统的手工方法逐一检查和纠正，这种方法显然太过麻烦，效率又低。使用 Word 的查找替换功能，则非常便捷。

（1）替换字符

例如，要将文档中的"电脑"两字，替换为"计算机"，可按如下步骤操作：

① 选择"编辑"→"替换"命令，在打开的"查找和替换"对话框的"查找内容"文本框中，输入被替换的文字"电脑"两字。

② 在"替换为"文本框中输入要替换的文字"计算机"三个字，如图 3-21 所示。

③ 当找到被替换的字符时，以反白字符形式显示。若想替换当前找到的文字，则单击"替换"按钮，若单击"全部替换"按钮，则将文档中所有要替换的文字都进行替换。

图 3-21　"替换"选项卡

（2）替换格式

有时候，我们对文档的编辑是修改其中的格式，例如将文档中的"宋体"字体改为"华文彩云"字体、将"黑色"的文字改为"红色"等，这些操作其实就是对格式的修改。此时，可按如下步骤操作：

① 选择"编辑"→"替换"命令，在"查找和替换"对话框的"查找内容"文本框中，输入被替换的文字（例如，"酒"字）设置被替换的格式（单击"常规"按钮，展开"高级"设置，单击"格式"按钮，在弹出的对话框中设置格式，例如"宋体"），如图 3-22 所示。

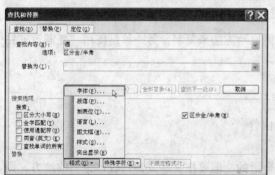
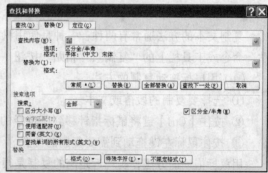

图 3-22　设置替换的格式

② 在"替换为"文本框中，输入要替换的文字，然后单击"格式"按钮，在弹出的"替换字体"对话框中设置替换的格式。这里选择字体为"华文彩云"，字号"四号"、字体颜色为"梅红"，字形为"加粗"，如图 3-23 所示。

③ 在"查找和替换"对话框中（见图 3-24），可单击对话框中的"全部替换"按钮，文档替换前与替换后的结果如图 3-25 所示。

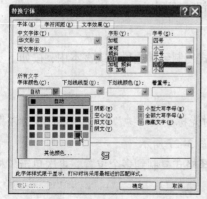

图 3-23　"替换字体"对话框

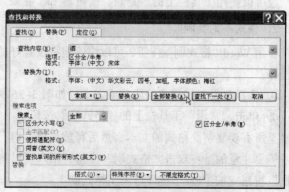

图 3-24　"查找和替换"对话框

这时，我们注意到："查找内容"的字符是"酒"，格式选项的字体是"（中文）宋体"，而"替换为"的格式选项，包括字体是"（中文）华文彩云"、字号是"四号"、字形是"加粗"、字体颜色是"梅红"。

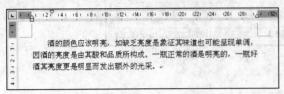 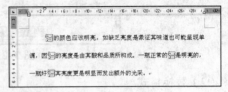

图 3-25　替换格式前后的效果

3.3.3　复制文本与格式

复制是文档编辑中最常用的操作之一。对于文档中重复出现的内容或相同的格式，不必一次次地重复输入或格式化。可以根据所复制内容的特点，采用下面介绍的方法实现，既节省时间又提高效率。

1．文本的复制

复制文本的方法通常有两种：一种是使用鼠标拖动方法来复制，另一种是使用"复制"、"粘贴"命令或工具栏上的"复制"、"粘贴"按钮。

（1）用鼠标拖动复制的方法

① 选择要复制的段落或文本。

② 按住【Ctrl】键将鼠标指针移到所选择的内容。

③ 按住鼠标左键拖动到需要复制的位置。

用鼠标拖动的方法，实现近距离的复制是很合适的，但要把文本复制到较远距离的地方，则不太合适，这时最好采用下面的方法。

（2）用菜单中命令复制的方法

① 选择要复制的段落或文本。

② 选择"编辑"→"复制"命令。

③ 将光标插入到需要复制的位置。

④ 选择"编辑"→"粘贴"命令。

也可以使用工具栏上的"复制"按钮和"粘贴"按钮实现。

2．格式刷的复制

使用 Word "格式刷"按钮，可以快速地将设置好的格式复制到其他段落或文本中，按如下步骤操作：

① 选择已设置好格式的段落或文本，如图 3-26 所示。

② 单击"常用"工具栏上的"格式刷"按钮，此时光标变成"　"形状。按住鼠标左键拖动至所有要复制此格式的文本，然后释放鼠标左键，如图 3-27 所示。

需要注意的是：双击"格式刷"按钮，用户可以将选择格式复制到多个位置。再次单击"格式刷"按钮或按【Esc】键即可关闭格式刷。

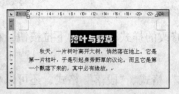

图 3-26　选择要复制的格式

图 3-27　使用格式刷复制格式

3．使用"样式"格式化文档

使用"格式刷"工具可以快速地复制格式，但如果修改其中某一处内容的格式，而与它具有相同格式的内容却不会随之自动更改，所以，这种方法并不便于快速调整文档的格式。

Word 的样式却可为此提供强有力的支持。样式就是应用于文档中的文本、表格和列表的一套格式特征，它能迅速改变文档的外观，节省大量的操作。

（1）应用样式

在格式工具栏的"样式"下拉列表框中，包含有很多 Word 的内建样式，或是用户定义好的样式。利用这些已有样式，用户可以快速地格式文档的内容，可按如下步骤操作。

① 选择要格式化的文本。

② 单击格式工具栏的"样式"下拉列表框，选择所需要的样式。

（2）新建样式

当 Word 提供的内建样式和用户自定义的样式不能满足文档的编辑要求时，用户就要按实际需要自定义样式了。新建样式可按如下步骤操作：

① 选择"格式"→"样式和格式"命令。

② 在右侧弹出的"样式和格式"任务窗格中，单击"新样式"按钮，如图 3-28 所示。

③ 在弹出的"新建样式"对话框的"名称"文本框中输入新建样式的名称，默认为"样式 1"，如图 3-29 所示。

图 3-28　"样式和格式"任务窗格

图 3-29　"新建样式"对话框

④ 在"新建样式"对话框的"格式"选项区域中，设置"字体"格式、"段落"格式，或者单击"格式"按钮作更多的设置。

⑤ 设置完毕后，单击"新建样式"对话框的"确定"按钮。

（3）修改样式

如果文档中的样式不符合要求，用户可以对已有的样式进行修改，按如下步骤操作：

① 选择 "格式" → "样式和格式" 命令。

② 在右侧的 "样式和格式" 任务窗格中，单击要修改的样式名旁边的下拉按钮，在弹出的下拉菜单中选择 "修改" 命令，如图 3-30 所示。

③ 在弹出的 "修改样式" 对话框中，修改 "字体" 格式、"段落" 格式，还可以单击对话框的 "格式" 按钮，修改段落间距、边框和底纹等选项，如图 3-31 所示。

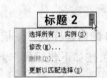

图 3-30　修改样式菜单　　　　　图 3-31　"修改样式" 对话框

④ 单击 "确定" 按钮，完成修改。

3.3.4　修订与批注

文档初步编辑完成以后，往往需要进一步的校阅，Word 的修订和批注功能可以完成此项工作。Word 的 "修订" 工具能把文档中每一处的修改地方标注出来，可以让文档的初始内容得以保留。同时，也能够标记由多位审阅者对文档所做的修改，让作者轻易地跟踪文档被多个人修改的情况。打开 "审阅" 工具可以配合修订使用。

1. 打开修订功能

Word 的修订功能打开后，如果想在原文档中插入新的文字，新增加的文字就会以红色下画线显示，以示区别。如果要删去某些文字或段落，那些被删除的内容并没有消失，而是中间增加了一条红色的删除线，表明这些文字修改过，如图 3-32 所示。

图 3-32　"修订" 功能

打开 "修订" 功能，有以下两种方法。

- 选择 "工具" → "修订" 命令，这时在编辑窗口上会新增一个 "审阅" 工具栏，默认是打开 "修订" 状态。
- 双击 "状态栏" 中的 "修订" 按钮，该功能打开后，"状态栏" 中的 "修订" 文字显示为黑色。

在 "审阅" 工具栏中，单击 "修订" 按钮 ，可以切换 "修订" 状态。

2. 接受或拒绝修订

文档进行了修订后，可以决定是否接受这些修改。如果要确定修改的方案，只要在修改的文字上右击，在弹出的快捷菜单上（见图 3-33）选择"接受修订"或"拒绝修订"命令就可以了。

如果是想一次性对所有修改的内容全部进行接受或拒绝，只要在"审阅"工具栏中单击相应的按钮就可以了。如修订结束，接受全部修订，单击"最终状态"按钮。

文档在修订状态下保存退出，那么下次打开该文档时，修改的内容还会显示在文档中，只有确定了修订的方案后才会取消显示。

3. 插入批注

当审阅者要评论文档而不直接修改文档时，可以使用"批注"命令。批注是审阅者给文档中的某些内容添加的注释、说明、建议、意见等信息。

要在文档中插入批注，可按如下步骤操作。

① 将光标插入到要批注的位置，也可以选择要进行批注的部分内容（文本或图形等）。

② 选择"插入"→"批注"命令，此时在文档一侧显示红色的批注框。

③ 在批注框中输入批注内容，如图 3-34 所示。

图 3-33　接受或拒绝修订

图 3-34　插入批注

也可以在修订状态下，选择要加批注的地方，单击"审阅"工具栏中的"插入批注"按钮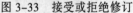。

在文档中插入批注后，要想隐藏或显示批注，可选择"视图"→"标记"命令。

4. 设置标记选项

对于在修订状态下显示的文字颜色和标记样式，都是 Word 默认的，如果不合适，还可以自定义。特别是由多位审阅者审阅同一篇文档，更需要使用不同的标记颜色加以区分，可按如下步骤操作：

① 选择"工具"→"选项"命令。

② 选择"修订"选项卡，如图 3-35 所示。然后在其中设置，如可以设置插入内容、删除内容、修订行等标记的样式，还可以设置其显示的颜色。

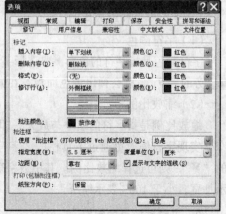

图 3-35　"修订"选项卡

3.3.5 字符格式化

1. 设置字体、字号、字形

（1）字体

字体是文字的一种书写风格。常用的中文字体有宋体、仿宋体、黑体、隶书和幼圆，此外 Word 2003 还新增加了方正舒体、姚体和华文彩云、新魏、行楷等字体。

设置文档中的字体，可按如下步骤操作：

① 单击"格式"工具栏的"字体"的下拉按钮。

② 选择所需的字体，如图 3-36 所示。

（2）字号

字号即是字符的大小。汉字字符的大小用初号、小二号、五号、八号等表示，字号越大尺寸越小。字号也可以用"磅"的数值表示，1 磅等于七十二分之一英寸。

设置文档中的字号，可按如下步骤操作：

① 单击"格式"工具栏的"字号"的下拉按钮。

② 选择所需的字号，如图 3-37 所示。

（3）字形

字形是指附加于字符的属性，包括粗体、斜体、下画线等。设置文档中的字形，可按如下步骤操作。

① 单击"格式"工具栏的"字形"的按钮组，如图 3-38 所示。

② 单击"B"按钮为"加粗"、"*I*"按钮为"倾斜"、"U"按钮为"下画线"。

图 3-36 选择字体

图 3-37 选择字号

图 3-38 选择字形

2. 字符颜色和缩放比例

（1）字符颜色

字符颜色是指字符的色彩。要选择字符的颜色，可以单击"格式"工具栏的"字体颜色按钮" 旁的"▼"，则会弹出调色面板，在调色面板的方块中选择某种颜色，如图 3-39 所示。

（2）缩放比例

缩放比例是指字符的缩小与放大，即是将字符的宽度按比例加宽或缩窄。实现字符缩放可通过工具栏的"字符缩放"按钮，单击该按钮旁的"▼"，则可选择缩放比例。其中数字表示缩放的百分比，大于 100% 表示加宽，小于 100% 表示缩窄。

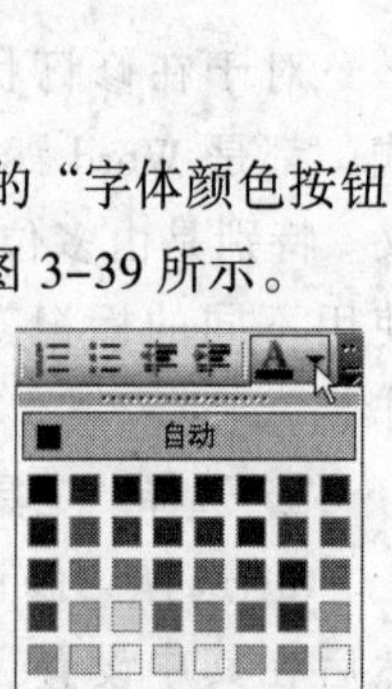

图 3-39 调色面板

3. 带特殊效果的字符

将文档中的一个词、一个短语或一段文字设置为一些特殊效果，可以使其更加突出和引人注目。以强调或修饰字符效果的属性有删除线、空心、阴阳文、上下标等。

　　这些属性在工具栏中是找不到的，需要使用"格式"菜单中的"字体"对话框，如图 3-40 所示。

　　在"字体"对话框中，还可以设置"西文字体"、"下画线线型"、"下画线颜色"、"着重号"，下画线的线型有很多种，如图 3-41 所示。

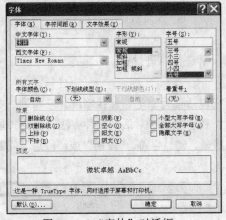

图 3-40　"字体"对话框　　　　　　　　　图 3-41　下画线线型

　　此外，还可以在"字体"对话框中选择"字符间距"和"文字效果"选项卡，如图 3-42 和图 3-43 所示，设置"字符间距"和"文字效果"。

图 3-42　"字符间距"选项卡　　　　　　　　图 3-43　"文字效果"选项卡

3.3.6　段落格式化

1．段落对齐方式

　　段落的对齐方式有以下几种：两端对齐、右对齐、居中对齐、分散对齐，如图 3-44 所示，默认的对齐方式是两端对齐。要设置段落的对齐方式有两种方法。

图 3-44　段落对齐方式

　　方法 1：选择要进行设置的段落（可以多段），单击"格式"工具栏上的相应按钮▇▇▇▇▇（分别表示"两端对齐"、"右对齐"、"居中对齐"、"分散对齐"）。

　　方法 2：选择"格式"→"段落"命令，在弹出的"段落"对话框中默认显示缩进和间距选项卡，在其常规区域中的"对齐方式"下拉列表框中选择设置对齐方式，如图 3-46 所示。

2．缩进与间距

　　为了使版面更美观，在文档编辑时，还需要对段落进行缩进设置。

（1）段落缩进

　　段落缩进是指段落文字与页边距之间的距离。它包括首行缩进、悬挂缩进、左缩进、右缩进四种方式。段落缩进可使用标尺（如图 3-45 所示）和"段落"对话框两种方法，使用"段落"对话框可以对段落进行精确设置，量度单位可以用厘米、磅、字符。"段前"或"段后"间距是设置段落与上、下段落间的距离，如图 3-46 所示。

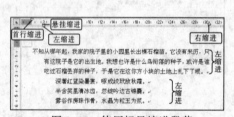

图 3-45　使用标尺缩进段落

图 3-46　"段落"对话框

（2）行间距与段间距

　　一篇美观的文档，其版面的行与行之间的间距是很重要的。距离过大会使文档显得松垮，过小又显得密密麻麻，不易于阅读。

　　行间距和段间距分别是指文档中段内行与行、段与段之间的垂直距离。Word 的默认行距是单倍行距。间距的设置方法是：选择"格式"→"段落"命令，在弹出的"段落"对话框中设置"行距"或"间距"。

3．首字下沉

　　首字下沉就是把段落第一个字符进行放大，以引起读者注意，并美化文档的版面样式，如图 3-47 所示。当用户希望强调某一段落或强调出现在段落开头的关键词时，可以采用首字。

　　设置段落的首字下沉，可按如下步骤操作：

　　① 选择要设置首字下沉的段落，或将光标置于要首字下沉的段落中。

　　② 选择"格式"→"首字下沉"命令。

　　③ 在"首字下沉"对话框的"位置"选项区域中，选择"下沉"或"悬挂"方式，如图 3-48 所示。

图 3-47　首字下沉示例

图 3-48　"首字下沉"对话框

若要取消首字下沉，可在"首字下沉"对话框中的"位置"选项区域中选择"无"选项。

4. 分栏

分栏就是将文档分割成几个相对独立的部分，如图 3-49 所示。利用 Word 的分栏功能，可以很轻松的实现类似报纸或刊物、公告栏、新闻栏等排版方式，既可美化页面，又可方便阅读。

（1）在文档中分栏

给文档的段落分栏，可按如下步骤操作：

① 选择要设置分栏的段落，或将光标置于要分栏的段落中。

② 选择"格式"→"分栏"命令。

③ 在"分栏"对话框中，设置栏数。此处，还可设置栏宽、间距或分隔线等，如图 3-50 所示。

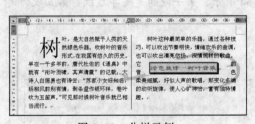

图 3-49　分栏示例

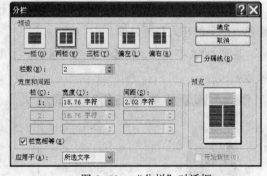

图 3-50　"分栏"对话框

（2）在文本框的分栏

在文档编辑中，有时由于版面的要求需要用文本框来实现分栏的效果，虽然在 Word 的菜单中不支持文本框的分栏操作，但可以通过在文档中插入多个文本框，设置文本框的链接，实现分栏效果。若以两个文本框链接，分成左右两栏，可按如下步骤操作：

① 选择"插入"→"文本框"→"横排"命令，在文档中插入两个横排的文本框。文本框的相关操作，参见 3.3.1 节。

② 在第一个文本框中输入文字，通常文字部分会超出文本框的范围，如图 3-51 所示。

③ 单击第一个文本框，在弹出的"文本框"工具栏上，单击"创建文本框链接"按钮，如图 3-51 所示。

④ 再将鼠标移到第二个文本框中，鼠标指针变成时单击，此时第一个文本框中显示不下的文字就会自动地移动第二个文本框中，结果如图 3-52 所示。

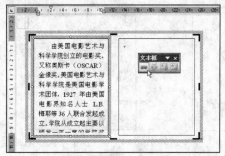 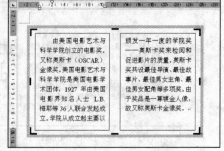

图 3-51　两个文本框链接前的效果　　　　图 3-52　文本框链接后的效果

最后，我们还可以通过取消文本框的边框线，如同分栏命令实现的文档分栏效果。

3.3.7　底纹与边框设置

为文档中某些重要的文本或段落增加边框和底纹，能够使这些内容更引人注目，使外观效果更加美观。当然以不同的颜色显示，更能起到突出和醒目的显示效果。

1．文字或段落的底纹

通过给文档的文本添加底纹可以突出地显示文本，设置文字或段落的底纹，可按如下步骤操作：

① 选择需要添加底纹或边框的文字或段落。

② 选择"格式"→"边框和底纹"命令。

③ 在"边框和底纹"对话框中，选择"底纹"选项卡，如图 3-53 所示，并设置底纹的填充颜色、图案的样式和颜色等。

注意："文字"与"段落"底纹的区别，如图 3-54 所示，第一段的是文字底纹，第五段的是段落底纹。

 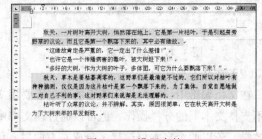

图 3-53　"底纹"选项卡　　　　　　　图 3-54　设置底纹

2．文字或段落的边框

给文档中的文本添加边框，既可以使文本与文档的其他部分区分开来，又可以增强视觉效果。设置文字或段落的边框，可按如下步骤操作：

① 选择需要添加底纹或边框的文字或段落。

② 选择"格式"→"边框和底纹"命令。

③ 在"边框和底纹"对话框中，选择"边框"选项卡，如图 3-55 所示，并设置边框的线型、颜色、宽度等。

　　如图 3-56 所示，第一段是文字边框，第五段是段落边框，边框线是"双波浪型"。文字与段落边框在形式上存在区别：前者是由行组成的边框，后者是一个段落方块的边框。它们的底纹也一样。

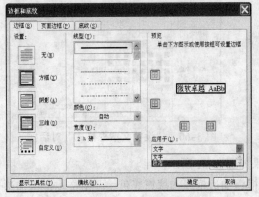

图 3-55　"边框"选项卡

图 3-56　设置边框

3.4　插入元素操作

3.4.1　插入文本框

　　在制作一些文档时，例如报纸版面、宣传文件、海报等，通常需要表制作一个固定的结构框架，然后向框架添加内容，这时就要使用文本框来确定文档的框架。根据文本框中文本的排列方向，可将文本框分为"横排"和"竖排"文本框两种。

　　要在文档中插入文本框，可按如下步骤操作：

① 选择"插入"→"文本框"→"横排"（或"竖排"）命令。

② 这时光标变成"+"形，而且文档中即自动增加了一个画布，如图 3-57 所示。

③ 在文本框中输入文字或插入图片，如图 3-58 所示。

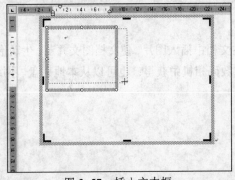

图 3-57　插入文本框

图 3-58　输入文本框内容

④ 去除文本框的边框线。方法是：选中文本框并右击，选择"设置文本框格式"命令，如图 3-59 所示。在弹出的"设置文本框格式"对话框中，选择"颜色与线条"选项卡，并选择"无填充颜色"和"无线条颜色"选项，如图 3-60 所示。

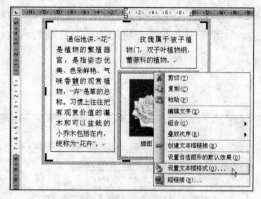

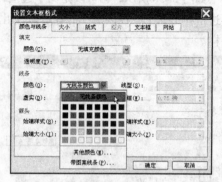

图 3-59　设置文本框格式　　　　　图 3-60　"设置文本框格式"对话框

⑤ 逐一去除各个文本框的边框线，最后的效果如图 3-61 所示。

如果想突出文本框的显示效果，还可以给文本框添加边框线和填充底色。要给文本框添加边框，可按如下步骤操作：

① 右击"文本框"，在弹出的快捷菜单中选择"设置文本框格式"命令。

② 在"设置文本框格式"对话框中（见图 3-60），设置填充的颜色、线条的颜色和虚实线式样，结果如图 3-62 所示。

图 3-61　最终效果　　　　　　　图 3-62　带边框线的文本框

3.4.2　插入图片

Word 不但具有强大的文字处理功能，而且可在文档中插入图片，使文档图文并茂、生动形象。插入到 Word 中的图片可以从剪贴画库、扫描仪或数码相机中获得，也可以从本地磁盘、网络驱动器以及互联网上获取。

1. 插入图片

要在文档中插入图片，可按如下步骤操作：

① 将光标置于要插入图片的位置。

② 选择"插入"→"图片"→"来自文件"命令。

③ 在"插入图片"对话框的"查找范围"下拉列表框中，选择图片文件所在的文件夹位置，并选择其中要打开的图片文件，如图 3-63 所示。

④ 单击"插入"按钮，文档插入图片后的格式如图 3-64 所示。

图 3-63 "插入图片"对话框

图 3-64 在文档中插入图片

2．插入剪贴画

Word 自带了一个内容丰富的剪贴画库，包含有从 Web 元素、背景、标志、地点、工业、家庭用品和装饰元素等类别的实用图片，用户可以从中选择并插入到文档中。在文档中插入剪贴画，可按如下步骤操作：

① 将光标置于要插入图片的位置。

② 选择"插入"→"图片"→"剪贴画"命令。

③ 在"剪贴画"任务窗格中，单击"搜索"按钮，让 Word 搜索出所有剪贴画，如图 3-65 所示。或者在"搜索文字"文本框中输入剪贴画的类型，如"汽车"。

④ 双击"剪贴画"任务窗格的其中一幅剪贴画，即可将选择的剪贴画插入到文档中。

图 3-65 "剪贴画"
任务窗格

3．设置图片格式

在文档中插入的图片，其格式可能不满足用户的要求，这时就需要对图片的格式进行设置。设置格式包括有颜色与线条、大小、版式和图片。

在文档中插入的图片、表格、文本框、自选图形和绘图（如流程图）都需要格式的设置，可参照设置图片格式的操作。

（1）环绕方式

无论是对象、图片、自选图形以及文本框，其对于文字的环绕方式默认是"嵌入型"，如图 3-64 所示。Word 提供多种环绕方式，如图 3-68 所示，用户可以根据需求来设置，以产生不同的变化效果，使文档格式更加丰富多样。

要设置图片的环绕方式，可按如下步骤操作：

① 单击要设置环绕方式的图片。

② 选择"格式"→"图片"命令。

③ 在弹出的"设置图片格式"对话框中，选择"版式"选项卡，如图 3-66 所示，然后再选择其中一种环绕方式，例如："四周型"，效果如图 3-67 所示。

图 3-66 "版式"选项卡   图 3-67 "四周型"环绕方式

还可以单击"高级"按钮，可以选择更多的"环绕方式"和设置"距正文"的距离，如图 3-68
所示。

（2）图片尺寸

图片被插入到文档后，通常按原来的尺寸大小显示在屏幕上，如果觉得它的大小不适合，可
用以下两种方法调整。

- 将鼠标指针移向图片的八个控点之一上，拖动鼠标即可改变图片大小。
- 如果要精确调整图片的大小，可选择"格式"→"图片"命令，在"设置图片格式"对话框的
  "大小"选项卡中（见图 3-69），输入图片的高度和宽度值，或缩放的高度和宽度的比例值。

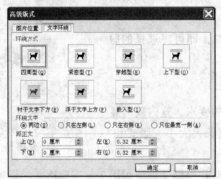

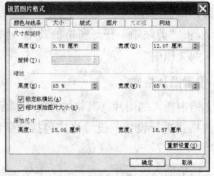

图 3-68 "高级版式"对话框   图 3-69 "设置图片格式"对话框

（3）给图片加上说明

在文档中插入的图片，有时为了让读者能清楚这张图片是描述什么内容或者图片是与文档的
哪部分相关，往往需要在图片的下方加上一些文字说明，如图 3-70 所示。给图片加上文字说明，
其实可通过插入文本框来实现，按以下步骤操作：

图 3-70 带说明的图片

① 选择"插入"→"文本框"→"横排"命令，在图片下方插入一个文本框。

② 在文本框中输入图片说明的文字，取消文本框边框线。

③ 按住【Shift】键分别单击图片及文本框，然后右击，在弹出的快捷菜单中选择"组合"命令。

④ 对组合后带说明的图片设置"环绕方式"，并调整好位置。

4．设置图片其他效果

用户还可以通过"图片"工具栏来编辑图片，设置图片效果。"图片"工具栏如图 3-71 所示，各个按钮的名称和功能如表 3-1 所示。

图 3-71　　"图片"工具栏

表 3-1　按钮名称与功能

按　　钮	名　　称	功　　能
	插入图片	打开"插入图片"对话框
	颜色	设置图片的着色
	增加对比度	增加图片的对比度
	降低对比度	降低图片的对比度
	增加亮度	增加图片的亮度
	降低亮度	降低图片的亮度
	裁剪	裁剪图片中不需要的部分
	向左旋转 90°	向左旋转图片 90°
	线型	设置图片边框的线型
	压缩图片	打开"压缩图片"对话框
	文字环绕	打开环绕方式列表
	设置图片格式	打开"设置图片格式"对话框
	设置透明色	可用画笔把图片实色部分变为透明色
	重设图片	可以重新设置图片

3.4.3　插入绘图元素

在实际工作中，经常需要在文档中插入一些图形，如工作流程图。Word 的"绘图"工具栏中提供了一些常用的几何图形，如直线、矩形和椭圆等。此外，在"绘图"工具栏的"自选图形"中，还有许多其他形状的图形，如"基本形状"、"箭头总汇"和"流程图"等。

下面以一个"仓库管理操作流程图"为例（见图 3-74）介绍如何利用 Word 的绘图工具，绘制出自己需要的流程图，按如下步骤操作：

① 单击"绘图"工具栏的"自选图形"按钮，然后选择"流程图"选项，如图 3-72 所示。

② 选择所需的图形，在需要绘制图形的位置单击并拖动鼠标。也可以双击选择所选的图形。

③ 右击绘制的图形，从弹出的快捷菜单中选择"添加文字"命令，如图 3-73 所示。在图形中输入所需的文字并设置其格式。

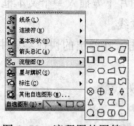

图 3-72　流程图的图符

图 3-73　选择"添加文字"命令

④ 根据同样的方法，绘制出其他的图形，并为其添加和设置文字，如图 3-74 所示。

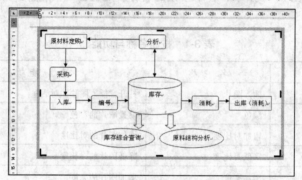

图 3-74　仓库管理操作流程图

对绘制出来的图形，可以对其重新进行调整，例如改变大小、填充颜色、线条类型与宽度，以及设置阴影与三维效果等。可以利用"绘图"工具的"组合"命令，将相互级联的图形组合，以便于插入文档中使用。

3.4.4　插入组织结构图

利用 Word 提供的组织结构图，可以使文档中出现的一些组织结构性的材料加以说明时，更加清晰有条理。在文档中插入组织结构图，可按如下步骤操作：

① 选择"插入"→"图片"→"组织结构图"命令，在文档中会自动出现一个组织结构图，如图 3-75 所示。

图 3-75　组织结构图

② 编辑组织结构图。右击组织结构图的其中一个框图，在弹出的快捷菜单中（见图 3-76）选择"编辑文字"、"下属"、"同事"、"助手"、"删除"等命令进行操作，结果如图 3-77 所示。

③ 美化组织结构图。单击"组织结构图"工具栏（见图 3-75）的"自动套用格式"按钮 。在"组织结构图样式库"对话框中（见图 3-78）选择其中一种样式，例如"斜面渐变"，效果如

图 3-79 所示。

图 3-76　编辑组织结构图快捷菜单

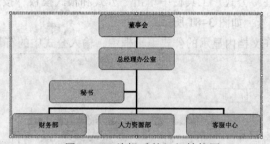

图 3-77　编辑后的组织结构图

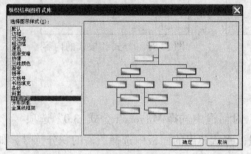

图 3-78　"组织结构图样式库"对话框

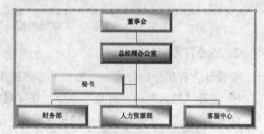

图 3-79　美化后的组织结构图

此外，还可以在"绘图"工具栏中，单击"插入组织结构图或其他图标"按钮，选择"图示库"的"组织结构图"来插入组织结构图。

3.4.5　插入公式

在编辑科技性的文档时，通常需要输入一些较复杂的数理公式，其中含有许多的数学符号，如积分符号、根式符号、带矩阵的公式等。Word 的"公式编辑器"可以满足我们大多数公式和简单符号的编辑。

下面几种常见的公式输入方法。

1. 分式和根式的公式

要输入含有分式和根式的公式，可按如下步骤操作：

① 选择"插入"→"对象"命令，弹出"对象"对话框，再选择 "新建"选项卡，然后在"对象类型"列表框中选择"Microsoft 公式 3.0"选项，如图 3-80 所示。

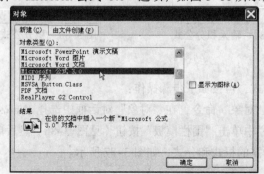

图 3-80　"对象"对话框

② 在"公式"工具栏中单击"分式和根式模板"按钮，并从弹出的面板中选择所需的根式和分式符号，如图 3-81 所示。

③ 在文档内显示的公式编辑框中，输入公式中的符号，结果如图 3-82 所示。

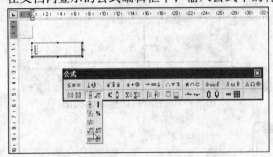

图 3-81 选择"分式和根式模板"

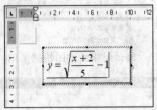

图 3-82 分式和根式的内容

2. 积分符号的公式

要设计含有积分的公式，可按如下步骤操作。

① 选择"插入"→"对象"命令，在"对象"对话框中选择 Microsoft 公式 3.0"选项。

② 在"公式"工具栏中单击"积分模板"按钮，并从弹出的面板中选择所需的积分符号，如图 3-83 所示。

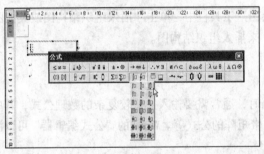

图 3-83 选择"积分模板"

③ 在文档内显示的公式编辑框中，输入积分公式，如图 3-84 和图 3-85 所示。

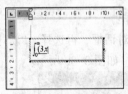

图 3-84 输入积分公式

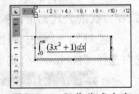

图 3-85 积分公式内容

3. 矩阵的公式

要设计含有矩阵的公式，可按如下步骤操作：

① 选择"插入"→"对象"命令，在"对象"对话框中选择 Microsoft 公式 3.0"选项。

② 在"公式"工具栏中单击"围栏模板"按钮（见图 3-86）然后单击"矩阵模板"按钮，并从弹出的面板中选择所需的根式和分式，如图 3-87 所示。

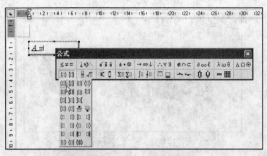

图 3-86 选择"围栏模板"

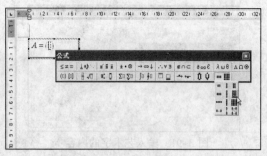

图 3-87 选择"矩阵模板"

③ 在公式编辑框的矩阵框中，输入矩阵里的数字，如图 3-88 所示和如图 3-89 所示。

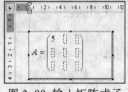

图 3-88 输入矩阵式子

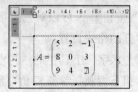

图 3-89 矩阵的内容

3.4.6 插入艺术字

艺术字具有特殊视觉效果，可以使用文档的标题变得更加生动活泼。艺术字可以像普通文字一样设定字体、大小、字形，也可以像图形那样设置旋转、倾斜、阴影和三维等效果。

1. 插入艺术字

在文档中插入艺术字，可按如下步骤操作：

① 选择"插入"→"图片"→"艺术字"命令。

② 在弹出的"艺术字库"对话框中，选择一种艺术字式样，如图 3-90 所示。

图 3-90 "艺术字库"对话框

③ 在"编辑艺术字文字"对话框的"文字"文本框中（见 3-91）输入要设置成艺术字的文字，并设置其字体、字号和字形，结果如图 3-92 所示。

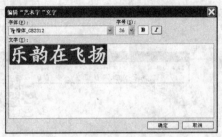

图 3-91　输入艺术字的内容

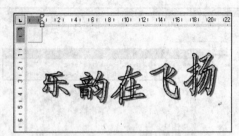

图 3-92　艺术字示例

2. 设置艺术字格式

在文档中输入艺术字后，可以使用"艺术字"工具栏（见图 3-93）设置艺术字的格式，单击"设置艺术字格式"按钮，可以对艺术字的填充颜色、线条颜色、大小和版式设置，操作方法类似于图片和文本框的格式设置。

还可以利用"艺术字"工具栏的"艺术字形状"按钮，将各种式样的艺术字设置成不同形状，如"山形"、"粗下弯弧"、"正三角"形等，图 3-94 是艺术字的各种字形列表。

图 3-93　艺术字工具栏

图 3-94　艺术字字形列表

3.4.7　插入超链接

超链接是将文档中的文字或图形与其他位置的相关信息链接起来。超链接非常灵活和强大，建立了超链接后，就可跳转到相关信息。它既可跳转至当前文档或 Web 页的某个位置，亦可跳转至其他 Word 文档或 Web 页，或者其他项目中创建的文件，甚至可用超链接跳转至声音和图像等多媒体文件。

1. 插入超链接

在文档中插入超链接，可按如下步骤操作。

① 选择作为超级链接显示的文本或图形对象。

② 选择"插入"→"超链接"命令，或者单击"常用"工具栏中的"插入超级链接"按钮。

③ 在弹出的"插入超链接"对话框中，如图 3-95 所示，设置相关的选项。如要显示的文字、链接到和地址等。

图 3-95　"插入超链接"对话框

2．更改超链接的目标

要更改超链接的链接目标，可按如下步骤操作：

① 右击要更改的超链接，在弹出的快捷菜单中选择"编辑超链接"命令。

② 在弹出的"编辑超链接"对话框中，设置所需选项即可。

3.4.8　插入书签

Word 提供的"书签"功能，主要用于标识所选文字、图形、表格或其他项目，以便以后引用或定位，下面就介绍一下书签的具体用法。

1．添加书签

要使用书签，就必须先在文档中添加书签，可按如下步骤操作：

① 若要用书签标记某项（如文字、表格、图形等），则选择要标记的项；若要用书签标记某一位置，则单击要插入书签的位置。

② 选择"插入"→"书签"命令。

③ 在弹出的"书签"对话框的"书签名"文本框中，输入书签的名称，如图 3-96 所示。

④ 单击"添加"按钮。

图 3-96　"书签"对话框

2．显示书签

默认状态下，Word 的书签标记是隐藏起来的，如果要将文档中的书签标记显示出来，可选择"工具"→"选项"→"视图"选项卡，选择"书签"复选框即可。

如果为某项内容指定书签，该书签会以灰色方括号的形式显示，但在打印时不会被打印出来。如果为一个位置指定的书签，则该书签会显示为灰色"I"形标记。

3．使用书签

在文档中添加了书签后，就可以使用书签了，有两种方法可跳转到所要使用书签的位置。

- 选择"编辑"→"定位"命令，在"查找和替换"对话框的"定位"选项卡中输入书签名称，然后单击"定位"按钮，如图 3-97 所示。
- 选择"插入"→"书签"命令，在弹出的"书签"对话框中，选择一个书签名称，然后单击"定位"按钮即可，如图 3-98 所示。

图 3-97　书签定位方法一

图 3-98　书签定位方法二

4．删除书签

若不再需要一个书签，可以将它删除，按如下步骤进行操作：

① 选择"插入"→"书签"命令。

② 在弹出的"书签"对话框中（见图 3-98），选择要删除的书签名，然后单击"删除"按钮。

3.4.9 插入表格

在编辑的文档中，使用表格是一种简明扼要的表达方式。它以行和列的形式组织信息，结构严谨，效果直观。往往一张简单的表格就可以代替大篇的文字叙述，所以在各种科技、经济等文章和书刊中越来越多地使用表格。

1．建立表格

建立表格的方法很多，常用的方法有两种，第一种是使用"常用"工具栏的"插入表格"按钮；第二种方法是使用"表格"菜单中的"插入"级联菜单中的各项命令。

（1）使用"插入表格"按钮建立表格，可按如下步骤操作：

① 将光标置于要插入表格的位置。

② 单击"常用"工具栏的"插入表格"按钮 。

③ 在弹出的网格上拖动鼠标，选择所需的行数和列数，如图 3-99 所示，即可建立一个三行四列的表格。

（2）使用"表格"菜单建立表格，可按如下步骤操作：

① 将光标置于要插入表格的位置。

② 选择"表格"→"插入"→"表格"命令。

③ 在"插入表格"对话框中输入表格的行数和列数，如图 3-100 所示，即可建立一个二行五列的表格。

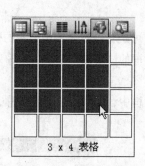

图 3-99　使用"插入表格"按钮建立表格

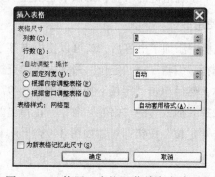

图 3-100　使用"表格"菜单命令建立表格

2．单元格的合并与拆分

对于一个表格，有时需要把同一行或同一列中两个或多个单元格合并起来，或者把一行或一列的一个或多个单元拆分为更多的单元。

（1）合并单元格，可按如下步骤操作：

① 选择要合并的单元格，如图 3-101 所示。

② 选择"表格"→"合并单元格"命令，结果如图 3-102 所示。

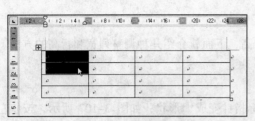

图 3-101　选择要合并的单元格

图 3-102　合并单元格结果

（2）拆分单元格，可按如下步骤操作：

① 选择要拆分的单元格，如图 3-103 所示。

② 选择"表格"→"拆分单元格"命令，在弹出的"拆分单元格"对话框中，输入要拆分的列数和行数，如图 3-104 所示。

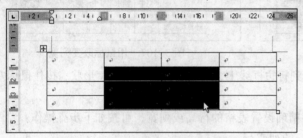

图 3-103　选择要拆分的单元格

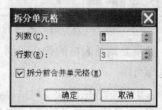

图 3-104　"拆分单元格"对话框

单元格拆分后的结果，如图 3-105 所示。

图 3-105　拆分单元格结果

3．输入表格的内容

建立好表格的框架后，就可以在表格中输入文字或插入图片，有时还需要在表格外输入表标题，表标题的输入有两种方法。

- 在位于左上角的单元格中按【Enter】键，此时表格头就会空出一行，在这空白行中即可输入表标题。
- 用鼠标移向表格左上角的标志符囷，按住鼠标左键向下拖动一行，然后在表头的空白行中输入表标题。

表格中文字的输入和图片的插入跟前面介绍的相关操作相同，如图 3-106 所示。

说明：在表格中插入图片时，图片的尺寸大小可能与单元格的大小不相符，可以单击图片，再拖动图片四周的控点，调整到合适的大小。

4．调整表格列宽与行高

修改表格的其中一项工作是调整它的列宽和行高，下面就介绍几种调整列宽和行高的方法。

（1）用鼠标拖动

这是最便捷调整的方法，可按如下步骤操作：

① 将光标移到要改变列宽的列边框线上，鼠标指针变成 ↔ 形状，如图 3-107 所示，按住左键拖动。

② 释放鼠标，即可改变列宽。

图 3-106　输入表格的内容　　　　　　　图 3-107　用鼠标改变列宽

如果要调整表格的行高，则鼠标移到行边框线上，鼠标的指针将变成 ↕ 形状，按住鼠标左键拖动即可。

（2）用"表格属性"对话框，能够精确设置表格的行高或列宽，可按如下步骤操作：

① 选择要改变"列宽"或"行高"的列或行。

② 选择"插入"→"表格属性"命令，在弹出的"表格属性"对话框中，选择"列"或"行"选项卡，然后在"指定宽度"或"指定高度"文本框中，输入宽度或高度的数值，如图 3-108 所示。

（3）用"自动调整"选项可以便捷地调整表格的列宽或行高。如果想调整表格各列的宽度，可按如下步骤操作。

① 选择表格中要平均分布的列。

② 选择"表格"→"自动调整"→"平均分布各列"命令，如图 3-109 所示。

图 3-108　"表格属性"对话框　　图 3-109　"自动调整"级联菜单中的"平均分布各列"命令

表格的"自动调整"选项除了能够"平均分布各列"，还可以"根据内容调整表格"、"根据窗口调整表格"、"固定列宽"和"平均分布各行"调整。

5．增删表格行与列

在表格的编辑中，行与列的增删可以使用"表格"菜单的命令来实现。例如，删除表格的行，可按如下步骤操作：

① 选择表格中要删除的行。

② 选择"表格"→"删除"→"行"命令。

如果删除的是表格的列，则选择"表格"→"删除"→"列"命令。同理，若要增加表格的行或列，选择"表格"→"插入"命令，再选择"行"或"列"选项。

6．斜线表头的制作

有时为了更清楚地指明表格的内容，常常需要在表头中用斜线将表格中的内容按类别分开。在表头的单元格制作斜线，可按如下步骤操作：

① 将光标置于要制作斜线的单元格中。

② 选择"表格"→"绘制斜线表头"命令。

③ 在"插入斜线表头"对话框中，选择一种表头样式，并在标题编辑框中输入相应的标题，如图 3-110 所示。

给表格添加表头斜线的效果如图 3-111 所示。

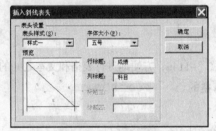

图 3-110 "插入斜线表头"对话框

图 3-111 添加斜线表头的表格

7．表格的计算

Word 不仅可以在文档中编辑表格，还可以对表格中的数据进行一些常用的数学运算。它的表格运算功能是利用"域"来实现的，其表格项的定义方式、公式的定义方法、有关函数的格式及参数、数据的运算方式等方面都与 Excel 基本一致。例如，表格的第一列各个单元格分别为 a1、a2、a3…，第二列的各个单元格分别为 b1、b2…等表示。

下面以一个"商品销售情况表"为例，介绍表格计算的方法，可按如下步骤操作：

商 品 名 称	数　　量	单　　价	金　　额
运动鞋	8	230	1 840
旅行袋	10	160	1 600
合计	18		

① 在表格中输入有关的原始数据。

② 将光标移至表格的 b4 单元格中，计算"数量"的合计数。选择"表格"→"公式"命令，在弹出的"公式"对话框中，可使用 Word 的求和函数"SUM"计算，如图 3-112 所示。如果要使用其他函数，可以单击"粘贴函数"下拉列表框，从中选择其他函数。Word 为表格计算功能提供了许多计算函数，它们与 Excel 的计算函数基本一致。

③ 将光标移至表格的 d2 单元格中，计算"运动鞋"的金额。选择"表格"→"公式"命令，在弹出的"公式"对话框中，输入计算公式，本例是"=b2+c2"，用同样的方法，在 d3 单元格输

入旅行袋"金额"的计算公式。

Word 是通过"域"来完成数据计算功能的，例如，上面的"数量"合计数是插入一个"{=SUM(ABOVE)}"的域。通常情况下，Word 并不直接显示域代码，而只是显示最后的计算结果。当我们在表格中修改了有关数据之后，Word 并不会自动进行更新。为此，我们可选定需更改的域再右击，在弹出的快捷菜单中（见图 3–113），选择"更新域"命令。

图 3-112　"公式"对话框　　　　图 3-113　"域"的快捷菜单

从上例可以看出，尽管 Word 不具备真正的数据计算功能，但通过它的"域"处理功能却可满足我们绝大多数表格数据计算的要求。

8．表格与文本的转换

在 Word 中可以利用"表格"菜单的"转换"命令（见图 3–114），方便地进行表格和文本之间的转换，这对于使用相同的信息源实现不同的工作目标是非常有益的。

（1）将表格转换成文本

如果需要将表格转换为由逗号、制表符或其指定字符分隔的文字，可按如下步骤操作：

① 将光标置于要转换成文本的表格中，或选择该表格。

② 选择"表格"→"转换"→"表格转换成文本"命令。

③ 在弹出的"表格转换成文本"对话框中，选择一种文字分隔符，默认是"制表符"，即可将表格转换成文本，如图 3–115 所示。

图 3-114　表格的转换功能

图 3-115　表格（左）转换成文本（右）

（2）将文字转换成表格

我们也可以将用段落标记、逗号、制表符或其他特定字符分隔的文字转换成表格，可按如下步骤操作：

① 选择要转换成表格的文字，这些文字应类似如图 3–115 所示的格式编排。

② 选择"表格"→"转换"→"文本转换成表格"命令。

③ 在弹出的"将文本转换成表格"对话框中，在"文字分隔位置"下拉列表框中选择当前文本所使用的分隔符，默认是"制表符"，如图 3–116 所示，即可将文字转换成表格。

图 3-116　"将文字转换成表格"对话框

3.5　页面格式化

3.5.1　页面设置

一篇完整的文档除了文本的编辑、格式的设置等，有时还需要根据我们的要求对文档的页面进行设置。页面设置包括对纸张大小、页边距、版式和文档网格等的设置。

1. 纸张大小

Word 默认的纸张大小为 A4（宽度为 21cm，高度为 29.7cm），为了避免造成浪费，应根据需要选择适当的纸张大小，可按如下步骤操作：

① 选择"文件"→"页面设置"命令。

② 在弹出的"页面设置"对话框中，选择"纸张"选项卡，从"纸张大小"下拉列表框中选择需要的纸张型号，如图 3-117 所示。

如果需要自定义纸张的宽度和高度，在"纸张大小"下拉列表框中选择"自定义大小"，然后再分别输入"宽度"和"高度"值。

2. 页边距

页边距是指正文与纸张边缘的距离，包括上、下、左、右页边距。设置页边距，可按如下步骤操作：

① 选择"文件"→"页面设置"命令。

② 在弹出的"页面设置"对话框中，选择"页边距"选项卡，如图 3-118 所示。根据需要分别设置上、下、左、右页边距值。

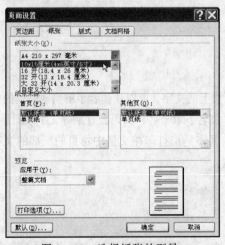

图 3-117　选择纸张的型号

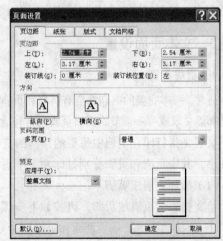

图 3-118　"页面设置"对话框

"页面设置"对话框中还有两种页面方向："纵向"和"横向"的设置。如果设置为"横向"，则纸张大小中的"宽度"值和"高度"值互换，适合于编辑宽行的表格。

设置页边距一般在"页面设置"对话框中进行，除此以外，还能在 Word 的页面视图中直接用标尺对其进行更改。

3. 横向设置应用

如果在一个文档中要使某些页面设置成横向方式，可以通过插入"分节符"，然后利用"页面设置"功能实现。如果要将文档要设置成如图3-119所示的版式，可按如下步骤操作：

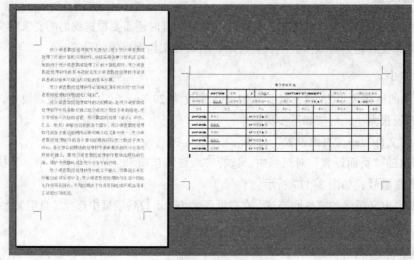

图 3-119　横向页面设置

① 在需要设置横向页面格式之处插入分节符。选择"插入"→"分隔符"命令，打开"分隔符"对话框，然后选择"分节符类型"选项区域的"下一页"单选按钮，如图 3-120 所示

② 选择"文件"→"页面设置"命令，在弹出的"页面设置"对话框中，选择"方向"为"横向"，如图 3-116 所示。

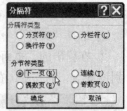

图 3-120　分节符

3.5.2　文本页面设置

1. 页眉页脚

通常，一本完美的书刊都会有页眉和页脚，特别是页眉上的文字，可以让读者了解当前阅读的内容是哪篇文章或哪一章节。页眉页脚通常包含公司徽标、书名、章节名、页码、日期等文字或图形。

页眉是指打印在文档中每页的顶部的文字或图形，页脚是指打印在文档中每页的底部的文字或图形，其中页眉和页脚分别打印在上下页边后中位置。

（1）添加页眉或页脚

给文档添加页眉或页脚，可按如下步骤操作：

① 选择"视图"→"页面和页脚"命令。

② 这时文档中会有一个以虚框显示的页眉页脚区域，在页眉编辑区中输入页眉的内容，同时 Word 也会弹出一个"页眉和页脚"工具栏，如图 3-121 所示。

如果想输入页脚的内容，可以单击"页眉和页脚"工具栏的⊞按钮，转到页脚编辑区中输入即可。

（2）首页不同的页眉页脚

对于书刊、信件或报告等文档，通常需要去掉首页的页眉。这时，可按如下步骤操作：

① 选择 "文件" → "页面设置" 命令。

② 在弹出的 "页面设置" 对话框中，选择 "版式" 选项卡。

③ 选择 "页眉和页脚" 选项区域中的 "首页不同" 复选框，如图 3-122 所示。

图 3-121　编辑页眉　　　　　　　　　　　　　图 3-122　页面设置对话框

④ 按上面 "添加页眉或页脚" 的方法，在页眉或页脚编辑区中输入页眉或页脚。

（3）奇偶页不同的页眉或页脚

对于进行双面打印并装订的文档，有时需要在奇数页上打印书名，在偶数页上打印章节名。这时，可按如下步骤操作：

① 选择 "文件" → "页面设置" 命令。

② 在弹出的 "页面设置" 对话框中，选择 "版式" 选项卡。

③ 选择 "页眉和页脚" 选项区域栏中的 "奇偶页不同" 复选框，参见图 3-122 所示。

④ 按上面 "添加页眉或页脚" 的方法，在页眉或页脚编辑区中，分别输入奇数页和偶数页的页眉或页脚内容。

2．页码

页码用来表示每页在文档中的顺序编号，在 Word 中添加的页码会随文档内容的增删而自动更新。插入页码，可按如下步骤操作：

① 选择 "插入" → "页码" 命令。

② 在弹出的 "页码" 对话框中，设置页码的 "位置" 和 "对齐方式"，如图 3-123 所示。

如果要更改页码的格式，则单击 "页码" 对话框的 "格式" 按钮，然后在 "页码格式" 对话框中选择页码的格式，如图 3-124 所示。

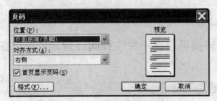

图 3-123　"页码" 对话框　　　　　　　　　图 3-124　"页码格式" 对话框

页码除了可以使用菜单中的命令插入到页面中，也可以作为页眉或页脚的一部分在页眉或页脚中添加进去。此时可以在"页眉和页脚"工具栏中，单击 ⊞ 按钮插入页码，单击 ⊞ 按钮插入页数。

3. 脚注与尾注

很多学术性的文档都需要加入脚注和尾注，这两者都是对文本的补充说明。脚注一般位于页面的底部，可以作为文档某处内容的注释，如术语解释或背景说明等；尾注一般位于文档的末尾，通常用来列出书籍或文章的参考文献等。

脚注和尾注由两个关联的部分组成，包括注释引用标记和它的对应的注释文本。

（1）插入脚注和尾注

要在文档中插入脚注与尾注，可按如下步骤操作：

① 将光标移到要插入脚注和尾注的位置。

② 选择"插入"→"引用"→"脚注和尾注"命令。

③ 在弹出的"脚注和尾注"对话框中（见图 3-125）选择是脚注或尾注，以及脚注或尾注的位置和格式等，结果如图 3-126 所示。

图 3-125　"脚注和尾注"对话框

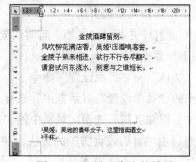

图 3-126　插入脚注的效果

（2）移动或复制脚注和尾注

要移动或复制脚注和尾注的注释时，应对注释引用标记进行操作，而非注释中的文字。Word 会对移动或复制后的注释引用标记重新编号，可按如下步骤操作：

① 选择要移动或复制的注释标记。

② 如果要移动注释引用标记，可按住鼠标左键直接拖动到新位置；如果是复制注释引用标记，则先按住【Ctrl】键，再按住左键拖动到新位置。

（3）删除脚注和尾注

要删除脚注和尾注，只需选择要删除的脚注或尾注的注释标记，然后按下【Delete】键，即可删除脚注或尾注的内容。

（4）转换脚注和尾注

脚注和尾注之间是可以相互转换的，这种转换可以在一种注释间进行，也可以在所有的脚注和尾注间进行，可按如下步骤操作：

① 选择"插入"→"引用"→"脚注和尾注"命令。

② 在"脚注和尾注"对话框中（见图 3-123），单击"转换"按钮。

③ 在弹出的"转换注释"对话框中，选择要转换的选项，如图 3-125 所示。

如果是对个别注释进行转换，则要将光标移动到注释文本中，右击弹出快捷菜单，选择"转换至尾注"或"转换为脚注"命令，如图 3-126 所示。

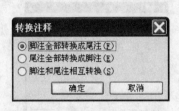

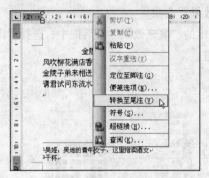

图 3-127 "转换注释"对话框 　　　　图 3-128 转换个别注释

4．分隔符

在 Word 中，常用的分隔符有三种：分页符、分栏符、分节符。

（1）分页符

是插入文档中的表明一页结束而另一页开始的格式符号。

有时候，我们若想把标题放在页首处或是将表格完整地放在一页上，按【Enter】键加几个空行的方法虽然可行，但在调整前面的内容时，只要有行数的变化，原来的排版就全变了，还需要再把整个文档调整一次。其实，只要在分页的地方插入一个分页符就可以了。分页符是将文档从插入分页符的位置强制分页。

（2）分节符

为在一节中设置相对独立的格式页插入的标记。

有时候我们会在文档的不同部分使用不同的页面设置，如给两页设置不同的艺术型页面边框；又如希望将一部分内容变成分栏格式的排版，另一部分设置不同的页边距，我们都可以用分节的方式来设置其作用区域。

（3）分栏符

它是一种将文字分栏排列的页面格式符号。有时为了将一些重要的段落从新的一栏开始，插入一个分栏符就可以把在分栏符之后的内容移至另一栏。

在文档中插入分隔符，可按如下步骤操作：

① 选择"插入"→"分隔符"命令。

② 在弹出的"分隔符"对话框中，可选择分隔符或分节符类型，如图 3-129 所示。

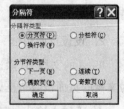

图 3-129 "分隔符"对话框

3.5.3 页面格式化

1．设置背景样式

Word 还提供了设置文档背景色的功能，利用该功能可以为文档的页面设置漂亮的背景色，背景色可以选择填充颜色、纹理和自选图片。例如，要给文档加上一张图片作为页背景，可按如下步骤操作：

① 选择"格式"→"背景"级联菜单。

② 在"背景"级联菜单会弹出一个包含所有填充颜色的下拉列表框，如图 3-130 所示。这里，选择"填充效果"命令。

③ 在弹出的"填充效果"对话框中，选择"图片"选项卡，如图 3-131 所示，然后单击"选择图片"按钮。

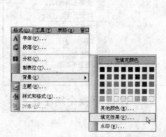

图 3-130　选择"填充效果"命令　　　　图 3-131　　"图片"选项卡

④ 在弹出的"选择图片"对话框中，选择某张图片，如图 3-132 所示，设置背景图后的结果，如图 3-133 所示。

图 3-132　选择图片

此外，还可以选择"格式"→"背景"级联菜单下的"水印"命令，给文档的页面加上一种特殊的水印背景。

2. 设置页面边框

Word 的文档中，除了可以给文字和段落添加边框和底纹外，还可以为文档的每一页添加边框。为文档的页面设置边框，可按如下步骤操作：

① 选择"格式"→"边框和底纹"命令。

② 选择"边框和底纹"对话框的"页面边框"选项卡。

③ 在"设置"选项区域中选择"方框"，并在"线型"列表框中选择一种线型，如图 3-133 所示。也可以在"艺术型"下拉列表框中选择一种带图案符的边框线，如图 3-134 所示。

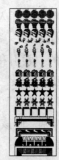

图 3-133　选择边框线　　　　图 3-134　"艺术型"边框线（节选部分）

3. 设置页内横线

为文档的页面添加横线，可按如下步骤操作：

① 选择"格式"→"边框和底纹"命令。

② 选择"边框和底纹"对话框的"页面边框"选项卡，单击"横线"按钮。

③ 在弹出的"横线"对话框中选择其中一种样式的横线，如图 3-135 所示。

给文档添加上背景、页边框和横线后，它的效果如图 3-136 所示。

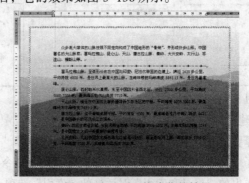

图 3-135　选择一种横线　　　　图 3-136　页面格式化的效果

3.5.4　目录和索引

（1）建立目录

目录是长文档必不可少的组成部分，由文章的标题和页码组成（见图 3-135）。手工添加目录既麻烦又不利于以后的修改。为文档建立目录，建议最好利用标题样式，先给文档的各级目录指定恰当的标题样式，然后可按如下步骤操作：

① 将文档中作为目录的内容设置为标题样式，如图 3-117 所示，将第一级标题"第 3 章"设置为"标题 1"样式，第二级标题"3.1"、"3.2"等设置为"标题 2"样式，第三级标题"3.1.1"、"3.1.2"、"3.2.1"等设置为"标题 3"样式。

图 3-137　建立目录示例

② 将光标移到要插入目录的位置，例如，文档的首页。

③ 选择"插入"→"引用"→"索引和目录"菜单。

④ 在弹出的"索引和目录"对话框中，选择"目录"选项卡，如图3-138所示。

⑤ 在"索引和目录"对话框的"目录"选项卡中（见图3-138），设置目录的"格式"，例如，"古典"、"优雅"、"流行"等，默认是"来自模板"，以及设置显示级别，如图3-137所示的三级目录结构，"显示级别"应该设置为3。习惯上，还应该选择"显示页码"、"制表符前导符"的选项。

（2）建立索引

在文档中建立索引，就是将需要标示的字词列出来，并注明它们的页码，如图3-139所示。建立索引主要包含两个步骤：一是对需要创建索引的关键词进行标记，即是告诉Word哪些关键词参与索引的创建；二是调出"索引和目录"对话框，通过相应的命令创建索引。

图3-138　"目录"选项卡

图3-139　建立的索引

给文档建立索引项，可按如下步骤操作：

① 选择要建立索引项的关键字，假定我们现在以"春季"为索引项。

② 选择"插入"→"引用"→"索引和目录"命令。

③ 在弹出的"目录和索引"对话框的"索引"选项卡中（见图3-140），单击"标记索引项"按钮。此时可以在"标记索引项"对话框的"主索引项"文本框中看到上面选择的字词"春季"，如图3-141所示。

图3-140　"索引和目录"对话框

图3-141　索引标记项

④ 单击"标记索引项"对话框的"标记"按钮，这时，文档中被选择的关键字旁边，添加了一个索引标记："{XE "春季"}"。

⑤ 如果还有其他需要建立索引项的关键字，可不关闭"标记索引项"对话框，继续在文档编辑窗口中选择关键字，直至所有关键字选择完毕。

⑥ 将光标移到要插入索引的位置，再执行②打开"索引和目录"对话框。

⑦ 在"索引"选项卡中（见图 3–138），可设置"格式"、"类型"或"栏数"，然后，单击"确定"按钮。

练　习

一、选择题

1. 在 Word 编辑状态下，若要调整左右边界，比较直接、快捷的方法是使用_____。
   A. 工具栏　　　　　B. 格式栏　　　　　C. 菜单　　　　　D. 标尺

2. 在 Word 中，按下【Ctrl】键的同时拖动选择文件，则执行的操作是_____。
   A. 移动操作　　　B. 粘贴操作　　　C. 剪切操作　　　D. 复制操作

3. 在 Word 中修改某一页的页眉，则下列叙述中正确的是_____。
   A. 同一节的所有页的页眉都将被修改
   B. 整篇文档的所有页的页眉都必定被修改
   C. 其余页的页眉一定不变
   D. 系统提示出错，页眉设置后不能重新修改

4. 要在 Word 中建一个表格式简历表，最简单的方法是_____。
   A. 在新建中选择简历向导中的表格型向导　　　B. 用绘图工具进行绘制
   C. 在"表格"菜单中选择表格自动套用格式　　　D. 用插入表格的方法

二、操作题

1. 打开 C:\winks\530036.doc，完成以下操作：
   （1）在标题"新世纪羊城八景"后插入脚注，位置：页面底端。编号格式：1，2，3，起始编号：1。内容："广州城市的新形象"。
   （2）将文中所有"越秀"一词格式化为红字，加黄色双波浪线。（提示：使用查找替换功能快速格式化所有对象）

2. 打开 C:\winks\531002.doc 文档，完成以下操作：
   （1）设置该文档纸张的高度为 21 cm、宽度为 21 cm，左、右边距均为 3.25 cm，上、下边距均为 2.54 cm，装订线 1.0 cm，装订线为左。
   （2）页眉距边界 1 cm，页脚距边界 1.5 cm，页面垂直对齐方式为两端对齐。
   （3）设置页面边框为艺术型边框，艺术型类型为五个红苹果，边框宽度为 20 磅。

3. 打开 C:\winks\532067.doc 文档，完成以下操作：
   在文档第一段后插入一个组织结构图（见图 3–142），根据例图设计组织结构图，文字水平居中对齐，字体字号可自行设置，保存文件。

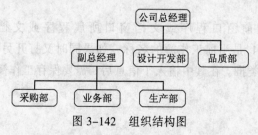

图 3–142　组织结构图

第 4 章 // 数据统计和分析 Excel 2003

学习目标

- 了解和掌握 Excel 2003 的基础知识与基本操作
- 掌握工作表的建立、编辑以及格式化操作
- 掌握公式和函数的使用
- 掌握图表处理
- 掌握数据库的应用
- 了解数据统计与分析

4.1 Excel 2003 的基本概念

Excel 2003 中文版是一个功能强大的数据处理软件，它具有强大的数据计算与分析功能，可以把数据用各种统计图的形式形象地表示出来，被广泛地应用于财务、金融、经济、审计和统计等众多领域。

4.1.1 Excel 2003 的用户界面

1. 启动 Excel 2003

选择"开始"→"所有程序"→Microsoft Office→Microsoft Office Excel 2003 命令，或直接双击桌面上的 Excel 的快捷方式即可启动 Excel。

2. Excel 2003 的用户界面

启动 Excel 后，其操作界面如图 4-1 所示。Excel 的窗口主要包括标题栏、菜单栏、工具栏、编辑栏、工作区、状态栏和任务窗格等。

下面介绍 Excel 窗口界面的主要组成部分及操作。

（1）标题栏

标题栏用于标识当前窗口程序或文档窗口所属程序或文档的名字，如 Microsoft Excel-Book1。此处 Book1 是当前工作簿的名称，如果同时又打开另一个新的工作簿，Excel 将其命名为 Book2，依此类推。在其中输入了信息后，需要保存工作簿时，用户可以另取一个更直观的名字。

图 4-1　Excel 的工作界面

（2）菜单栏

菜单栏中列出了各种操作命令构成的菜单项。单击菜单按钮后可弹出一个下拉式菜单。

（3）工具栏

工具栏给出以图标代表的常用命令。工具栏内的工具条可以根据需要增加或减少，有些工具条可以在屏幕上移动，用户可以将许多工具条移至屏幕上不同的位置。单击代表命令的工具小图标进行命令的选择，完成如格式化数字或创建图表这类的工作。有些工具代表的命令是菜单中所没有的。

（4）编辑栏

编辑栏左边为名称框，用于显示活动单元格或区域的地址（或名称）。单击名称框旁边的下拉按钮可弹出一个下拉列表框，列出所有已定义的名称。编辑栏右边为公式栏，作为当前活动单元格编辑的工作区。公式栏中显示的内容与当前活动单元格的内容相同，可在公式栏中输入、删除或修改单元格的内容。

（5）状态栏

窗口的底部为状态栏。

（6）工作区

在公式栏下面是 Excel 的工作区，在工作区窗口中，列号和行号分别标在窗口的上方和左边。列号用英文字母 A～Z、AA～AZ、BA～BZ、…、IA～IV 命名，共 256 列；行号用数字 1～65 536 标识，共 65 536 行。行号和列号的交叉处就是一个表格单元（简称单元格）。单元格用它的列号和行号来识别，也即该单元格的地址（坐标）。整个工作表包括 256×65 536 个单元格，光标所在的单元格称为当前单元格，用户只能在当前单元格内输入数据。借助于光标移动键和鼠标可以把光标移动到表格中的任一单元格，使之成为当前单元格。

（7）工作表

初始时，工作簿中包含三张独立的工作表，分别命名为 Sheet1、Sheet2、Sheet3，并显示第一张工作表 Sheet1，该表就是当前工作表。当前工作表只有一张，单击工作表标签可以选择其他工作表，被选中的工作表就变成了当前工作表。

（8）控制菜单图标

每个窗口在标题栏的左上角有一个控制菜单图标，单击该图标可得到它所属的那个窗口的控制菜单。在控制菜单中包括"还原"、"移动"、"大小"、"最大化"、"最小化"以及"关闭"等命令。

（9）滚动条

在窗口右边有一个垂直滚动条，窗口的下部有一个水平滚动条，其使用方法与 Word 相似，用以在列行方向上浏览工作表。

3. 退出 Excel 2003

当用户结束 Excel 操作时，可用下列方法之一退出 Excel：

- 选择"文件"→"退出"命令。
- 按【Alt + F4】组合键。
- 双击 Excel 标题栏左上角的控制菜单按钮图标。
- 单击 Excel 标题栏右上角的☒按钮。

如果对工作簿进行了操作，且在退出之前没有保存文件，退出时 Excel 会显示一个消息框，询问是否在退出之前保存文件。单击"是"按钮，保存所进行的修改（如果没有给工作簿命名，还会出现"另存为"对话框，让用户给工作簿命名。在"另存为"对话框中输入新名字之后，单击"保存"按钮）；单击"否"按钮，不保存所进行的修改直接退出 Excel。

4.1.2 Excel 2003 的基本概念

1. 工作簿与工作表

一本书包含了书名、目录、章节，章节的内容可以是文字、图形、表格等。而在 Excel 系统中，一个工作簿文件就类似于一本书组成的一个文件，在其中又会包含许多工作表，这些工作表可以存储不同类型的数据。

（1）工作簿

所谓工作簿是指在 Excel 环境中用来存储并处理工作数据的文件。一个工作簿可拥有多张具有不同类型的工作表。在打开一个新的工作簿文件时会看到如图 4-1 所示的界面。例如，用户可以在一个工作簿文件中保存年销售报表的数据，以及由这些数据绘制的统计图，如图 4-2 所示的是按地区制作的销售表。

图 4-2　工作簿举例

一个工作簿内最多可以有 255 个工作表，默认情况下，每个工作簿文件会打开三个工作表文件，分别以 Sheet1、Sheet2、Sheet3 来命名。用户可选择"工具"→"选项"命令，选择"常规"选项卡，在"新工作簿内的工作表数"数值框中重新设置工作簿中默认已含的工作表数（新的设置要在下次启动 Excel 时才生效）。工作表的名字显示在工作簿文件窗口底部的标签中，要从一个工作表切换到另一工作表进行编辑，可单击工作表标签。活动工作表的名称以单下画线显示。双击工作表标签可以快速对工作表进行重命名操作，输入新的工作表名称后按【Enter】键确认。

（2）工作表

工作表是指由 65 536 行和 256 列所构成的一个表格。

2．单元格、单元格地址及活动单元格

单元格是指工作表中的一个格子。每个单元格都有自己的行列位置（或称坐标），单元格的坐标表示方法是：列标行号。例如，A3，就代表 A 列的第 3 行的单元格。同样，一个地址也唯一地表示一个单元格。每个单元格可以容纳 32 000 个字符。

通常单元格坐标有三种表示方法：

- 相对坐标（或称相对地址）。它以列标和行号组成，如 A1、B5、F6 等。
- 绝对坐标（或称绝对地址）。它以列标和行号前加上符号"$"构成，如$A$1，$B$5，$F$6 等。
- 混合坐标（或称混合地址）。它以列标或行号前加上符号"$"构成，如 A$1，$B5 等。

此外，由于一个工作簿文件可能有多个工作表，为了区分不同工作表的单元格，要在地址前面增加工作表名称。例如，Sheet2!A6。就说明该单元格是 Sheet2 工作表中的"A6"单元格。工作表名与单元格之间必须使用"!"号来分隔。

活动单元格是指正在使用的单元格，在其外有一个黑色的方框，这时输入的数据会被保存在该单元格中。

单元格区域也称矩形块，它是由工作表中相邻若干个单元格组成。引用单元格区域时可以用它的对角单元格的坐标来表示，中间用一个冒号作为分隔符，如 A1:G4、B2:E5 等。

实际工作中，为了简化操作，便于阅读和记忆，Excel 还允许根据单元格包含的数据意义对单个单元格或一组单元格进行命名。

4.1.3　管理工作簿

每个工作表有 65 536 行×256 列，可以放入足够多的数据，用户可以把所有不同种类的数据都放在一个工作表里，但要想把每件事都做好，会很困难。如果将不同种类的数据放在不同的工作表中，做起事情来就会变得简单易行。使用多个工作表的优点是：其一，单击工作表标签比在一个庞大的工作表中滚动容易得多。使用多个工作表时，用户很容易找到自己的数据。其次，用户可以将相关的工作记录放在同一工作簿的不同工作表中。例如，如果你是一位营销人员，可以将第一季度的营销业绩放在第一张工作表中；将第二季度的营销业绩放在第二张工作表中；将第三季度的营销业绩放在第三张工作表中；将第四季度的营销业绩放在第四张工作表中，等等。其三，用户很容易在不同工作表之间建立单元格引用关系。例如，在第一张工作表中，可以引用第二张工作表中的部分数据。其四，在一个工作簿中可以建立多个工作表，但工作簿仍将是一个文件，给工作表的管理带来了很大的方便。

1．更改新工作簿的默认工作表数量

默认情况下，Excel 为每个新建的工作簿中创建了三张工作表。但用户可以通过插入工作表或更改新工作簿的默认工作表数量来增加工作簿中工作表的数量。若要更改新工作簿的默认工作表数量，可使用以下步骤：

① 选择"工具"→"选项"命令，选择"常规"选项卡。

② 在"新工作簿内的工作表数"数值框中输入所需的工作表数目。

③ 单击"确定"按钮。

2．切换工作表

当新建一个工作簿时，首先只能在 Sheet1 工作表中输入数据。如果要切换到其他工作表中工作，可以选择以下方法之一：

- 单击工作表标签，可以快速在工作表间切换。例如，单击 Sheet2 标签，即可进入第二个空白工作表。
- 通过键盘来切换工作表。按【Ctrl＋PgUp】组合键，选择上一工作表为当前工作表；按【Ctrl＋PgDn】组合键，选择下一工作表为当前工作表。

当在工作簿中插入了许多工作表后，如果所需的标签没有显示在屏幕上，可以通过工作表标签前面的四个标签滚动按钮 来显示标签。单击左边的滚动按钮，显示工作簿中的第一个工作表标签；单击右边的滚动按钮，显示工作簿中的最后一个工作表标签。单击中间两个滚动按钮，一次只能往所指方向上移动一个标签。

在工作表标签与水平滚动条之间有一个小矩形框，称为标签拆分框。当把鼠标指针移到标签拆分框上时，鼠标指针将变成水平的分裂指针。如果要显示较多的工作表标签，按住左键向右拖动标签拆分框；如果要显示较少的工作表标签，按住左键向左拖动标签拆分框；如果要显示默认的工作表标签数，双击标签拆分框。

3．重命名工作表

当用户在一个工作簿中建立了多个工作表后，并不一定记得每个工作表的内容。这时，可以给工作表重新命名。

例如，想给 Sheet1 重新命名，只需双击该工作表标签。此时，Sheet1 呈反白显示，输入新的工作表名称（如"期中考试成绩"）覆盖原有的名称，按【Enter】键确定。

此外，还可以先选择要命名的工作表，选择"格式"→"工作表"→"重命名"命令，再输入新的工作表名称。

4．插入工作表

如果要插入新工作表，必须选择要插入位置右边的工作表为活动工作表。例如，想在 Sheet1 和 Sheet2 之间插入一个新的工作表，可以按照以下步骤操作：

① 单击 Sheet2 标签，使其为活动的工作表。

② 选择"插入"→"工作表"命令，工作簿中立即弹出一个新的工作表，新工作表的标签为 Sheet4。

5．删除工作表

如果已不再需要某个工作表，可以将该工作表删除：

① 选择要删除的工作表，（例如，选择 Sheet1）使其成为活动工作表。

② 选择"编辑"→"删除工作表"命令。

③ 单击"确定"按钮。

6．移动工作表

用户可以很轻易地在工作簿内移动工作表，或者将工作表移动到其他的工作簿中。

（1）利用鼠标移动工作表

如果要在当前工作簿中移动工作表，可以按照以下步骤操作：

① 选择要移动的工作表标签。例如，选择 Sheet1 标签。

② 按住左键并沿着工作表标签拖动，此时鼠标指针将变成白色方块与箭头的组合，同时在标签栏上方出现一个小黑三角形，指示当前工作表所要插入的位置。

③ 松开鼠标左键，工作表即被移到新位置。

（2）利用"移动或复制工作表"命令移动工作表

选择"编辑"→"移动或复制工作表"命令，利用此命令能够在同一工作簿或者不同工作簿之间移动工作表。具体操作步骤如下：

① 如果要将工作表移动到已有的工作簿中，打开用于接收工作表的工作簿。

② 切换到包含需要移动工作表的工作簿中，并选择要移动的工作表标签。

③ 选择"编辑"→"移动或复制工作表"命令，弹出"移动或复制工作表"对话框。

④ 在"工作簿"下拉列表框中选择用来接收工作表的目标工作簿。如果想把工作表移到一个新工作簿中，可以从下拉列表框中选择"（新工作簿）"选项。

⑤ 在"下列选定工作表之前"列表框中选择要在其前面插入工作表的工作表。

⑥ 单击"确定"按钮，即可将选择的工作表移到新位置。

7. 复制工作表

用户可以在工作簿内复制工作表，或者将工作表复制到其他的工作簿中。

（1）使用鼠标复制工作表

如果要在同一工作簿内复制工作表，可以按照以下步骤操作：

① 选择要复制工作表的标签。例如，选择 Sheet1 标签。

② 按住鼠标左键沿着标签行进行拖动时，需要同时按住【Ctrl】键。此时，鼠标指针变成白色方块（此方块中含有一个十字形）与箭头的组合，同时在标签行的上方出现一个黑色的小三角形，此三角形指示复制工作表所要插入的位置。

③ 松开左键和【Ctrl】键之后，该位置出现一个新标签为 Sheet1（2），此工作表即为原 Sheet1 的副本。

（2）使用"移动或复制工作表"命令复制工作表

除了可以使用"编辑"→"移动或复制工作表"命令来移动工作表之外，还可以利用它来复制工作表。利用此命令可以在同一工作簿或不同工作簿中复制工作表，具体操作步骤如下：

① 如果要将工作表复制到已有的工作簿中，打开用于接收工作表的工作簿。

② 切换到包含要复制工作表的工作簿中，并选择要复制的工作表。

③ 选择"编辑"→"移动或复制工作表"命令，出现"移动或复制工作表"对话框。

④ 在"工作簿"下拉列表框中选择用于接收工作表的工作簿。如果选择的是"（新工作簿）"选项，则可以将选定的工作表复制到新的工作簿中。

⑤ 在"下列选定工作表之前"列表框中选择要在其前面插入工作表的工作表。

⑥ 选择"建立副本"复选框。

⑦ 单击"确定"按钮，即可将工作表复制到相应的位置。

8. 隐藏或取消隐藏工作表

隐藏工作表可以减少屏幕上显示的工作表，并避免不必要的更改。隐藏的工作表仍处于打开状态，其他文件仍可以使用其中的信息。当一个工作表被隐藏时，它的工作表标签也被隐藏起来。

如果要隐藏工作表，可以按照以下步骤操作：

① 选择需要隐藏的工作表。

② 选择"格式"→"工作表"→"隐藏"命令。

如果要重新显示被隐藏的工作表，可以按照以下步骤操作：

① 选择"格式"→"工作表"→"取消隐藏"命令，出现"取消隐藏"对话框。

② 在"重新显示隐藏的工作表"列表框中，双击需要显示的被隐藏工作表的名称。

4.2 建立工作表

启动 Excel 时，系统默认将自动产生一个新的工作簿 Book1，并建立三张空的工作表，并将第一张空白工作表 Sheet1 显示在屏幕上。建立工作表就是在工作表中输入数据。在输入数据时，首先激活相应的单元格，然后输入数据。

4.2.1 单元格与单元格区域选择

1. 选择单元格

当用户向工作表的单元格输入数据时，首先需要激活这些单元格。Excel 内单元格指针的移动有多种方式，下面分别进行介绍。

（1）在显示范围内移动

如果目标单元格在当前的显示区域上，将鼠标指向目标单元格，然后在其上单击即可。如果要指定的单元格不在当前显示区域中，例如，要由"A1"单元格移动到"H20"单元格，则可用滚动条使得目标单元格出现在当前显示区域中，将鼠标指向"H20"单元格，然后单击即可。

（2）利用名称框移动

也可以在"名称框"中输入目标单元格的地址，然后按【Enter】键即可。例如，在名称框中输入单元格的位置 H50 或者 A23:B27，然后按【Enter】键，就会看到指定的单元格出现在当前的屏幕中。

（3）使用"定位"命令

此外，也可以通过"编辑"→"定位"命令，将指针移到目标单元格上，当选择"定位"命令时，在屏幕上会出现一个对话框，在"引用位置"文本框中输入目标单元格的地址，然后按下"确定"按钮。

（4）使用键盘移动

也可以使用键盘移动单元格，其操作如表 4-1 所示。

表 4-1 使用键盘移动单元格

按　　键	功　　能
←、→、↑、↓	左移一格、右移一格、上移一格和下移一格
Home	移到工作表上同一列的最左边
End、Home	移到工作表有资料地区的右下角
PgUp 或 PgDn	上移一页或下移一页
Enter	输入资料，并下移一格
Shift+Enter	输入资料，并上移一格
Ctrl+Home	移到 A1 单元格
Ctrl+End	移到工作表有资料地区的右下角

表 4-1 中列出了移动单元格的常用组合键，使用顺序是先按下前面的按键，之后再按下后面的按键。对于加号，在这里表示同时按下的意思。

2. 选择单元格区域

工作表的许多操作是在单元格区域上进行的。相邻的一组单元格称为单元格区域，单元格区域名是由左上角与右下角的单元格地址组成，例如区域 A1:F12。

选择区域也就是选择连续的多个单元格，具体操作步骤如下：

① 选择单元格区域左上角的单元格。

② 拖动至单元格区域右下角。

③ 释放鼠标即选中了该区域。

小技巧：如果右下角单元格不在视线范围，可通过滚动条使右下角单元格可见，按【Shift】键选择右下角单元格。

若要选择整行或整列，只要单击行号或列标即可。

选择几个非相邻区域时，选定第一个区域后，按住【Ctrl】键不放，继续选择第二个区域，如此类推。

选择整个工作表，单击第一行上端、第 A 列左端的小方框。

4.2.2 使用模板

模板是一个含有特定内容和格式的工作簿，可以把它作为模型来建立与之类似的其他工作簿。用户单击"常用"工具栏中的"新建"按钮，或者通过选择"文件"→"新建"命令，打开"新建"对话框中的工作簿模板创建的工作簿都是基于默认工作簿模板的。对于特定的任务和项目，可以创建自定义模板。在 Excel 2003 中，可以为工作簿或工作表创建模板，模板中可以包含以下的特征：

① 工作簿中所含工作表的数量及类型。

② 用"格式"命令设置的单元格和工作表格式。

③ 单元格样式。

④ 页面格式和打印区域。

⑤ 在新工作簿或工作表中要重复的文本，例如页标题、行号和列标等。

⑥ 新工作簿或工作表中所需的数据、公式、图形和其他信息。

⑦ 自定义工具栏、宏、超链接和窗体上的 ActiveX 控件。

⑧ 工作簿中被隐藏和保护的单元格区域。

⑨ 工作簿的计算选项和选择"工具"→"选项"命令所设置的窗口显示选项。

1. 创建用于新建工作簿的模板

用户可以使用内置的模板创建工作簿，但 Excel 提供的内置模板很有限，用户可以根据需要创建自己的模板，例如，在实际工作中，经常会有许多文件的格式完全相同，只是其中的数据不同而已。例如每季度的销售、生产、财务报表（每个报表占用工作簿中的一张工作表）格式完全一样，只是其中的数字不一样。用户只需将建好的某季度报表保存为模板格式，然后以该模板为基础就可以建立许多格式相同的工作簿。

创建用于新建工作簿的模板，其步骤如下：

① 按照常用的方法创建一个工作簿，该工作簿中含有以后新建工作簿中所需的工作表、默认文本、格式、公式以及样式等。

② 选择"文件"→"另存为"命令，打开"另存为"对话框。

③ 在"保存类型"列表框中选择"模板"选项。

④ 在"保存位置"下拉框中，选择保存模板的文件夹，如果要创建默认工作簿模板，可选择 Excel 文件夹中的 XLStart 文件夹；如果要创建自定义工作簿模板，请选择 Office 文件夹或 Excel 所在文件夹中的 Templates 文件夹。

⑤ 在"文件名"文本框中输入模板名称（如果要创建默认工作簿模板，可输入"Book"），单击"保存"按钮将其保存起来。

2. 创建用于新建工作表的模板

创建用于新建工作表的模板，可以按照以下步骤进行：

① 创建包含一个工作表的工作簿，该工作表中含有与之同类型的所有新建工作表的格式、样式、文本和其他信息。

② 选择"文件"→"另存为"命令，打开"另存为"对话框。

③ 在"保存类型"下拉列表框中选择"模板"选项。

④ 在"保存位置"文本框中，选择保存模板的文件夹。如果要创建默认的工作表模板，可选择 Excel 文件夹中的 XLStart 文件夹；如果要创建自定义工作表模板，可选择 Office 文件夹或 Excel 文件夹中的 Templates 文件夹。

⑤ 在"文件名"文本框中输入模板名（如果要创建默认工作表模板，可输入"sheet"），单击"保存"按钮将其保存起来。

如果要插入基于自定义模板的工作表时，右击工作表标签，从快捷菜单中选择"插入"命令，在"插入"对话框中双击包含所需类型工作表的模板。

3. 修改模板

如果要修改模板，可以按照以下步骤进行：

① 选择"文件"→"打开"命令，弹出"打开"对话框。

② 从"文件类型"下拉列表框中选择"模板"选项。此时，在文件列表框中显示出查找到的模板名。如果没有显示所需的模板名，可单击"查找范围"下拉列表框右边的下三角按钮，从下拉列表框中选择保存模板的文件夹。

③ 当在文件列表框中显示要修改的模板名之后，双击该文件名以将其打开。

④ 对模板的内容、格式、宏和其他设置进行修改。

⑤ 修改完毕后，单击常用工具栏的"保存"按钮将其保存起来。

4.2.3　输入数据

选择工作表，激活单元格后就可以输入数据。活动单元格内可以输入两大类数据：常数和公式。Excel 能够识别输入的文本型、数值型和日期型等常量数据，并支持简单数据的输入、区域数据的输入和序列数据自动填充三种输入方法。

1．输入文本

在 Excel 2003 中的文字通常是指字符或者是任何数字和字符的组合。任何输入到单元格内的字符集，只要不被系统识别成数字、公式、日期、时间、逻辑值，则 Excel 一律将其视为文本。在 Excel 中输入文本时，默认对齐方式是单元格内靠左对齐。在一个单元格内最多可以存放 32 000 个字符。

对于全部由数字组成的字符串，如邮政编码、电话号码等这类字符串，为了避免输入时被 Excel 认为是数值型数据。所以，Excel 2003 提供了在这些输入项前添加"'"的方法，来区分是"数字字符串"而非"数值"数据。例如，要在"B5"单元格中输入"02088883666"，则可在输入框中输入"'02088883666"。

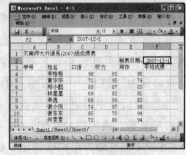

图 4-3　表格示例

如图 4-3 所示，首先在单元格"A1"中输入"天南师大外语系(2007)级成绩表"。在输入过程中会看到，"A1"单元格的内容超过了默认的列宽，暂时可以不理会它们，在后面的内容将讲述如何改变单元格的列宽。所有字符输入之后，按【Enter】键，就会看到单元格指针指向了"A2"单元格。接着，可以输入表格的行标题。将单元格指针移动到"A3"单元格，之后在其中输入"学号"，然后按【Tab】键。重复该过程，分别输入其他行标题后，就可以看到如图 4-3 所示的表格。

在输入过程中如果发现一个错误，可以马上按【Backspace】键更正。

2．输入日期

在 Excel 2003 中，日期和时间均按数值型数据进行处理，工作表中日期或时间的显示取决于单元格中所用的数字格式。如果 Excel 能够识别出所输入的是日期和时间，则单元格的格式将由"常规"数字格式变为内部的日期或时间格式。如果 Excel 不能识别当前输入的日期或时间，则作为文本处理。

输入日期时，首先输入作为年的数字，然后输入"/"或"-"符号进行分隔，再输入 1～12 的数字作为月份(或者输入月份的英文单词)，最后输入 1～31 的数字作为日(例如，在单元格"F2"中输入 2007/12/1，结果如图 4-3 所示。如果省略年份，则以当前的年份作为默认值。如果想在单元格中插入当前的日期，可以按【Ctrl + ;】组合键。在"控制面板"窗口的"区域和语言选项"

中设置的选项，将决定当前日期和时间的默认格式，以及默认的日期和时间符号。例如用于时间的冒号（：）和用于日期的反斜杠（/）。

输入时间时，小时与分钟或秒之间用冒号分隔。

3．输入数字

在 Excel 2003 中，当建立新的工作表时，所有单元格都采用默认的通用数字格式。通用格式一般采用整数（789）、小数（7.89）格式，而当数字的长度超过单元格的宽度时，Excel 将自动使用科学计数法来表示输入的数字。

在 Excel 中，输入单元格中的数字按常量处理。输入数字时，自动将它沿单元格右对齐。有效数字包含 0～9、十、一、（）、/、$、%、．、E、e 等字符。输入数据时可参照以下规则：

可以在数字中包括逗号，以分隔千分位。

输入负数时，在数字前加一个负号（－），或者将数字置于括号内。例如，输入"－20"和"（20）"都可在单元格中得到－20。

Excel 忽略数字前面的正号（＋）。

输入分数（如 2/3）时，应先输入"0"及一个空格，然后输入"2/3"。如果不输入"0"，Excel 会把该数据作为日期处理，认为输入的是"2 月 3 日"。

当输入一个较长的数字时，在单元格中显示为科学记数法（如 2.56E＋09），意味着该单元格的列宽大小不能显示整个数字，但实际数字仍然存在。

如果发现在单元格输入"2"按回车键时，显示的是"0.02"等，遇到这种情况，表明"自动设置小数点"功能被打开。如果想关闭该功能，可选择"工具"→"选项"命令，切换到"编辑"选项卡，取消选择"自动设置小数点"复选框。"自动设置小数点"的功能常用于输入产品价格，例如，一批产品的价格都含有两位小数，设置该功能之后，就可以直接输入数据（输入"2850"，会自动变为"28.5"），免去输入小数点的麻烦。另外，如果要在输入的大数字后自动添零，可在"位数"数值框中指定一个负数作为需要的零的个数。例如，如果要 Excel 在输入"425"后自动添加三个零，成为"425000"，可在"位数"数值框中输入"－3"。

Excel 会自动为单元格指定正确的数字格式。例如，当输入一个数字，而该数字前有货币符号或其后有百分号时，Excel 会自动地改变单元格格式，从通用格式分别改变为货币格式或百分比格式，输入时，单元格中数字靠右对齐。要在公式中包括一个数字，只要输入该数字即可。在公式中，不能用圆括号来表示负数，不能用逗号来分隔千位，也不能在数字前用美元符号（$）。如果在数字后输入一个百分号（%），Excel 把它解释为百分比运算符并作为公式的一部分保存起来。当公式计算时，百分比运算符作用于前面的数字。

以图 4-3 所示的表格输入数据为例，来说明如何在工作表中输入数字。首先，将单元格指针指向"C4"单元格，输入"98"，然后按【Enter】键，重复该过程，分别在单元格"C5"中输入"71"，在单元格"C6"中输入"88"，等，当输入完所有的数据后，就可以看到如图 4-3 所示的表。

4．同时对多个单元格输入相同的数据

如果要对多个单元格输入相同的数据，其步骤如下：

① 选择要输入数据的单元格区域。

② 在任选单元格区域的任意一个单元格中输入数据。

③ 按【Ctrl+Enter】组合键。

5. 同时对多个表输入数据

当需要在多个工作表的单元格中输入相同的数据时，可以将其选定为工作表组，之后在其中的一张工作表中输入数据后，输入的内容就会反映到其他选定的工作表中。

将工作表设置为工作表组的方法是：若要将全部工作表选定为工作组，先右击工作表标签，在快捷菜单中选择"选定全部工作表"命令；若要选定连续的若干张工作表，首先选择第一张工作表，按住【Shift】键再选择最后一张工作表即可；若要选定不连续的若干张表，首先选择第一张工作表，然后按住【Ctrl】键不放，依次选择其他几张工作表即可。

4.2.4　提高数据输入效率的方法

Excel 提供了多种提高输入数据效率的方法：

1. 自动完成

当输入的数据含有前面曾输入的数据时，可以利用自动完成功能来输入。如图 4-4 所示，当在 C6 单元格输入"人"后，在"人"后自动填入了"事部"，并以反白显示。这就是自动完成功能。当输入数据时，Excel 会把当前的数据和同列中其他单元格比较，本例中 C3 中曾输入"人事部"，一旦发现有相同的部分就会为当前单元格填入剩余的部分。若自动填入的数据正是要输入的则直接按【Enter】键即可，否则无须理会，继续输入。

图 4-4　自动完成输入功能

2. 选择列表

选择列表功能同样适合输入几个特定数据的情况。在上例中，如果要在 C6 中输入"人事部"，将鼠标指针移至 C6 单元格然后右击，在快捷菜单中选择"从下拉列表中选择"命令，在 C6 单元格下方就会出现一下拉列表框，该列表中记录了该列出现过的所有数据，只要从列表中选择可输入数据。

图 4-5　选择列表功能

3. 自动填充

自动填充功能可以把单元格的内容复制到同行或同列的相邻单元格，也可以根据单元格的数据自动产生一串递增或递减序列。例如：在上例中，把光标移至 C6 单元格右下角的填充柄（此时鼠标会变成十字形状），拖动至 C8 单元格，那么 C6 单元格的内容就被复制到 C7:C8 区域了，如图 4-6 所示。

小技巧：如果要根据单元格的数据自动产生一串递增序列，把光标移至单元格右下角的填充柄的位置按住右键往下拖动，即会弹出填充方式供用户选择，选择"以序列方式填充"命令可生成一串递增序列。此外可以在按住【Ctrl】键的同时拖动左键来实现。

填充柄 ——

图 4-6　自动填充

4. 序列填充

在输入一张工作表的时候，可能经常遇到需要输入一个序列数的情况。在如图 4-3 所示的成绩表中，学号是一个序列数；对于一个工资表，工资序号是个序列数；对于一个周销售统计表来讲，每周的每一天是一个日期序列等。对于这些特殊的数据序列，它们都有一定的特殊规律。要在每一个单元格中输入这些数据不仅很烦琐，而且还会降低工作效率。但使用 Excel 2003 中的"填充"功能，可以非常轻松地完成这一工作。

（1）使用命令

对于选定的单元格区域，可以选择"填充"→"序列"命令，来实现数据自动填充。例如，在成绩表工作簿（见图 4-3）中输入学生的学号，其操作步骤如下：

① 首先在"A4"单元格中输入一个起始值"200701"，选定一个要填充的单元格区域。选择"编辑"→"填充"→"序列"命令，弹出如图 4-7 所示的对话框。

② 在对话框的"序列产生在"选项区域中选择"列"单选按钮，之后在"类型"选项区域中选择"等差序列"单选按钮。在"步长值"文本框中输入"1"，单击"确定"按钮，就能看到如图 4-8 所示的序列。

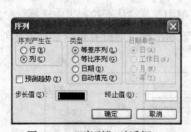

图 4-7　"序列"对话框

图 4-8　产生"学号"

需要说明的是：要将一个或多个数字、日期的序列填充到选定的单元格区域中，在选定区域的每一行或每一列时，第一个或多个单元格的内容被用作序列的起始值。表如 4-2 所示列出了使用自动填充命令产生数据序列的规定。如表 4-3 所示列出了产生序列参数说明。

表 4-2 使用自动填充命令产生数据序列的规定

类 型	说 明
等差级数	把"步长值"文本框内的数值依次加入到每一个单元格数值上来计算一个序列。如果选中"趋势预测"复选框，则忽略"步长值"文本框中的数值，而会计算一个等差级数趋势序列
等比级数	把"步长值"文本框内的数值依次乘到每一个单元格数值上来计算一个序列，如果选中"趋势预测"复选框，则忽略"步长值"文本框中的数值，而会计算一个等比级数趋势序列
日期	根据"日期单位"选定的选项计算一个日期序列

表 4-3 产生序列的参数说明

参 数	说 明
日期单位	确定日期序列是否会以日、工作日、月或年来递增
步长值	一个序列递增或递减的量。正数使序列递增；负数使序列递减。
终止值	序列的终止值，如果选定区域在序列达到终止值之前已填满，则该序列就终止在那点上
趋势预测	使用选定区域顶端或左侧已有的数值来计算步长值，以便根据这些数值产生一条最佳拟合直线（对于等差级数序列），或一条最佳拟合指数曲线（对于等比级数序列）

在表 4-4 中给出了对选定的一个或多个单元格执行"自动填充"操作的实例。

表 4-4 "自动填充"操作的实例

选定区域的数据	建立的序列
1,2	3,4,5,6,…
1,3	5,7,9,11,…
星期一	星期二，星期三，星期四，…
第一季	第二季，第三季，第四季，第一季，…
Text1,texta	Text1,texta,Text2,texta,Text3,texta,…

（2）使用鼠标拖动

在单元格的右下角有一个填充柄，可以通过拖动填充柄来填充一个数据。可以将填充柄向上、下、左、右四个方向拖动，以填入数据。其操作方法是：将光标指向单元格填充柄，当指针变成十字光标后，沿着要填充的方向拖动填充柄。松开鼠标时，数据便填入区域中。

5．自定义序列

对于需要经常使用的特殊数据系列，例如产品的清单或中文序列号，可以将其定义为一个序列，这样，当使用"自动填充"功能时，就可以将数据自动输入到工作表中。

要建立自定义序列，可以选择"工具"→"选项"命令，在弹出的"选项"对话框中设置。序列的来源可有两种途径，分别是来自已经输入到工作表的序列，或者直接在选项对话框里的"自定义序列"选项卡中输入。

直接在"自定义序列"中建立序列，按照下列步骤操作：

① 选择"工具"→"选项"命令，弹出"选项"对话框，选择"自定义序列"选项卡。

② 在"输入序列"文本框中输入"主机"，然后按【Enter】键，然后输入"显示器"，再次按【Enter】键，重复该过程，直到输入完所有的数据。

③ 单击"添加"按钮，就可以看到定义的微机硬件格式已经出现在对话框中了，如图 4-9 所示。

对于自定义的序列，在定义过程中必须遵循下列规则：

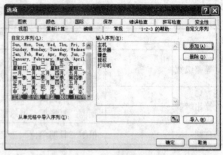

- 使用数字以外的任何字符作为序列的首字母。
- 建立序列时，错误值和公式都被忽略。
- 单个序列项最多可以包含 80 个字符。
- 每一个自定义序列最多可以包含 2 000 个字符。

图 4-9　建立"自定义序列"

对已经存在的序列如果觉得不满意可进行编辑或者将不再使用的序列删除掉。要编辑或删除自定义的序列，可以按照下列步骤操作：

在"自定义序列"选项卡中选定要编辑的自定义序列，就会看到它们出现在"输入序列"文本框中，选择要编辑的项，进行编辑。若要删除序列中的某一项可按【Backspace】键，若要删除一个完整的自定义序列，单击"删除"按钮。然后单击"确定"按钮即可。

要从工作表导入已经输入到工作表的序列，可以按照下列步骤操作：

① 假设在工作表的 A1:A5 区域中已经输入了序列"主机 显示器 键盘 鼠标 打印机"。

② 如图 4-9 所示在"从单元格中导入序列"文本框中输入 A1:A5，单击"导入"按钮，就可以看到定义的序列已经出现在对话框中了。

4.2.5　数据有效性输入

在 Excel 2003 中具有对输入增加提示信息与数据有效检验功能。该功能使用户可以指定在单元格中允许输入的数据类型，如文本、数字或日期等，以及有效数据的范围，如小于指定数值的数字或特定数据序列中的数值。

1. 数据有效性的设置

自定义有效数据的输入提示信息和出错提示信息功能，是利用数据有效性功能，在用户选定的限定区域的单元格或在单元格中输入了无效数据时，显示自定义输入提示信息或出错提示信息。

例如：在如图 4-3 所示工作表中，为 C4:C11 单元格区域按如下步骤进行数据有效性设置。

操作步骤如下：

① 选择单元格区域 C4:C11。

② 选择"数据"→"有效性"命令，在弹出的对话框中选择"设置"选项卡，在"有效性条件"选项区域的"允许"下拉列表框中选择"整数"选项，然后完成如图 4-10 所示的设置。

③ 单击"输入信息"选项卡，在"标题"文本框输入"成绩"，在"输入信息"文本框输入"请输入口语成绩"。

④ 单击"错误警告"选项卡，在"标题"文本框中输入"错误"，在"出错信息"文本框输入"必须介于 0 到 100 之间"。

⑤ 单击"确定"按钮。

设置完成后，当指针指向该单元格时，就会出现如图 4-11 所示的提示信息。如果在其中输入了非法数据，系统还会给出警告信息。

图 4-10　设置为介于 0 到 100 之间的整数　　　图 4-11　输入数据时的提示信息

2．特定数据序列

利用数据有效性功能，设置特定的数据系列。

例如：在"加班情况登记"工作表中，当鼠标指针指向 C2:C19 单元格区域任意一个单元格的时候，显示下拉列表框，提供"技术部"、"销售部"、"办公室"三个数据供选择，如图 4-12 所示。

设置特定数据序列的操作步骤如下：

①　选择单元格区域 C2:C19。

②　选择"数据"→"有效性"命令，在弹出的对话框中选择"设置"选项卡，在"有效性条件"选项区域的"允许"下拉列表框中，选择"序列"选项，在"来源"文本框中输入"技术部,销售部,办公室"，需要注意的是各选项之间要用英文的逗号相隔，单击【确定】按钮，如图 4-13 所示。

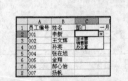

图 4-12　下拉列表选项　　　　　图 4-13　设置特定的数据系列

4.2.6　导入外部数据

Excel 2003 有多种途径从外部获取数据，并且可以获取多种格式的数据。包括：Office 数据库连接、Access 数据库、Microsoft 数据连接、ODBC 数据源、Dbase 文件、XML 文件等。Excel 还可以通过 Web 查询和数据库查询及导入 XML 文件、XML 源等来导入数据。

1．从其他文件中获取数据

例如从 Access 数据库中获取数据，操作步骤如下：

①　启动 Excel，选择"数据"→"导入外部数据"→"导入数据"命令，弹出"选取数据源"对话框。

②　在"选取数据源"对话框中选择要导入文件的类型和文件名，单击"打开"按钮，弹出"选择表格"对话框。

③ 在"选择表格"对话框中选择工作表名称，单击"确定"按钮，出现"导入数据"对话框，选择数据存放的位置，单击"确定"按钮即可。

2. 从 Internet 上获取数据

Internet 上有很多共享资源，可以利用导。入数据中的 Web 查询将需要的信息从网页上提取出来，快速获取数据。

操作步骤如下：

① 新建空白工作簿。

② 选择"数据"→"导入外部数据"→"新建 Web 查询"命令，弹出"选取数据源"对话框。

③ 在如图 4-14 所示的对话框中，在地址栏输入 Web 地址，然后单击"转到"按钮，即可打开该网页。

④ 单击"保存查询"按钮，弹出"保存查询"对话框。设置保存文件的位置和名字。Web 查询文件的后缀为.ipy。

⑤ 在网页上找到需要导入的表格，单击表格旁边的 ➡ 选中表格，单击"导入"按钮。

⑥ 在弹出的"导入数据"对话框中选择数据存放的位置，然后单击"确定"按钮。结果如图 4-15 所示。

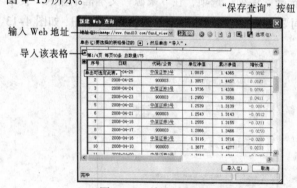

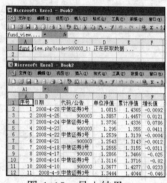

图 4-14　从 Internet 上获取数据　　　　图 4-15　导入结果

4.3　数值简单计算

作为功能强大的电子表格软件，除了进行一般的表格处理外，最主要的还是它的数据计算功能。公式是工作表中对数据进行分析的表达式，利用公式可以对工作表的数据进行计算与分析。Excel 2003 提供了强大的公式和函数功能，除了系统公式外，用户也可以自定义公式实现数据的加、减、乘、除等运算。

4.3.1　创建公式

1. 输入公式

输入公式的操作类似于输入文字。不同之处在于在输入公式时，是以一个等号（=）作为开头。在一个公式中可以包含有各种运算符号、常量、变量、函数以及单元格引用等。公式可以引用同一工作表的单元格，或同一工作簿不同工作表中的单元格，或者其他工作簿的工作表中的单元格。

在单元格中输入公式的步骤如下：

① 选择要输入公式的单元格。

② 在单元格中输入一个等号"="。

③ 输入公式的内容。

④ 输入完毕之后，按【Enter】键或者单击编辑栏中的 ✔ 按钮。

例如，在图 4-16 的成绩表中，在 F4 单元格输入了计算第一位同学平均成绩的公式" =(C4+D4+E4)/3"，公式输入完毕，在单元格中显示出计算结果，在编辑栏中仍然显示当前单元格的公式。

另外一种快速输入 Excel 公式的方法，就是可以使用单击单元格的方式代替输入单元格引用的工作。使用鼠标输入单元格引用不仅节省时间和减轻输入的疲劳，还可以减少引用错误。

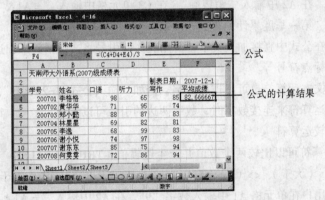

图 4-16　输入公式

2. 编辑公式

在 Excel 2003 编辑公式时，被该公式所引用的所有单元格及单元格区域的引用都将以彩色显示在公式单元格中，并在相应单元格及单元格区域的周围显示具有相同颜色的边框。当用户发现某个公式中含有错误时，可以使用以下的方法进行编辑：

① 单击包含要修改公式的单元格。

② 按【F2】键使单元格进入编辑状态，或直接在编辑栏中对公式进行修改。此时，被公式所引用的所有单元格都以对应的彩色显示在公式单元格中，使用户很容易发现哪个单元格引用错了。

③ 编辑完毕后，按【Enter】键确定。

3. 公式中的运算符

运算符用于对公式中的元素进行特定类型的运算。在 Excel 中有四类运算符：算术运算符、文本运算符、比较运算符和引用运算符。

（1）算术运算符

算术运算符可以完成基本的数学运算。如加、减、乘、除等，还可以连接数字并产生数字结果。算术运算符包括加号（+），减号（-），星号（*），斜杠（/），百分号（%）以及乘幂（^），其含义如表 4-5 所示。

表 4-5　算术运算符的含义

算术运算符	含　义	示　例	算术运算符	含　义	示　例
+	加	3+2	/	除	2/3
−	减	3−2	%	百分号	2%
−	负号	−2	^	乘幂	2^2
*	乘	2*5			

（2）文本运算符

在 Excel 中不仅可以进行数学运算，还提供了可以操作文本的运算。利用文本运算符(&)可以将文本连接起来。在公式中使用文本运算符时，以等号开头输入文本的第一段（文本或单元格引用），加入文本运算符（ & ），输入下一段（文本或单元格引用）。例如，用户在单元格 A1 中输入"第一季度"，在 A2 中输入"销售额"。在 C3 单元格中输入" = A1&"累计"& A2"，结果会在 C3 单元格显示"第一季度累计销售额"所示。

如果要在公式中直接加入文本，需用英文的引号将文本括起来，这样就可以在公式中加上必要的空格或标点符号等。

另外，文本运算符也可以连接数字，例如，输入公式"=23＆45"，其结果为"2345"。

用文本运算符来连接数字时，数字两边的引号可以省略。

（3）比较运算符

比较运算符可以比较两个数值并产生逻辑值：TRUE 或 FALSE。比较运算符包括=（等于）、<（小于）、>（大于）、<>（不等于）、<=（小于等于）、>=（大于等于）。

例如，用户在单元格 A1 中输入数字"9"，在 A2 中输入" = A1 < 5"，由于单元格 A1 中的数值为 9 大于 > 5，因此为假，在单元格 A2 中显示 FALSE。如果此时单元格 A1 的值为 3，则将显示 TRUE。

（4）引用运算符

一个引用位置代表工作表上的一个或者一组单元格，引用位置告诉 Excel 在哪些单元格中查找公式中要用的数值。通过使用引用位置，用户可以在一个公式中使用工作表上不同部分的数据，也可以在几个公式中使用同一个单元格中的数据。

在对单元格位置的引用中，有三个引用运算符：冒号，逗号以及空格。引用运算符如表 4–6 所示。

表 4-6　引用运算符

引用运算符	含　义	示　例
:（冒号）	区域运算符，对两个引用之间，包括两个引用在内的所有单元格进行引用	SUM(C2:E2)
,（逗号）	联合运算符，将多个引用合并为一个引用	SUM(A1:A3,D1:D3)
␣（空格）	交叉运算符，产生同时属于两个引用的单元格	SUM（ B2:D3　C1:C4）（这两个单元区域的引用格区域的公共单元格为 C2 和 C3）

4．运算符的优先级

如果在公式中同时使用了多个运算符，应该了解运算符的运算优先级，表 4–7 列出了运算符的运算优先级。如果公式中包含多个相同优先级的运算符，则 Excel 将从左到右进行计算。如果要修改计算的顺序，要将公式中要先计算的部分括在圆括号内。

表 4-7　运算符的运算优先级

运　算　符	说　　明
区域(冒号)、联合(逗号)、交叉(空格)	引用运算符
–	负号
%	百分号
^	乘幂
*和/	乘和除
+和–	加和减
&	文本运算符
=,<,>,>=,<=,<>	比较运算符

4.3.2　单元格的引用

单元格的引用代表工作表中的一个单元格或者一组单元格，以便告诉 Excel 在哪些单元格中查找公式中要用的数值。通过单元格的引用，可以在一个公式中使用工作表上不同部分的数据，也可以在几个公式中使用同一个单元格中的数值。另外，用户还可以引用同一个工作簿上其他工作表中的单元格，或者引用其他工作簿中的单元格。

用户经常需要在公式中引用单元格，例如，在如图 4–16 所示的成绩表中，单元格"F4"中输入了"=(C4+D4+E4)/3"，如果发现了"口语"成绩录错了，用户可以任意改变单元格 C4 中的数值，并且单元格 F4 中的计算结果也随之改变。

默认情况下，Excel 使用 A1 引用样式。这种引用样式用字母标识列（从 A 到 IV，共 256 列），用数字标识行（从 1 至 65 536）。如果要引用单元格，请按顺序输入列字母和行数字。例如，C8 引用了 C 列和 8 行交叉处的单元格。如果要引用单元格区域，请输入区域左上角单元格的引用、冒号（:）和区域右下角单元格的引用。单元格的引用分为相对引用、绝对引用和混合引用。

1．相对引用

在输入公式的过程中，除非用户特别指明，Excel 一般是使用相对地址来引用单元格的位置。所谓相对地址是指:如果将含有单元地址的公式复制到别的单元格时，这个公式中的单元格引用将会根据公式移动的相对位置作相应的改变。

例如：将如图 4–17 所示中的 F4 单元格复制到 F5:F13，把光标移至 F5 单元格，你会发现公式已经变为"=(C5+D5+E5)/3"，因为从 F4 到 F5，列的偏移量没有变，而行作了一行的偏移，所以公式中涉及的列不变而行自动加 1。其他各个单元格也做出了改变，如图 4–17 所示。

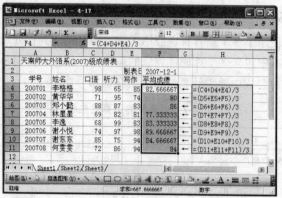

图 4-17 相对引用

2. 绝对地址的使用

如果公式中不必总是引用同一单元格时，用户可以使用相对引用。如果公式需要某个指定单元格的数值，在这种情况下，就必须使用绝对地址引用。所谓绝对地址引用是指：对于包括绝对引用的公式，无论将公式复制到什么位置，总是引用。在 Excel 中，是通过对单元格地址的"冻结"来达到此目的的，即在列号和行号前添加美元符 "$"，如：$A$1。

例如：在如图 4-17 所示的例子中，如果将 F4 中输入的相对地址改为绝对地址，当 F4 复制到 "F5:F13"，会出现如图 4-18 所示的结果。显然本例中不适合使用绝对地址。

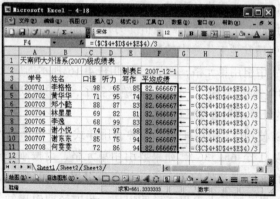

图 4-18 绝对引用

3. 混合地址引用

单元格的混合引用是指公式中参数的行采用相对引用，列采用绝对引用；或列采用绝对引用、行采用相对引用，如$A3，A$3。当含有公式的单元格因插入、复制等原因引起行、列引用的变化，公式中相对引用部分随公式位置的变化而变化，绝对引用部分不随公式位置的变化而变化。

例如：如下制作简易的乘法九九表。

步骤如下：

① 在 B2 单元格输入 "=B$1*$A2"。

② 将 B2 复制到 B3:B10。

③ 将 B2:B10 复制到 C2:J10 即可完成乘法九九表的制作，如图 4-19 所示。

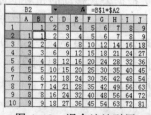

图 4-19 混合地址引用

表 4-8 给出了有关 A1 引用样式的说明。

表 4-8　A1 引用样式的说明

引　用	区　分	描　述
A1	相对引用	A 列及 1 行均为相对位置
A1	绝对引用	A1 单元格
$A1	混合引用	A 列为绝对位置，1 行为相对位置
A$1	混合引用	A 列为相对位置，1 行为绝对位置

4．三维引用

三维引用包含一系列工作表和单元格或单元格区域引用。三维引用的一般格式为："工作表标签！单元格引用"，例如，如果想引用 "Sheet1" 工作表中的单元格 B2，则应输入 "Sheet!B2"。

如果需要分析某一工作簿中多张工作表的相同位置处的单元格或单元格区域中的数据，可使用三维引用。例如，在第六工作表中求出第一至第五工作表的单元格区域 A2:A5 的和，可以输入公式：

＝SUM（Sheet1:Sheet5!A2:A5）

也可以使用下面的步骤来输入该公式：

① 单击需要输入公式的单元格。

② 输入等号（＝），再输入函数名称，接着再输入左圆括号。例如，输入 "=SUM("。

③ 单击需要引用的第一个工作表标签，例如，单击 Sheet1。

④ 按住【Shift】键，单击需要引用的最后一个工作表标签。例如，单击 Sheet5。

⑤ 选择需要引用的单元格或单元格区域。例如，选择单元格区域 A2:A5。

⑥ 完成公式。

4.3.3　公式中的错误信息

输入计算公式之后，经常会因为输入错误，使系统无法识别公式，这时系统会在单元格中显示错误信息。例如，在需要使用数字的公式中使用了文本、删除了被公式引用的单元格等。表 4-9 列出了一些常见的错误信息及含义。

表 4-9　常见出错信息及含义

出 错 信 息	含　义	出 错 信 息	含　义
#DIV/0!	除数为 0	#NUM!	数字错
#N/A	引用了当前不能使用的数值	#REF!	无效的单元格
#NAME?	引用了不能识别的名字	#VALUE!	错误的参数或运算对象
#NULL!	无效的两个区域交集	###…	数值的长度超过了单元格的长度

4.3.4　名称的应用

1．名称的作用

实际工作中，为了简化操作，便于阅读和记忆，Excel 允许根据单元格包含的数据意义对单个单元格或一组单元格进行命名，命名在数据处理与分析中有两大作用："定位"和"计算"。

定位作用：可以通过点名的方式，快速确定一个独立的操作对象单元格的位置。

计算作用：单元格或表格区域的名称，可以直接引用在公式之中，以便直接观看到公式的含义。

2．定义名称

例如：在图 4-20 所示的工作表中为 B3:E7 区域命名为"销售表区"，以便快速查找该区域。将 C7 命名为"总销售额"，将 D7 命名为"总成本"。

方法 1：

① 选定要命名的区域 B3:E7。

② 选择"插入"→"名称"→"定义"命令，打开"定义名称"对话框。

③ 选择"当前工作簿的名称"文本框中输入名称"销售表区"，单击"确定"按钮即可。

方法 2：

① 选定要命名的单元格 C7，在编辑栏名称框中输入"总销售额"，按【Enter】键确认。

② 选定要命名的单元格 D7，在编辑栏名称框中输入"总成本"，按【Enter】键确认。

以后对该单元格的访问可通过名称进行。

3．名称的使用

对于一些大型的工作表，或同一工作簿不同工作表中，如果希望快速找到或引用某一表格区域的数据，可以对这个区域或单元格命名。

例如，在图 4-20 的工作表中快速地找到名为"销售表区"的表格区域。在名称框单击下拉列表框选择"销售表区"，如图 4-21 示，即可快速地找到名为"销售表区"的表格区域了。

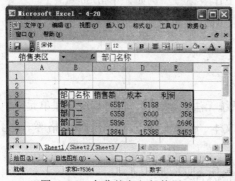

图 4-20　名称的定义与使用

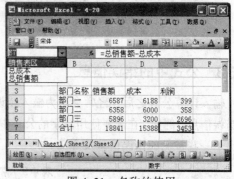

图 4-21　名称的使用

例如，在 E7 计算总利润，之前已经为单元格 C7 命名为总销售额，D7 命名为总成本，所以可输入"=总销售额-总成本"或输入"=C7-D7"实现，显然前者更加直观。

4.4　编辑工作表

在创建了一张工作表后，可能会对工作表不满意，或者是因为遗漏了部分内容，或者是因为出现了无用的内容，因此就要修改工作表的内容。本节介绍如何编辑工作表。利用复制、剪切等编辑操作提高工作效率。

4.4.1　编辑单元格数据

在 Excel 2003 中编辑单元格已有的数据很便捷，因为"单元格内部直接编辑"功能允许用户在单元格中直接对一个单元格的数据进行编辑。用户可以编辑一个单元格的所有内容，或者编辑单元格中的部分内容，也可以完全清除单元格的内容。

1. 编辑单元格的所有内容

当需要编辑一个单元格的所有内容时，首先单击该单元格，然后输入新的内容，则原内容被取代，按【Enter】键或者单击编辑栏中的 ✔ 按钮确认修改。

2. 编辑单元格中的部分内容

当需要编辑某个单元格的部分内容时，首先选择该单元格，然后按【F2】键，或者双击该单元格，把插入点置于该单元格中，此时在状态栏的左端出现"编辑"字样。

用户可以使用鼠标或者键盘来重新确定插入点的位置。如果想使用鼠标确定插入点的位置，可以把"I"形鼠标指针移到单元格中要修改的位置，然后单击，则插入点会迅速移到该位置。另外，也可以使用键盘在单元格中移动插入点，如表 4-10 所示列出了键盘上的一些编辑键。

表 4-10　键盘上的编辑键

按　　键	操　　作
←	插入点向左移动一个字符
→	插入点向右移动一个字符
Ctrl+←	插入点向左移动一个单词
Ctrl+→	插入点向右移动一个单词
Home	插入点移到单元格的开始处
End	插入点移到单元格的结尾处
BackSpace	删除插入点左边的一个字符
Delete	删除插入点右边的一个字符

当插入点出现在单元格中时，可以使用以下方法来编辑单元格的内容：

① 如果要向单元格中插入字符，只需把插入点移到要插入字符的位置，然后输入新的字符，原插入点的字符将向后移动。

② 如果删除单元格中的字符，可以按【Delete】键删除插入点右边的字符，按【Backspace】键删除插入点左边的字符。

③ 如果要覆盖插入点后的字符，可以按【Insert】键进入改写状态（状态栏中显示"改写"字样），然后输入新的字符，输入的字符将覆盖插入点后的原字符。要恢复到插入状态，可再按一次【Insert】键。

除了可以直接在单元格中编辑内容外，还可以在编辑栏中进行编辑。单击要编辑的单元格，该单元格的内容将同时出现在编辑栏中。单击编辑栏放置插入点，然后对其中的内容进行编辑。

当用户在对单元格数据进行编辑时，如果想取消此次编辑，可以使用以下方法：

● 如果还没有按【Enter】键确认修改，可以单击编辑栏中的按钮 ✖ 或者按【Esc】键。

- 如果已按【Enter】键确认修改，可以单击常用工具栏中的按钮 ↶ 或者选择"编辑"→"撤销"命令来恢复编辑的内容。

4.4.2　剪切

在 Excel 中，剪切是指把工作表选定单元格或区域中的内容复制到目的单元格或区域，然后清除源单元格或区域中的内容，即通常所说的移动数据。

1．利用"剪切"和"粘贴"菜单命令移动数据

选择"编辑"→"剪切"和"粘贴"命令，可以把单元格或范围中的数据，从源位置移到目的位置。其操作步骤如下：

① 选择要移动数据的源单元格或范围。

② 选择"编辑"→"剪切"命令。或单击工具栏上的图标 ✂ 。

③ 选择目的单元格，或目的区域的左上角单元格。

④ 选择"编辑"→"粘贴"命令。或单击工具栏上的图标 📋 。

2．使用鼠标移动数据

通过鼠标的拖动，也可以实现数据的移动，有时比使用菜单中的命令更方便。

操作步骤如下：

① 选定要移动数据的源单元格或区域。

② 把鼠标指针移到选择单元格或区域的边框上，这时，Excel 会把鼠标指针由"十"字形变成单箭头形。

③ 当鼠标指针变成单箭头形时，按住左鼠标拖动鼠标。这时，会有一个虚边框随着鼠标指针一起移动。

④ 把虚边框拖动到目的单元格或区域，然后释放左鼠标按钮。

4.4.3　复制

在 Excel 中，复制是指把工作表中选择单元格或区域中的内容复制到目的单元格或区域中，但源单元格或区域中的内容并不清除。

1．使用"复制"和"粘贴"菜单命令复制数据

使用"编辑"→"复制"和"粘贴"命令，可以把单元格或区域中的数据，从源位置复制到目的位置。

操作步骤如下：

① 选择要复制数据的源单元格或区域。

② 选择"编辑"→"复制"命令。或单击工具栏上的 📋 图标。Excel 把选定范围中的内容复制到剪贴板中，并在该范围的四边显示闪烁的边框。

③ 选择目的单元格或目的区域的左上角单元格。

④ 选择"编辑"→"粘贴"命令。或单击工具栏上的图标 📋 。于是，Excel 把剪贴板中的内容粘贴到目的单元格或区域中，但并不清除源单元格或范围中的内容。

2．选择性粘贴

一个单元格中的信息包括内容、格式和批注三种。内容是指单元格中的值或公式，格式是指该内容的属性。例如，如果在单元格 A2 中输入文字数据"图文并茂"，那么文字"图文并茂"本身是 A2 的内容，文字"图文并茂"的属性（例如是粗体还是斜体、正常体、黑体、字体大小、对齐方式等）是 A2 的格式信息。批注是指文字批注和声音批注。

在前面"把源单元格式区域中的内容剪切（复制）到目的位置"，但事实上，剪切和复制的是源单元格或区域中的全部信息，包括内容、格式和批注三种。

准确的说法是：剪切是指把选定区域中的全部信息移动到目的位置，并清除源区域中的全部信息。复制一般是指把选择区域中的全部信息复制到目的位置，并保留源区域中的全部信息。

对复制操作，可以进行有选择地复制，即只复制内容、格式、批注或它们的组合。

进行选择性复制，其步骤和 4.4.3 中的①②③步相同，④为选择"编辑"→"选择性粘贴"命令。弹出"选择性贴粘"对话框。在"选择性粘贴"对话框中设置所需的选项，然后单击"确定"按钮。

此外，利用选择性粘贴功能还可以实现工作表的转置。操作步骤如下：

① 选定要转置的区域。

② 选择"编辑"→"复制"命令。或单击工具栏上的图标 ，把选择范围中的内容复制到剪贴板中，并在该范围的四边显示闪烁的边框。

③ 选定目的单元格或目的区域的左上角单元格。

④ 选择"编辑"→"选择性粘贴"命令。在对话框中选择"转置"复选框，如图 4-22 所示，单击"确定"按钮即可。

3．利用鼠标复制数据

也可以通过鼠标拖动方法复制数据，操作步骤和"剪切"中"利用鼠标移动数据"相似，区别在于复制数据拖动鼠标时，可按住【Ctrl】键。

另外，在"自动填充"部分讲了如何利用鼠标建立固定值序。

图 4-22　选择性粘贴对话框

无论是复制数据还是剪切数，其实都是将选中的数据送到剪贴板，剪贴板可以保存最近 12 次的复制或剪切操作。

4.4.4　清除和删除单元格

清除单元格是指删除单元格中的信息，例如删除单元格中的内容、格式、批注或全部都删除。

使用"编辑"菜单中，"清除"级联菜单中的"删除"命令。"删除"命令和"清除"命令有所不同。删除单元格是指把单元格真正地从工作表中删除，而清除单元格只是清除单元格中的信息，但单元格本身还是保留不动的。如，"删除"命令像个剪刀，而"清除"命令像块橡皮。

1．利用【Delete】键清除单元格的内容

使用【Delete】键，可以清除单元格中的内容，但单元格的格式和批注保持不变。

操作步骤如下：

① 选定要清除内容的单元格或范围（可以是不连续的范围）。

② 按【Delete】键。

2．利用"清除"命令清除单元格

选择"编辑"→"清除"级联菜单。

"清除"级联菜单有四个命令："全部"、"格式"、"内容"、"批注"。如果选择"全部"命令，Excel 将把选定范围中的全部信息（即内容、格式、批注三种）都清除。选择另外三个命令，将只清除相应的信息。

使用"清除"级联菜单命令清除单元格，其步骤如下：

① 选择要清除的单元格或范围。

② 选择"编辑"→"清除"级联菜单。

③ 在"清除"级联菜单中选择所需的命令。

3．删除单个单元格或区域

按下述步骤删除选定的单元格或区域：

① 选择要删除的单元格或区域。

② 选择"编辑"→"删除"命令，弹出"删除"对话框。

当把选择的单元格删除后，会留下空位置，因此，需要相应地移动周围的单元格，来填补空位置。"删除"对话框用来让用户指定填补空位置的方式：是把右侧的单元格左移，还是把下方的单元格上移；或是删除整行、整列后，移动下方行或右侧列的单元格。

③ 在"删除"对话框中做所需的设置。

④ 单击"确定"按钮。

4．删除整行和整列

删除整行的单元格的步骤如下：

① 单击要删除的行的行标志。

② 选择"编辑"→"删除"命令。

删除整列的单元格的步骤如下：

① 单击要删除的列的列标志。

② 选择"编辑"→"删除"命令。

4.4.5 添加批注

对工作表中一些复杂的公式或者特殊的单元格可以加入数据批注。当在某个单元格中添加了批注之后，会在该单元格的右上角出现一个小红三角，将鼠标指针移到该单元格之中，就会显示出添加的批注内容。

1．给单元格添加批注

如果要给单元格添加批注，可以按照以下步骤进行：

① 选择要添加批注的单元格。

② 选择"插入"→"批注"命令，在该单元格的旁边出现一个批注框。

③ 在出现的批注框中输入批注文本，如图 4-23 所示。

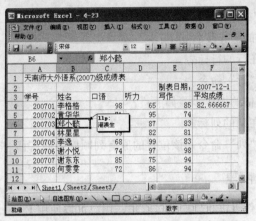

图 4-23　在批注框中输入批注文本

④ 输入完毕后单击批注框外部的工作表区域。

2．隐藏或显示批注及其标识符

默认情况下，给单元格中添加了批注之后会在该单元格的右上角出现一个小红三角。

在 Excel 2003 中，将鼠标指针移到该单元格之中，即可显示添加的批注内容。如果要隐藏或显示批注及其标识符，可以按照以下步骤进行：

① 选择"工具"→"选项"命令，选择"视图"选项卡。

② 如果需要鼠标指针移动到包含批注的单元格上时不显示批注，并且要将批注标识符（即出现在单元格右上角的小红三角）清除掉，可以单击"批注"框中的"无"单选按钮。

3．删除批注

如果要删除批注，把鼠标指针移动到包含批注的单元格，右击，在弹出的快捷菜单选择"删除批注"命令即可。

4.4.6　插入单元格

插入单元格，是指在用户选择的位置上插入空白单元格，而把该位置上的原有单元格向下或向右移动，腾出空位。

1．插入单个单元格或区域

插入单个单元格或区域的操作步骤如下：

① 选择要插入新单元格的位置。如果是要插入单个单元格，则应选定一个单元格，新单元格将插入到选择单元格所在的位置。如果是要插入一组单元格，则应选定一个区域，该区域中将插入新的空白单元格。

② 选择"插入"→"单元格"命令，弹出"插入"对话框。要插入新的单元格，必须移开插入位置上的原有单元格，以腾出空位。"插入"对话框用来位置如何移动插入位置上的原有单元格：是向右移、向左移，还是干脆移动整行或整列，以插入整行或整列的新单元格。

③ 在"插入"对话框中选择所需的选项。

④ 单击"确定"按钮。

2. 插入整行和整列

插入整行空白单元格的操作步骤如下：

① 单击插入位置所在行的行标志。

② 选择"插入"→"行"命令。

插入整列的空白单元格的操作步骤如下：

① 单击插入位置所在列的列标志。

② 选择"插入"→"列"命令。该位置的原有列顺序会向右移一个位置。

4.4.7 重复、撤销和恢复

在编辑数据或者对工作表进行操作的过程中，用户可以使用 Excel 2003 提供的"重复"命令来重复刚进行的操作，从而免去许多重复的工作。如果要重复上一次操作，选择"编辑"→"重复"命令或者按【Ctrl + Y】组合键。如果上一次的操作由于某种原因不能重复，则"重复"命令会变为"不能重复"命令。

如果由于错误操作或其他原因，用户想要撤销刚刚完成的最后一次输入或者刚刚执行的一个命令，可以选择"编辑"→"撤销"命令或者单击"常用"工具栏中的 按钮来取消此次修改。例如，单击单元格 A1，使其成为活动单元格，按【Delete】键删除单元格 A1 中的内容。此时可以选择"编辑"→"撤销"命令，或者单击常用工具栏中的 按钮即可恢复 A1 中的内容。

如果恢复之后又决定删除单元格 A1 中的内容，可以单击"常用"工具栏中的 按钮。"恢复"命令与"撤销"命令是对应的，当用户执行了"撤销"命令后，按钮 就会变为可用，单击该按钮可以恢复被误撤销的操作。

另外，"编辑"→"撤销"命令随着最近一次操作的不同而显示不同的信息。例如，使用"编辑"菜单中的"替换"命令替换了单元格中的内容，则可以选择"编辑"→"撤销替换"命令取消此次操作。

在 Excel 2003 中，用户可以撤销工作表中的最后 16 次操作。单击"撤销"按钮右边下拉按钮，出现下拉列表框。从下拉列表框中选择到底撤销多少步刚执行的操作。

4.4.8 查找和替换

当需要在工作表中查找某字符串时，可以选择"编辑"→"查找"命令，该命令可以定位任何字符串。另外，选择"编辑"→"替换"命令可以用指定值替换查找出的字符串。

1. 查找

选择"编辑"→"查找"命令，不仅可以查找文字值、数字值，还可以查找公式和批注。

图 4-24 所示为"查找和替换"对话框。

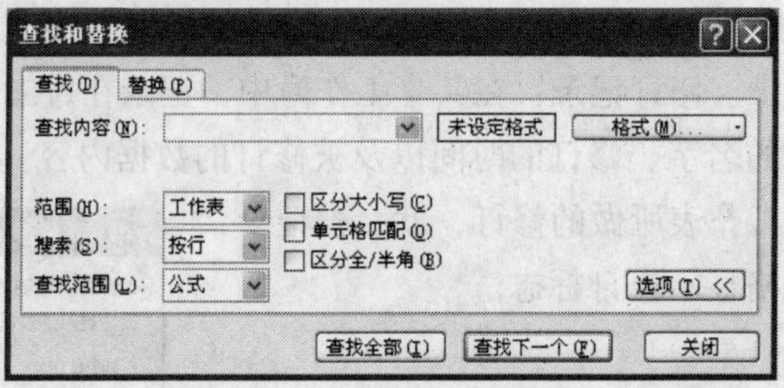

图 4-24　"查找"对话框

在 Excel 进行查找操作与在 Word 中进行查找操作大致是一样的。需要特别说明的是，Excel 中"查找范围"下拉列表框有三个选项："公式"、"值"和"批注"，设置是否为要查找串搜索公式、值和批注。当选择"公式"时，在工作表所包含的公式中搜索。另一方面，当选择"值"时，Excel 将搜索工作表中由公式计算出的值。无论是选择"公式"还是"值"，将搜索工作表中的常量。当选定"批注"时，只检查单元格的批注。

"公式"选项和"值"选项限容易混淆，关键是单元格的显示值和原值可能不同。一般来说，"公式"选项是对编辑栏中的原值进行搜索，而"值"选项是对单元格中的显示值进行搜索。例如，当用户在单元格 A1 中输入"$1234"时，它的原值为"1234"，显示值为"$1，234"。如果在"查找"对话框中输入查找串"1234"，并把"搜索"框置为"公式"，则 A1 为匹配单元格。如果把"搜索"框置为"值"，则 A1 不是匹配单元格。

2. 替换

"编辑"菜单中的"替换"命令和"查找"命令很相似，但它可以进一步用新串替换查找到的字符串，如图 4-25 所示。

图 4-25　"查找和替换"对话框

4.4.9　修订

Excel 2003 提供了修订功能，修订跟踪记录了用户对单元格内容所做的更改，包括移动和复制以及行和列的插入和删除等。每次保存工作表时，修订跟踪日志会详细记录工作表的修订信息。利用修订记录可了解所做的更改，并决定是否接受这些修订。

在多个用户同时编辑一个工作簿时，该功能特别有效。在向校对人员提交工作簿以征求意见时，也可以利用该功能将要保存的修订和意见合并到一起。

1. 设置修订

选择"工具"→"修订"→"接受或拒绝修订"命令，弹出"突出显示修订"对话框，如

图 4-26 所示，对修订进行设置。

"编辑时跟踪修订信息同时共享工作簿"复选框：如果未选择该复选框，那么 Excel 就不会保存工作簿中的任何修订记录。修订记录：在共享工作簿中，记录在过去的编辑会话中所做的修订信息。该信息包括修订者的名字、修订的时间以及被修订的数据内容。

完成设置后，用户对工作表所做的修订，就会被记录下来，同时在修订的单元格显示修订标志。

2．查看修订

用户想查看对该工作簿所做的修订，可通过以下操作：

① 选择"工具"→"修订"，再单击"突出显示修订"。

② 弹出如图 4-26 所示的"突出显示修订"对话框，进行如下设置：

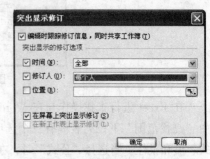

图 4-26 "突出显示修订"对话框

"时间"复选框。可查看在特定日期后所做的修订。

"修订人"复选框。可要查看什么用户所做的修订，取消选择"修订人"复选框，表示查看所有用户所做的修订。

"位置"复选框。查看对特定区域的修订。取消选择"位置"复选框，取消对整个工作簿的修订。

"在屏幕上突出显示修订"复选框。可在工作表中突出显示修订的详细内容，将指针停留在突出显示的单元格上。

"在新工作表上显示修订"复选框：选择该复选框，则在另一张工作表中建立冲突日志工作表。冲突日志工作表：是单独的一张工作表，列出了共享工作簿中被追踪的修订，包括修订者的名字、修订的时间和修订的位置，被删除或替换的数据以及共享冲突的解决方式。该复选框只在打开记录修订且保存了一些更改之后才能使用。

3．审阅修订

使用"接受或拒绝修订"对话框，可使用户依次审阅修订。该方法在评估和处理他人的注释时很有帮助。

操作步骤如下：

① 选择"工具"→"修订"→"接受或拒绝修订"命令。

② 当弹出对话框提示保存工作簿时，单击"确定"按钮，保存工作簿。

③ 选择要查看的修订内容。

④ 单击"确定"按钮，然后开始在"接受或拒绝修订"对话框中查看有关每一项修订的信息。这些信息包括用户为某个修订所采取的操作对其他修订的影响。您可能需要拖动滚动条才能看到所有信息。

若要接受或拒绝每个修订，则需单击"接受"或"拒绝"按钮。也可通过单击"全部接受"或"全部拒绝"按钮一次接受或拒绝所有修订。

注意：在接受或拒绝某个修订之前，不能处理下一个修订。

图 4-27　"接受或拒绝修订"对话框

4.5　格式化工作表

新创建的工作表在外观、字体、颜色、标题等都是一样的。因此要创造一个醒目、美观的工作表就要对工作表进行格式化。工作表的格式化包括数字格式、对齐方式、字体设置等。

4.5.1　设置数字格式

Excel 提供了大量的数字格式。例如,可以将数字格式成带有货币符号的形式、多个小数位数、百分数或者科学记数法等。用户可以使用"格式"工具栏和"格式"菜单来进行格式化数字。改变数字格式并不影响计算中使用的实际单元格数值。

1. 使用"格式"工具栏快速格式化数字"格式"

工具栏中提供了五个快速格式化数字的按钮:"货币样式"、"百分比样式"、"千位分隔样式"、"增加小数位数"和"减少小数位数"。首先选择需要格式化的单元格或区域,然后单击相应的按钮。

（1）使用货币样式

单击"货币样式"按钮,可以在数字前面插入货币符号（¥）,并且保留两位小数。当然,用户可以选择 Windows "控制面板"窗口中的"区域设置"选项来改变货币符号的位置和小数点的位数等。

注意:如果其中的数字被改为数字符号（＃）,则表明当前的数字超过了列宽。只要改变单元格的列宽后,即显示相应的数字格式。

（2）使用百分比样式

单击"百分比样式"按钮,可以把选择区域的数字乘以 100,在该数字的末尾加上百分号。例如,单击该按钮可以把数字"12345"格式为"1234500%"。

（3）使用千位分隔样式

单击"千位分隔样式"按钮,可以把选择区域中数字从小数点向左每三位整数之间用千分号分隔。例如,单击该按钮可以把数字"12345.08"格式为"12,345.08"。

（4）增加小数位数

单击"增加小数位数"按钮,可以使选择区域的数字增加一位小数。例如,单击该按钮可以把数字"12345.01"格式为"12345.010"。

（5）减少小数位数

单击"减少小数位数"按钮,可以使选择区域的数字减少一位小数。例如,单击该按钮可以把数字"12345.08"格式为"12345.1"。

2. 使用"单元格格式"对话框设置数字格式

使用"格式"工具栏的工具可以对数字进行快捷、简单的格式化，还可以使用"单元格格式"对话框对数字进行更加完善的格式化。具体操作步骤如下：

① 选择要格式化数字的单元格或区域。

② 选择"格式"→"单元格"命令，出现"单元格格式"对话框。

③ 选择"数字"选项卡。

④ 在"分类"列表框中选择分类项，然后选择所需的数字格式选项。在"示例"框中可预览格式设置后单元格的格式。表 4–11 列出了 Excel 的数字格式分类。

⑤ 单击"确定"按钮。

表 4-11 Excel 的数字格式分类

分 类	说 明
常规	不包含特定的数字格式
数值	可用于一般数字的表示，包括千位分隔符、小数位数，还可以指定负数的显示方式
货币	可用于一般货币值的表示，包括使用货币符号￥，小数位数，还可以指定负数的显示方式
会计专用	与货币一样，只是小数或货币符号是对齐的
日期	把日期和时间序列数值显示为日期值
时间	把日期和时间序列数值显示为时间值
百分比	将单元格值乘以 100 并添加百分号，还可以设置小数点位置
分数	以分数显示数值中的小数，还可以设置分母的位数
科学记数	以科学记数法显示数字，还可以设置小数点位置
文本	在文本单元格式中，数字体为文本处理
特殊	用来在列表或数据中显示邮政编码、电话号码、中文大写数字、中文小写数字
自定义	用于创建自定义的数字格式

3. 创建自定义数字格式

如果 Excel 2003 提供的内部数字格式不足以按所需方式显示数据，用户还可以创建自己的数字格式。首先选择"格式"→"单元格"命令，然后选择"数字"选项卡，并从"分类"列表框中选择"自定义"选项。

在"类型"框中编辑所需要的数字格式代码，各数字格式代码的含义参看帮助库。

4. 设置日期和时间格式

Excel 提供了许多内置的日期和时间格式，如果想改变 Excel 显示日期和时间的方式，可以按照以下步骤操作：

① 选择含有格式化日期或时间的单元格或区域。

② 选择"格式"→"单元格"命令，弹出"单元格格式"对话框。

③ 选择"数字"选项卡，再从"分类"列表框中选择"日期"或"时间"选项。

④ 在"类型"列表框中选择要使用的格式类型。

⑤ 单击"确定"按钮，如图 4-28 所示。

另外，也可以像自定义数字格式那样，自定义日期和时间格式。

5. 隐藏零值或单元格数据

默认情况下，零值显示为"0"。可以更改选项使工作表中所有值为零的单元格都成为空白单元格，也可通过设置某些选定单元格的格式来隐藏"0"。实际上，通过格式设置可以隐藏单元格中的任何数据。

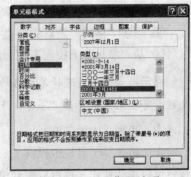

图 4-28　"日期"选项

要隐藏单元格数据，可以按照以下步骤进行操作：

① 选择包含零值或其他要隐藏数值的单元格。

② 选择"格式"→"单元格"命令，再选择"数字"选项卡。

③ 在"分类"列表框中选择"自定义"选项。

④ 要隐藏零值，在"类型"框中输入"0;0;;@"。要隐藏所有数值，在"类型"框中输入";;;"（三个分号）。

被隐藏的数值只出现在编辑栏或当前正编辑的单元格中，这些数据不会被打印。

如果要在整个工作表中隐藏零值，可选"工具"→"选项"命令，再选择"视图"选项卡，取消选择"零值"复选框。

4.5.2　设置文本和单元格格式

在 Excel 2003 中，用户可以使用多种方法来设置文本和单元格格式：使用"格式"工具栏或者选择"格式"→"单元格"命令。

单击"格式"工具栏中的按钮可以设置文本的字体、字号、字形和颜色等。选择"格式"→"单元格"命令，在"字体"选项卡中，除了可以实现"格式"工具栏中按钮的功能外，还可以为选择的文本添加删除线或者将所选文本设为上标或下标等。

1. 使用工具栏按钮设置文本外观

在"格式"工具栏中提供了多个按钮，让用户快速设置文本的字体、字号、字形和字符颜色等。

（1）设置文本的字体

默认情况下，Excel 将中文字体设置为宋体，将英文字体设置为 Times New Roman。如果要改变工作表中部分单元格的字体，可以按照以下步骤操作：

① 选择要改变文本字体的单元格或区域。

② 单击"格式"工具栏中"字体"列表框右边的下拉按钮，出现下拉列表框。

③ 从"字体"列表框中选择所需的字体。

（2）设置文本的字号

默认情况下，Excel 将字号设置为 12 磅。如果要改变工作表中部分单元格的字号，可以按照以下步骤操作：

① 选择要改变文本字号的单元格或区域。

② 单击"格式"工具栏中"字号"下拉列表框右边的下拉按钮。

③ 从"字号"下拉列表中选择所需的字号。

提示：如果要将选择单元格的字号改为"15磅"，而"字号"列表框中没有"15磅"选项。此时，可以用鼠标单击"字号"下拉列表框，然后输入自己所需的字号。

（3）设置文本的字型

在"格式"工具栏中提供了三个设置文本字形的按钮："加粗"、"倾斜"和"下划"，这三个按钮可以单独使用，也可以组合使用。

（4）设置文本的颜色

如果要设置文本的颜色，可以按照以下步骤操作：

① 选择要改变文本颜色的单元格或区域。

② 如果要应用最近所选的颜色，单击"字体颜色"按钮；如果要应用其他的颜色，单击"格式"工具栏中"字体颜色"按钮右边的下拉按钮，出现"字体颜色"调色板。调色板的顶部有一个"自动"命令，单击它可以使用系统的默认颜色，即文本的颜色为黑色。

③ 单击"字体颜色"调色板所需的颜色方框即可改变字体颜色。

2. 利用"单元格格式"对话框设置文本格式

如果要给选择单元格或区域的文本设置一些特殊的效果（例如，添加删除线、上标、下标或者添加不同类型的下画线等），则需要选择"格式"→"单元格"命令来实现。

具体操作步骤如下：

① 选择要进行格式设置的文本。

② 选择"格式"→"单元格"命令，弹出"单元格格式"对话框。

③ 选择"字体"选项卡。

在"字体"选项卡中可以设置以下一些选项：

- 在"字体"列表框中选择所需的字体，相当于"格式"工具栏中的"字体"列表框。
- 在"字形"列表框中选择所需的字形，相当于"格式"工具栏中的"加粗"或"倾斜"按钮。
- 在"大小"列表框中选择所需的字号，相当于"格式"工具栏中的"字号"列表框。
- 在"颜色"列表框中选择所需的颜色，相当于"格式"工具栏中的"字体颜色"按钮。
- 单击"下画线"列表框右边的下三角按钮，出现下拉列表，从中选择所需类型的下画线，如"单下画线"、"双下画线"、"会计用单下画线"或"会计用双下画线"。
- 在"特殊效果"选项区域中包含三个复选框："删除线"、"上标"和"下标"。如果要在文本的中间划一条线，选择"删除线"复选框；选择"上标"复选框，则将选择文本相对于同一行上的其他文本升高并自动将文本转换成小一点的字；选择"下标"复选框，则将选择文本相对于同一行上的其他文本降低并自动将文本转换成小一点的字。

④ 选择了所需的选项之后，可以在"预览"框中预览文本编排的格式，满意后单击"确定"按钮。

提示：可以使用"格式刷"快速复制活动单元格的格式。首先选择含有要复制格式的单元格或区域，然后单击常用工具栏中的"格式刷"按钮，再选择要设置新格式的单元格或区域。要将选定单元格或区域的格式复制到多个位置上，双击"格式刷"按钮，单击要复制格式的单元格。当完成复制格式时，再次单击该按钮。

4.5.3　设置文本的对齐方式

在默认情况下，单元格中的文本靠左对齐，数字靠右对齐，逻辑值和错误值居中对齐。Excel 2003 允许用户设置某些区域内数据的对齐方式，单元格中文本的缩进，旋转单元格中的文本。对齐方式可分"水平对齐"和"垂直对齐"两种，Excel 提供了两种方法让用户改变数据的对齐方式，使用"格式"工具栏的对齐按钮，或者选择"格式"→"单元格"命令。

1．使用"格式"工具栏设置对齐方式

在"格式"工具栏中包含四个可以快速设置数据对齐方式的按钮："左对齐"、"居中"、"右对齐"和"合并及居中"按钮。

如果想使选择的单元格或区域中的内容沿单元格左边缘对齐，单击"左对齐"按钮。单击"居中"按钮，使单元格的内容居中；单击"右对齐"按钮，使单元格的内容沿单元格右边缘对齐。

如果要合并跨越几行或几列的单元格，则单击"合并及居中"按钮。Excel 将把选定区域左上角的内容放入合并后的单元格中。如果要把区域中的所有数据都包含到合并后的单元格中，必须先将数据复制到选择区域的左上角单元格中。

2．使用"单元格格式"对话框设置对齐方式

使用"格式"工具栏中的对齐按钮仅能设置数据在水平方向上的位置，如果想设置垂直方向或者更复杂的对齐方式，可以选择"格式"→"单元格"命令。具体操作步骤如下：

① 选择想改变对齐方式的单元格或区域。

② 选择"格式"→"单元格"命令，弹出"单元格格式"对话框。

③ 选择"对齐"选项卡。

④ 选择想使用的对齐选项。

⑤ 单击"确定"按钮。

在"对齐"选项卡中，有一个"水平对齐"下拉列表框。它可以控制单元格的内容在水平方向上的位置。包含：靠左（缩进）、居中、靠右（缩进）、填充、两端对齐、跨列居中、分散对齐（缩进）等模式。

在"对齐"选项卡中，包含一个"垂直对齐"下拉列表框。它可以控制单元格的内容在垂直方向的位置。包含：靠上、居中、靠下、两端对齐、分散对齐等模式。

在 Excel 2003 中，可以将单元格中的文本旋转任意角度。利用折行和旋转文本，用户可以减少诸如标题等较长文本所需的水平空间，这样就可以为明细数据留出更大的空间。

在"对齐"选项卡中，包含一个"方向"框。它可以改变单元格文本的显示方向，用户可以在"方向"框中直接单击示例图中的文本方向，红点即为选择的文本方向。另外，用户也可以在"度"微调框中设置文本旋转的角度。要想从左下角向右上角旋转，在"度"微调框中输入正数，否则输入负数。

在"对齐"选项卡中，包含一个"文本控制"选项区域区，其中包括："自行换行"，"缩小字体填充"、"合并单元格"和"增加缩进"复选框。

- "自动换行"复选框只能用于含有文字并且是水平方向排列的单元格。当单元格的内容太长，占据了多个单元格时，如果选择了"自动换行"复选框，将根据单元格列宽把文本折行，并且自动调整行高以容纳单元格的所有内容。
- "缩小字体填充"复选框是缩减单元格中字符的大小以便数据调整到与列宽一致。如果要更改列宽，则字符大小可以自动调整，但设置的字体大小保持不变。
- "合并单元格"复选框是将两个或多个单元格合并为一个单元格，合并前左上角单元格的引用为合并后单元格的引用。
- "增加缩进"复选框可以为单元格内容添加缩进效果。

3. 一个单元格内文本的换行

如果要在同一个单元格中输入多行内容，则在换行时按【Alt+Enter】组合键，即可开始在同一个单元格输入新一行的内容。

4.5.4 边框线

默认情况下 Excel 2003 创建的工作表是没有边框线，但用户可以通过定义边框线来强调某一范围的数据。

边框线可以显示在选择范围中每个单元格的左端、右端、上端、下端或区域的四边。

此外，边框线还可以具有不同的式样和颜色。

Excel 提供了两种设置单元格边框的方法：使用"格式"工具栏中的"边框"按钮，或者使用"单元格格式"对话框中的"边框"选项卡。

1. 使用"边框"按钮设置单元格的边框

如果想使用"格式"工具栏的"边框"按钮为单元格设置不同的边框，可以按照以下步骤操作：

① 选择要添加边框的单元格或区域。

② 单击"格式"工具栏中的"边框"按钮右边的下三角按钮，出现如图 4-29 所示的下拉列表框。

③ 从下拉列表框中选择不同的类型，可以为选择单元格或区域的各个边加上不同的边框。

图 4-29　边框

2. 使用"单元格格式"对话框设置单元格的边框

如果在"单元格格式"对话框中选择"边框"选项卡，Excel 将显示有关边框线的各种选项。

在"边框"框中，给出了五个选项：外框、左、右、上、下，如果选择"外边框"，Excel 将在选择区域的四边显示边框线，即显示该区域的轮廓线。如果选择"左"、"右"、"上"或"下"框，Excel 将在选择范围中每个单元格的左边缘、右边缘、上边缘或下边缘上显示边框线。

"样试"列表框中给出了线条式样。

"颜色"下拉列表框用于设置边框线的颜色。如果单击"颜色"下拉列表框右端的下拉按钮，将会弹出调色板。

设置边框线的操作步骤如下：

① 选择要设置边框线的单元格范围（可以是不连续范围）。

② 选择"格式"→"单元格"命令。

③ 在"单元格格式"对话框中，选择"边框线"选项卡，如图 4-30 所示。

④ 在"样式"列表框中，选择想要的线条式样。

⑤ 单击"颜色"下拉列表框右端的下拉按钮，从打开的调色板中选择所需的颜色。

⑥ 在"边框"中，单击想要应用所选样式的边框位置，在"边框"中央可预览效果。

⑦ 单击"确定"按钮。

注意：必须先挑样式和颜色再选应用的边框线位置。

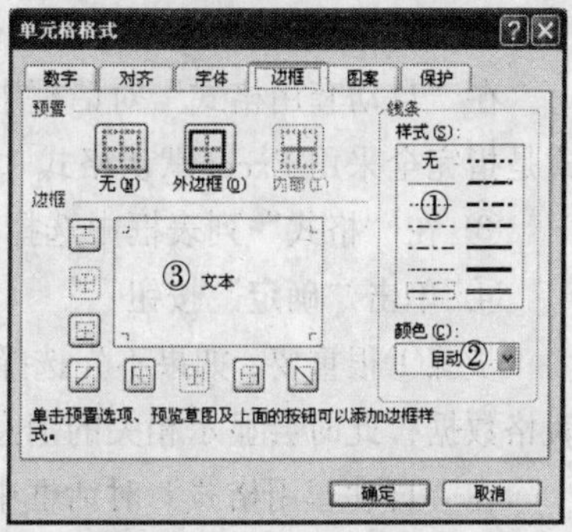

4.5.5　设置单元格的底纹和图案

图 4-30　"边框"选项卡

为单元格设置不同的底纹和图案，可以突出某些单元格或区域的显示效果。Excel 提供了两种为单元格设置底纹和图案的方法：使用"格式"工具栏中的"填充色"按钮，或者使用"单元格格式"对话框中的"图案"选项卡。

1. 利用"填充色"按钮设置底纹

如果要用纯色来设置单元格的背景，使用"格式"工具栏中的"填充色"按钮。具体操作步骤如下：

① 选择要设置底纹的单元格或区域。

② 单击"格式"工具栏中"填充色"按钮右边的下拉按钮，弹出调色板。

③ 选择调色板中所需的颜色方框，即可给选择的区域设置底纹。

如果不喜欢设置的底纹，可以清除它们。首先选择已设置底纹的单元格或区域，然后单击"格式"工具栏中"填充色"按钮右边的下拉按钮，从调色板中选择"无"。

2. 使用"单元格格式"对话框设置图案和底纹

使用"格式"工具栏中的"填充色"按钮可以快速为选择的单元格设置不同的底纹。如果还想为单元格设置不同的图案，可以按照以下步骤操作：

① 选择要设置底纹的单元格或区域。

② 选择"格式"→"单元格"命令，再选择"图案"选项卡。

③ 在"单元格底纹"列表框中选择一种颜色，可以给单元格设置没有图案的底纹，相当于选择"格式"工具栏中的"颜色"按钮。

④ 单击"图案"下拉列表框右边的下拉按钮，就会看到包含不同图案以及调色板的列表。利用该下拉列表框可以为单元格加上黑白或彩色的图案。

⑤ 设置完毕后，单击"确定"按钮。

4.5.6　自动套用格式

在显示某些表格数据时，可能会经常用到某些固定的表格格式。Excel 提供了 17 种预定义的标准表格格式，供用户选用。

可以通过选择"格式"→"自动套用格式"命令来查看这些标准表格格式。

例如，要把表格数据变成标准的表格格式，其操作步骤如下：

① 选择表格数据所在范围。

② 选择"格式"→"自动套用格式"命令。

在"自动套用格式"对话框中，"格式"列表框中显示了 17 种标准格式（最后一种"无"格式是指完全采用 Excel 默认格式），"示例"中显示了当前选择格式的示例。

③ 在"格式"列表框中选择想要的格式。

④ 单击"确定"按钮。

步骤①很重要，如果不先选择表格数据所在的范围，而直接执行步骤②，Excel 很可能找不到表格数据，此时会显示相关的消息框。

在"自动套用格式"对话框中单击"选项"按钮，将显示有关表格格式的各种选项。

在"应用格式种类"选项区域中列出了六个选项。如果用户想保留原表格某些方面的格式，则应清除相应的复选框。例如，如果用户想保留原工作表中表格数据的字体，而不采用标准表格格式中的字体，则应先在"应用格式种类"选项区域中取消选择"字体"复选框，然后再单击"确定"按钮。

4.5.7 条件格式

为了突出显示公式的结果或监视某些单元格的数据，用户可以应用条件格式标记单元格。

在如图 4-31 所示的工作表中，要使 H 列的数据涨跌率大于 0 时用红色的颜色显示数据，涨跌率小于 0 时用绿色的颜色显示数据。

操作步骤如下：

① 选择要设置条件格式的单元格，H2:H11。

② 选择"格式"→"条件格式"命令，弹出如图 4-32 所示的对话框。

③ 按如图 4-32 所示进行设置，"格式"按钮用于设置各种格式，如：字体、颜色、边框、背景、图案等，"添加"按钮可以增加新的条件。

④ 完成后，单击"确定"按钮，即可看到图 4-31 所示的结果。

	A	B	C	D	E	F	G	H
1	代码	股票名称	开盘价	最高价	最低价	收市价	成交量	涨跌%
2	0001	深发展A	16.08	16.49	15.98	16.23	3689469	1.374
3	0002	深万科A	9.41	9.89	9.41	9.69	2137950	3.085
4	0003	深金田A	5.01	5.08	4.98	5.03	1304575	1.616
5	0004	深安达A	8.43	8.67	8.3	8.43	1939882	0
6	0005	世纪星源	6.78	7.14	6.74	6.92	5987689	2.671
7	0006	深振业A	12.1	12.6	12.02	12.47	2160354	3.314
8	0007	深达声A	6.98	7.25	6.93	7.19	1238244	3.752
9	0008	深锦兴A	6.74	6.88	6.6	6.7	880872	-0.593
10	0009	深宝安A	4.96	5.13	4.96	5.05	5790824	2.02
11	0010	深华新A	15.35	15.79	15.32	15.45	735352	0.98

图 4-31　利用条件格式设置单元格的显示方式　　　　图 4-32　条件格式对话框

4.5.8 使用样式

要想一次应用多种格式，并且要保证单元格的格式一致，可以使用样式。样式就是一组定义并保存的格式集合，例如，数字格式，字体、字号、边框、对齐方式以及底纹等。可以将现有单元格中的格式创建为一种样式，也可以创建一种新样式，或者复制其他工作簿中创建的样式。

1．按示例创建样式

使用现有单元格的格式创建样式，其操作步骤如下：

① 选择包含想创建为新样式的单元格。

② 选择"格式"→"样式"命令。

③ 在"样式名"文本框中输入一个新样式名，单击"添加"按钮。

④ 单击"确定"按钮关闭对话框。

2．创建新样式

直接创建一个新样式，步骤如下：

① 选择"格式"→"样式"命令，弹出"样式"对话框。

② 在"样式名"文本框中输入一个新样式名。

③ 单击"样式"对话框中的"更改"按钮，出现"单元格格式"对话框。

④ 在"单元格格式"对话框中，分别选择相应的选项卡设置数字格式、字体、对齐、边框、图案以及保护等。

⑤ 设置完毕之后，单击"确定"按钮返回到"样式"对话框中。

⑥ 在"样式"对话框中的六种格式选项，如果样式中不需要某种格式类型，可以取消选择该格式左侧的复选框。

⑦ 将创建好的样式应用于选择的单元格，可以单击"确定"按钮关闭"样式"对话框。要保存当前创建的样式而暂不进行应用，可以单击"添加"按钮，再单击"关闭"按钮。

3．从另一工作簿中复制样式

如果已经在其他工作簿中创建了样式，可以将这些样式复制到该工作簿中，操作步骤如下：

① 打开含有所要样式的源工作簿和目标工作簿，并选择目标工作簿置为当前活动工作簿。

② 选择"格式"→"样式"命令。

③ 单击"样式"对话框中的"合并"按钮，弹出"合并样式"对话框。

④ 从"合并样式来源"列表框中选择所要复制样式的源工作簿名，单击"确定"按钮。

⑤ 单击"确定"按钮，关闭"样式"对话框。

如果目标工作簿中含有与源工作簿相同的样式名，Excel 会询问是否将同名的样式进行合并。单击"是"按钮，将用源工作簿中样式取代当前工作簿中的样式；单击"否"按钮，将不复制同名的样式。

4．应用样式

应用一个样式，可以按照以下步骤操作：

① 选择想应用样式的单元格或区域。

② 选择"格式"→"样式"命令，弹出"样式"对话框。

③ 单击"样式名"下拉列表框右边的下三角按钮，从下拉列表框中选择想应用的样式名。

④ 单击"确定"按钮，选择的单元格或区域中将应用该样式。

5．删除样式

当不需要某种添加的样式时，可以将其从工作表中删除。具体操作步骤如下：

① 选择"格式"→"样式"命令，打开"样式"对话框。

② 单击"样式名"列表框右边的下拉按钮，从下拉列表框中选择要删除的样式名。

③ 单击"删除"按钮，再单击"确定"按钮。

删除样式之后，所有应用该样式的单元格，都会恢复"常规"样式的设置。"常规"样式可以被修改，但不能删除。

4.5.9 设置列宽和行高

单元格默认的列宽为固定值，并不会根据数据的长度而自动调整列宽，但行高会自动配合字体大小来调整，并且同一行中每一个单元格的大小都相同。这种默认设置不能完全符合用户数据的大小，Excel 允许用户重新设置列宽和行高。

1. 设置列宽

在 Excel 中，可以使用鼠标或者选择"格式"→"列"命令来设置列宽。

如果想使用鼠标设置列宽，可以按照以下步骤操作：

① 将鼠标指针指向该列顶的列标右边界上，鼠标指针将变成一个水平的双向箭头。如果想一次设置多列的宽度，可以选择多个列，并把鼠标指针放在任一选择列的列标右边界上。

② 按住鼠标左键向左或者向右进行拖动，可以相应地增加或者减小列的宽度。拖动时出现一条垂直点画线标出列的宽度，并且提示方框中显示当前的列宽值。

③ 当列宽的大小合适之后，松开左键。

如果想精确地设置列宽，可选择"格式"→"列"命令，并设置列宽值，单击"确定"按钮即可。

提示：如果要使列宽与单元格中内容的宽度相适应，可以将鼠标指针放在该列列标的右边界上。当鼠标指针变成水平的双向箭头时，双击即可。

2. 设置行高

默认情况下，Excel 自动设置行高比该行中最高文本稍高一些。当改变该行单元格中的字体大小时，会自动改变行高。想适当增加行高，使文本与单元格边界之间增加一些空白，或者想适当减小行高。可以使用鼠标或者"格式"→"行"命令来设置行高。

如果想使用鼠标设置行高，可以按照以下步骤操作：

① 将鼠标指针指向该行左端的行号下边界上，鼠标指针将变成一个垂直的双向箭头。如果想一次设置多行的高度，可以选择多个行，并把鼠标指针放在任一选择行的行号下边界上。

② 按住鼠标左键向上或者向下进行拖动，从而相应的增加或者减小行的高度。

③ 当行高的大小合适之后，松开左键。

如果想精确地设置行的高度，可以选择"格式"→"行"命令，输入行高值，单击"确定"按钮即可。

4.5.10 工作表保护

如果在"单元格格式"对话框中单击"保护"选项卡，Excel 将显示有关单元格保护的选项。在"保护"选项卡中，有这样一段文字："只有当工作表在被保护的情况下，锁定单元格或隐藏单元格公式才会生效。"所以，下面先介绍如何保护工作表。

1. 保护工作表

当工作表处于保护状态时，在默认情况下该工作表的所有单元格都被锁定，所谓锁定单元格，是指用户不能修改单元格的内容。这就是"保护"一词的含义。

按下述步骤保护工作表：

① 选择想要保护的工作表。

② 选择"工具"→"保护"级联菜单。

③ 在"保护"级联菜单中选择"保护工作表"命令。弹出"保护工作表"对话框。"保护工作表"对话框中可以输入保护口令、选择要保护什么。其中，"口令"文本框用于输入口令，当输入一个口令后，以后从"工具"菜单中选择"撤销工作表保护"命令时，必须输入相同的口令才能取消对该工作表的保护。如果不在"保护工作表"对话框中设置口令，直接单击"确定"按钮，以后任何人都可以随意取消对该工作表的保护。

④ 如果想设置口令，则应在"口令"文本框中输入所需的口令，"确认口令"对话框，让用户把刚才的口令重新输入一遍。

如果不想设置口令，只需直接单击"保护工作表"对话框中的"确定"按钮。

⑤ 单击"确定"按钮。

当用户把一个工作表设置成保护状态时，在默认情况下，该工作表的所有单元格都被锁定，也就是说，不能修改某个单元格的内容。例如，双击该单元格，将会显示消息框，通知用户不能修改锁定的单元格。

当把某个工作表设置为保护状态时，"保护"级联菜单的"保护工作表"命令被"撤销工作表保护"命令取代。使用该命令取消对工作表的保护，其操作步骤如下：

① 选择要取消保护的工作表。

② 选择"工具"→"保护"级联菜单。

③ 在"保护"级联菜单中选择"撤销工作表保护"命令。

如果在保护该工作表时，没有设置口令，在执行以上三个步骤后，Excel 就会取消对该工作表的保护。如果设置了口令，会弹出"取消文档保护"对话框，只有在其中的"口令"文本框中输入正确的口令后，才能取消对该工作表的保护。

2. 锁定和隐藏

选择"格式"→"单元格"命令，再选择"保护"选项卡。

"保护"选项卡中有两个复选框："锁定"和"隐藏"复选框。

"锁定"复选框的默认状态为选择状态，这表示，在默认情况下，被保护工作表的所有单元格都处于锁定状态。

用户可以改变这一"默认"状态，使得被保护的工作表中，有的单元格处于锁定状态，有的单元格处于未锁定状态（所谓未锁定状态，是指用户可以修改该单元格的内容）。其操作步骤如下：

① 选择要设置的单元格范围。

② 选择"格式"→"单元格"命令。弹出"单元格格式"对话框。

③ 在"单元格格式"对话框中选择"保护"选项卡。

④ 在"保护"选项卡中取消选择"锁定"复选框。

⑤ 单击"确定"按钮。

⑥ 选择"工具"→"保护"→"保护工作表"命令来保护该工作表。

进行上述操作后，该工作表将处于保护状态，工作表中除①所选择区域中的单元格外，其余单元格都被锁定，不能修改。而①中所选择的单元格却都未被锁定，可以修改。

在"保护"选项卡中，还有一个"隐藏"复选框。"隐藏"复选框的默认态为取消状态，这意味着：当工作表处于保护状态时，对工作表中的每一个单元格，无论它是处于锁定状态还是未锁定状态，用户都可以通过编辑栏上的内容框来查看它的原值。

也可以改变这种默认情况，即先选择所需的区域，然后在"保护"选项卡中选择"隐藏"复选框，最后选择"工具"→"保护工作表"命令来保护该工作表。这样，用户只能看到选择"隐藏"复选框的单元格中的显示值，却无法通过内容框查看原值了。特别是对存放公式的单元格，只能看到公式的结果，却无法查看公式本身了。

有一点需要注意，无论是执行"取消锁定"还是选择隐藏操作，最后一步都应该通过"保护工作表"命令来保护该工作表，否则，取消锁定和选择隐藏操作不起作用。

4.5.11　隐藏行

按下述步骤隐藏所需的行：

① 如果要隐藏单个行，单击该行的行标志；如果要隐藏多个行，可以同时选择这些行。

② 选择"格式"→"行"级联菜单。

③ 在"行"级联菜单中选择"隐藏"命令。

隐藏结果可以从行标志上看出来。

也可以使用鼠标隐藏行，方法是把该行行标志的底端边框线拖拉到顶端边框线的上方。

要取消对行的隐藏，需先选择被隐藏行两侧的行，再选择"格式"→"行"→"取消隐藏"命令。

4.5.12　隐藏列

按下述步骤隐藏所需的列：

① 如果要隐藏单个列，单击该列的列标志；如果要隐藏多个列，可以同时选择这些列。

② 选择"格式"→"列"级联菜单。

③ 在"列"子菜单中选择"隐藏"命令。

隐藏的列可以从列标志上看出来。

也可以使用鼠标隐藏列，方法是把该列的列标志的右端边框线拖拉到左端边框线的左侧。

要取消对列的隐藏，需先选择被隐藏列两侧的列，再选择"格式"→"列"→"取消隐藏"命令。

4.6　图表的应用

世界是丰富多彩的，大部分的信息都来自于视觉，也许无法记住一连串的数字，以及它们之间的关系和趋势，但是记注一幅图画或者一个曲线却十分轻松。工作表是一种以数字形式呈现的报表，它具有定量的特点，缺点是不够直观。Excel可以使工作表数据变成图表，使其看上去更直观、易于理解和便于交流。

Excel 2003 具有许多高级的制图功能，同时使用起来也非常便捷。本节将学习如何建立一张简单的图表并进行修饰，使图表更加精致。如何为图形加上背景、图注、正文等。

4.6.1　图表的基本概念

Excel 中图表是指将工作表中的数据用图形表示出来。以长江公司各分店一季度销售统计表格（见图 4-33）为例，若直接通过读取数据的方式查看并分析比较有关销售指标的情况显得不直观，且不易把握。

如果将表格中相关的数据生成图表后，不但可以看到三个分店之间各个季度中各月份的销售指标比较情况，经过处理后还可以看到三个分店在一季度中各月销售指标的比较情况。

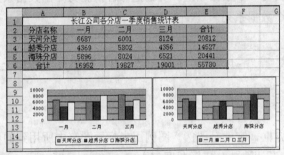

图 4-33　比较各分店销售情况的两种状态

由此可见图表在突出显示表格数据方面有其得天独厚的优势。即：从不同的角度，审视同一组数据，突出显示数据间的不同关系。

另外，图表还具有多种不同的视觉效果，可反映不同类型的数据关系，如差异、预测趋势、综合分析等。

在进行图表有关操作之前，需先掌握几个基本概念。

1. 数据点

当使用工作表中的数据建立图表时，先把这些数值用作数据点，以图形方式显示出来。所谓数据点，就是图表中绘出的单个值，一个数据点对应一个单元格中的数值。数据点由条形、柱形、折线、饼形或圆环图切片、点和其他各种形状表示。这些形状称作数据标志。相同颜色的数据标志构成一个数据系列。

如图 4-33 所示，根据范围 A2:D5 中的数据建立了图表。其中，列 A 和行 2 中的文字分别用作 x 轴标记和图例文字，真正的数据来自 B3:D5。范围 B3:D5 中每一单元格中的数据用作一个数据点，所以图中共有九个数据点。

2. 数据系列

一个数据系列是图表中所绘出的一组相关数据点，它们来自工作表的一行或一列。图表中的每个数据系列用独有的颜色或图案区分。可以在图表中给出一个或多个数据系列。

如图 4-33 所示，共有三个数据系列：天河分店一季度的销售情况、越秀分店一季度分店的销售情况、海珠分店一季度的销售情况。即图中的图表以行中的数据值为数据系列。

3．分类

用"分类"来组织数据系列中的值。如图 4-33 所示，有三个分类：一月、二月、三月。每个数据系列中数据点的个数等于分类数。

从本质上说，数据系列是数值的集合，分类只是用来标示数据类属的标记，例如，图中 B2:D2 中的标记是分类，B3:D5 中的数值是三个数据系列。

数据系列的划分是相对的，可以把每列看成是一个数据系列，也可以把每行看成一个系列，这可以在建立图表时指定。

Excel 在建立图表时，会猜测数据系列是按行还是按列组织。假设数据系列的个数比分类的个数少，如果在图表数据中，除去首行和首列的标记文字外（如果有标记文字的话），行的个数比列的个数多，就把每列猜测为一个数据系列。反之把每行猜测为一个数据系列，如果行和列的个数一样多，每行猜测为一个数据系列。

4．坐标轴标记

在图中，x 轴上的文字"一月"、"二月"和"三月"叫作 x 坐标轴上的标记，它用来标示 x 轴。

5．图例

左图表下部有一个方框，它就是图例。图例用来标示图表中所用到的各种数据，图中的文字"天河分店"、"越秀分店"、"海珠分店"叫图例文字。

坐标轴标记和图例文字一般来自绘图数据区首行和首列中的文字。

4.6.2　建立图表

建立图表可以选择两种方式，一是：如果将图表用于补充工作数据并在工作表内显示，可以在工作表上建立内嵌图表，二是：若是要在工作簿的单独工作表上显示图表，则建立图表。内嵌图表和独立图表都被链接到建立它们的工作表数据上，当更新了工作表时，二者都被更新。当保存工作簿时，图表被保存在工作表中。

Excel 2003 中，可以根据默认图表类型快速创建图表，也可以用"图表向导"来引导用户创建类型更丰富的图表。

1．快速创建默认图表

例如，如果管理者从（见图 4-33）图表中查看各个月份、各分店销售的比例关系，显然不易读取。但是只要稍微调整一下图表的类型，即可让各比例关系更名确。

下面采用快捷创建图表的方法，分析数据之间的差异。

利用"图表"工具栏中的 ▦· 按钮创建多种类型的默认内嵌图表。具体步骤如下：

① 确认"图表"工具栏已在当前窗口，否则选择"视图"→"工具栏"→"图表"命令，以显示"图表"工具栏。

② 选择用于创建图表的数据 A2:B5。

③ 单击"图表"工具栏中的 ▦· 按钮右边的下拉按钮，弹出"图表类型"下拉表框。

④ 从"图表类型"下拉表框中选择"饼图"选项，即可快速建立一个内嵌图表，如图 4-34 所示。

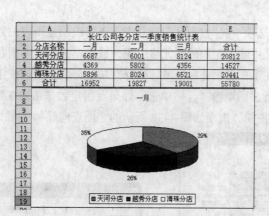

图 4-34　用饼图分析比例关系

结果分析：从图中可看到数据间比例分配关系的差异。天河分店的销售额居于首位，越秀分店的销售额最差。

2．用图表向导建立图表

上述方法可以快捷完成图表的建立，但是其图表类型比较简单。可以使用"图表向导"来创建类型更丰富的图表。

如图 4-35 所示的数据是某公司多年关于销售的数据，为预测未来一段时间内可能的市场状态，经常需要查看过去同期销售数据的趋势和差异情况，这样才能在数据分析的结果中找到解决问题的方案，提出符合规律的预测性意见。

下面使用"图表向导"来建立线型图表，分析数据间的趋势的变化。

步骤如下：

① 选择用于创建图表的数据 A1:M4。

② 单击"常用"工具栏的 图 按钮，弹出如图 4-36 所示的"图表向导——4 步骤之 1——图表类型"对话框。

③ 该对话框有两个选项卡："标准类型"和"自定义类型"，可从中选择图表类型和子图表类型。本例选择"折线图"图表类型和"数据点折线图"子图表类型。

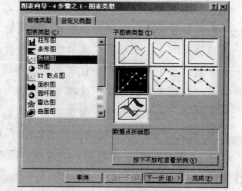

图 4-35　历年销售数据

图 4-36　所示的"图表向导-4
步骤之 1-图表类型"对话框

④ 单击"下一步"按钮，出现如图 4-37 所示的"图表向导-4 步骤之 2-图表源数据"对话框。

⑤ 该对话框有两个选项卡:"数据区"选项卡用于修改创建图表的数据区域,如果区域不对则在"数据区域"文本框中输入正确的单元格引用,或者单击该文本框右侧的"折叠对话框"按钮将对话框缩小,然后在工作表中选择区域,选择完毕后再次单击该按钮以显示完整的对话框。如果要指定数据系列在行,则单击"行"单选;如果要指定数据系列在列,"列"单选。

⑥ 单击"下一步"按钮,出现如图4-38所示的"图表向导-4步骤之3-图表选项"对话框。

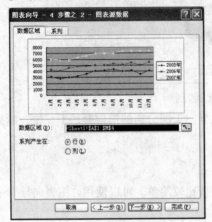 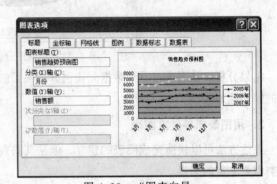

图 4-37 "图表向导-
4步骤之2-图表源数据"对话框

图 4-38 "图表向导-
4步骤之3-图表选项"对话框

⑦ 在该对话框中列出了六个选项卡,可以分别对图表进行设置。

• "标题"选项卡:在该选项卡下可以完成对图表标题的设置。

• "坐标轴"选项卡:选择"坐标轴"选项卡,在对话框中可以设定坐标轴的刻度。设定该项可以增加图表的可读性,例如设定"分类(X)轴"为"月份"。"数值(Y)轴"为"销售额"。

• "网格线"选项卡:选择"网格线"坐标,在对话框中可以设定各分类轴是否出现网格线,设置该项应掌握好视觉效果。如果网格线太密,就会让数据读起来很费劲。

• "图例"选项卡:选择"图例"选项卡,在对话框中可以设定是否显示图例,以及图例显示的位置。

• "数据标志"选项卡:选择"数据标志"选项卡,在对话框中可以设定在图表项上显示数据标志。例如选择"显示值"将会看到每个数据都将出现在图表的每一个项上。对饼图而言,会出现值、百分比等数据选项点的选择。

• "数据表"选项卡:选择"数据表"选项卡,在对话框中可以设定是否出现数据表。当选择了"显示数据表"复选框后,可以在图表下方出现数据表格。

⑧ 单击"下一步"按钮,弹出如图4-39所示的"图表位置"对话框。

⑨ 此对话框用于确定图表的位置。图表既可以作为图表工作表放在新的工作表中,也可以作为嵌入式图表放在当前工作表中。

⑩ 单击"完成"按钮,创建的图表出现在工作表中,如图4-40所示。

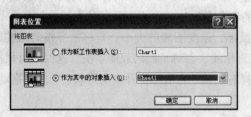

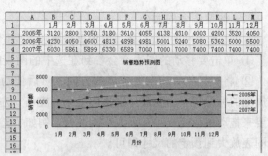

图 4-39　图表位置"对话框　　　　　图 4-40　利用图表可直观显示预测趋势

　　从图中可以看到：2005 年至 2007 年上半年以来，年销售趋势存在明显的规律。于是在制定下半年销售计划时，就可以参照处理。从该图表还可以看出，三年的销售趋势总体为上升，但是第二年幅度较大，以后趋于平稳。从图中还可以看出年销售额存在周期性变化规律，例如：一年中 2 月份和 11 月份常常会出现低值，销售旺季多出现在下半年前段等。

4.6.3　图表编辑

1．"图表"工具栏

创建完一个图表后，在屏幕上将出现一个"图表"工具栏如图 4-41 所示。

图 4-41　"图表"工具栏

"图表"工具栏中各按钮的使用说明如下：

- 图表对象：单击"图表对象"下拉列表框中右边的下拉按钮，选择要修改的图表元素，如分类轴、绘图区或数值轴等。
- 图表区格式：单击该按钮可设置所选图表项的格式。如果按钮名称和有效格式选项会因所选图表项的不同而不同。
- 图表类型：该按钮提供了 18 种用于修改单独数据系列、图表类型组或整个图表的图表类型。该按钮只能使用默认的图表类型。
- 图例：在绘图区的右边添加图例。如果表中已含有图例，单击该按钮可将其清除。
- 数据表：可在图表底部的网格中显示每个数据系列的值。
- 按行/按列：根据多列/多行数据绘制图表的数据系列。
- 斜排文字：可将所选文字向下/向上旋转 45°。

2．图表的移动和调整大小

当建立好一幅图表后，还可以对其位置进行调整，使其更加美观。

（1）移动图表

在 Excel 中移动一幅图表的操作非常简单，只需单击要移动的图表，被选中的图表四角及四边的中央有黑色的标记，用拖动它到一个新的位置，然后松开鼠标，就可以完成图表的移动。

（2）改变图表的大小

对于工作表中的图表，还可以根据需要随意改变它们的大小。改变一幅图表大小的操作步骤如下：

① 单击要移动的图表。会看到在选中的图表的四角及四边的中央有黑色的标记。

② 将鼠标指针指向要扩展的方向，然后拖动鼠标，改变图表的大小。当将鼠标指向图表边框周围的标记时，会变成分别指向上下、左右、左对角线、右对角线的双向箭头，这时即可根据需要来拖动鼠标完成对图表大小的改变。例如，选择右上角，当鼠标指针改变形状后，向上拖动，将图表放大到预定的尺寸即可。

3. 增加和删除图表数据

在建立一个图表之后，还可以通过向工作表中加入更多的数据系列或数据点来更新它。用来增加数据的方法取决于更新的图表的种类——内嵌图表或图表。如果要向工作表中的内嵌图表中添加数据，可以拖动该工作表中的数据。使用复制和粘贴是向图表中添加数据最简单的方法。

增加图表数据的操作步骤如下：

① 输入新增的数据。如果工作表已存在这些数据，该步省略。

② 单击激活图表，可以看到数据出现带颜色的线框，在 Excel 2003 中它们被称作选择柄。此时如果在工作表上拖动蓝色选择柄，将新数据和标志包含到矩形选择框中，可以在图表中添加新分类。如果只添加数据系列，在工作表上拖动绿色选择柄，将新数据和标志包含到矩形选择框中，如果要添加新分类和数据点，可以在工作表上拖动紫色选择柄，将新数据和标志包含到矩形选择框中即可。

如果要删除图表中的数据系列，可以向左拖动鼠标，将数据区中图表数据移走即可。

上面提到的方法对于相邻数据处理最为直接，但是如果数据是不相邻的，就使用下列方法。

（1）重新选择数据区域

先激活图表，然后右击，在对话框中重新选择数据区域后，单击"完成"按钮即可。

（2）通过复制和粘贴来完成

① 选择含有待添加数据的单元格。如果希望新数据的行列标志也显示在图表中，则选择区域还应包括含有标志的单元格。

② 单击"复制"按钮。

③ 单击该图表。

④ 如果要自动将数据粘贴到图表中，单击"粘贴"按钮；如果要指定数据在图表中的绘制方式，选择"编辑"→"选择性粘贴"命令，然后选择所需的选项。

对于不需要在图表中出现的数据，还可以从图表中将其删除。删除图表中数据的操作步骤如下：

① 激活图表。选择要清除的序列（单击即可）。

② 选择"清除"→"系列"命令即可。

注意：清除图表中的数据，不会影响工作表中单元格的数据，虽然图表中数据已经清除，但工作表中的数据并未被清除掉。

4. 改变图表数据

对于已经建立的图表，要修改与数据点相关的值最简单的方法是直接在工作表中编辑与图表数据点相关的值。

对于大多数图表类型，可以通过拖动数据来调整常数值。若要修改从工作表公式中产生的数据点值，可以拖动数据标示并使用单变量求解。修改图表中的数据点值会自动更新对应的工作表值。在堆积图和 100% 堆积条形图或 100% 堆积柱形图中，可以选择数据点并拖动数据标示顶部来修改，图表的所有数据点的百分比成比例地调整。

改变和图表有关的单元格的内容时，会自动改变图表中的图形显示。例如，将 "B3" 单元格中的数据改为 "40" 就会看到图形自动按照新的数据重新绘制。

5. 改变图表文字、颜色、图案

建立图表和加入图表项之后，可以格式化整个图表区域或格式化一个项目。若要显示格式化设置对话框，可双击一个图表项或者选择图表项后从 "格式" 菜单或右击弹出的快捷菜单中选择合适的命令。

所选择的图表项，在 "格式" 菜单上第一个命令会出现其名称。例如，如果选择了图例，则此命令是 "图例"，如果选择了数据系列，则命令是 "数据系列"。格式设置对话框提供了多个与格式设置相关的选项卡，像命令本身一样，可用的选择卡中的设置内容是随所选择的项而定的。

如果要改变图表中文字的字体、大小、颜色和图案，可以按照下列步骤操作：

① 在图表的空白区域上单击，激活该图表。

② 选择 "格式" → "图表区" 命令。

③ 当执行 "图表区" 命令后，弹出对话框。

④ 在该对话框中，就可以设置图表区中文字的字体、大小及颜色等，如果要设置图案，可以选择 "图案" 选项卡，在其中设置需要的格式，最后单击 "确定" 按钮完成设定工作。

6. 改变数据的绘制方式

对于图表，可以通过使用 "图表向导"，改变数据方向。对于工作表，改变数据的序列意味着产生不同类别的图表。例如，如图 4-33 所示的例子中，当选择 "行" 时，反映的是三个分店之间各个季度中各月份的销售指标比较情况（见图 4-33 下左图）。而当选择 "列" 时，则反映的是三个分店在一季度中各月销售指标的比较情况（见图 4-33 下右图）。

改变在行或列中绘制的数据系列的操作步骤为：选择图表右击，在弹出的快捷菜单中选择 "数据源" 命令。单击 "行"，单击 "完成" 按钮。

7. 改变图表的类型

在图表的快捷菜单中提供了 "图表类型" 命令。使用该命令，可以在一个图表中套用另一种格式，其操作步骤为：选择要改变格式的图表右击，在弹出的快捷菜单中选择 "图表类型" 命令，选择 "新的图表类型"，在 "子类型" 中选择需要的样式，单击 "完成" 按钮即可。

4.7　Excel 2003 数据库应用

使用 Excel 可以方便地制作表格、展现数据，但是根本的目的是进行数据处理和数据分析，采用各种分析手段，力图揭示数据之间的关系。

Excel 不但可以处理计算数据，还可以对数据库进行管理，在数据的排序、检索、统计、透视和汇总方面有着完美的解决方案。

4.7.1 数据库的概念

数据库是指以相同结构方式存储的数据集合。常见的数据库有层次型、网络型和关系型三种。其中关系型数据库是一张二维表格，由表栏目及栏目内容组成。表栏目构成数据库的数据结构，栏目内容构成了数据库中的记录。

数据清单是包含相关数据的一系列工作表数据行。例如，职工的编号、姓名、部门、加班日期、开始时间、结束时间、时数、应付加班费等，可以通过创建一个数据清单来管理数据。建立 Excel 工作表（数据清单）的过程可以看作是建立数据库的过程。数据库是一个特殊的工作表，它要求每列数据要有列名即字段名，且每列必须是同类型的数据。在 Excel 中，用户不必经过专门的操作将数据清单变成数据库，只要执行数据库的操作即可。例如查询、排序或分类汇总等，Excel 会为你的数据清单创建一个数据库。清单中的列被认为是数据库的字段，清单中的列标题认为是数据库的字段名，清单中的每一行被认为是数据库的一条记录。

4.7.2 建立数据清单

1. 建立数据清单

在工作表中建立数据清单时，应注意以下一些事项：

- 最好不要把其他数据放在数据清单的同一个工作表中。如果要在一个工作表中存放多个数据清单，则各个数据清单间要有空行和空列分隔。
- 避免在数据清单中放置空白行和列，并避免将关键数据放到数据清单的左右两侧。
- 应在数据清单的第一行里创建列标志。
- 列标志使用的字体、对齐方式、格式、图案、边框或大小写样式，应当与数据清单中其他数据的格式相区别。
- 设计数据清单时，应使同一列中的各行有近似的数据项。
- 单元格的开始处不要插入多余的空格。
- 不要使用空白行将列标志和第一行数据分开。

当用户了解一个数据清单的基本结构和一些注意事项之后，就可以建立数据清单了。首先在工作表中的每一列输入一个列标志，然后就可以输入数据以形成一个记录。可以在工作表的任何区域创建数据清单，但是保证在清单下的区域不包含任何数据，这样数据清单才可以进行扩展而不会影响工作表中的其他数据，如图 4-42 所示。

	A	B	C	D	E	F	G	H	I	J
1	成绩表									
2	序号	姓名	性别	出生日期	学科	语文	数学	英语	政治	总分
3	2007001	李剑荣	男	1988-7-2	理科	90	74	75	90	329
4	2007002	翟奕峰	男	1988-7-6	文科	73	64	75	85	297
5	2007003	刘颖仪	女	1988-1-26	理科	81	61	70	75	287
6	2007004	黄艳妮	女	1988-1-31	理科	92	90	72	75	329
7	2007005	苗苗	女	1988-2-5	文科	92	87	75	52	306
8	2007006	陈耿	男	1988-7-10	理科	55	73	95	69	292
9	2007007	吴梓波	男	1988-7-14	理科	61	62	95	78	296
10	2007008	唐滔	男	1988-7-18	文科	92	87	75	75	329
11	2007009	梁拓	男	1988-7-22	文科	65	49	95	70	279
12	2007010	黄沛文	男	1988-7-26	理科	93	94	75	55	317
13	2007011	雷永存	男	1988-7-30	文科	96	51	80	74	301
14	2007012	张婷婷	女	1988-2-10	理科	81	88	85	81	335

图 4-42 数据库示例

2. 使用记录单管理数据

为了方便在一个数据清单中输入和编辑记录，可以使用记录单的功能，它可以显示经过组织以后的数据视图，并使整个记录的输入变得更容易、更精确。在记录单中显示了字段名、数据输入的文本框，以及增加、删除和查找记录的按钮。也可以使用记录单输入新的记录、编辑已存在的记录、删除和查找特定的记录。

（1）使用记录单添加记录

用户可以直接在工作表中添加一空行，然后在相应的单元格中输入数据，如果数据清单中的数据较多，可以使用记录单来添加记录，步骤如下：

① 单击要向其中添加记录数据清单中的任一单元格。

② 选择"数据"→"记录单"命令，出现如图 4-43 所示的对话框。在记录单的顶部显示了当前工作表的名称。在记录单的左边显示各个字段的名称，在其右边的文本框中显示该字段的记录值。在记录单的右上角显示当前记录是总记录数中的第几个记录。另外，记录单中还提供的几个按钮可以让用户查看，添加、删除以及设置查找条件等。

图 4-43　数据库记录单

③ 单击"新建"按钮，出现一个空白的记录单让用户输入数据。

④ 在每个字段名后的文本框中输入相应的数据。按【Tab】键选择下一个文本框中，或按【Shift+Tab】组合键返回到前一个文本框中。

⑤ 输入完毕后，按【Enter】键会再次出现一个空白记录单让用户继续增加记录，也可以单击"关闭"按钮返回到工作表中。用户会发现在数据清单的底部加入了新的记录。

（2）使用记录单修改记录

如果想修改数据清单中的记录，用户可以双击要编辑的单元格，然后输入新的内容。也可以用记录单来修改记录。

（3）使用记录单删除记录

如果想使用记录单删除记录，查找到想删除的记录，单击"删除"按钮后则会出现一个消息框提示用户将删除显示的记录。单击"确定"按钮，数据清单中这一行的所有单元格被删除，余下的记录上移。

（4）使用记录单查找记录

如果想使用记录单查找数据清单中的记录，在记录单中设置搜索条件，单击"下一条"按钮，向下查找相匹配的记录，或者单击"上一条"按钮，向上查找相匹配的记录。

4.7.3　数据的排序

对数据清单中的数据进行排序是 Excel 最常见的应用之一。可以根据一列或多列的数值对数据清单排序。如果数据清单是按列建立的，也可以按照某行中的数值对列排序。在排序时，用列或指定的排序顺序设置行、列以及各单元格。

1. 默认排序顺序

Excel 使用特定的排序顺序，根据单元格中的数值而不是格式来排列数据。在排序文本项时，一个字符一个字符地从左到右进行排序。在按升序排序时，使用如下顺序：

- 数字从最小的负数到最大的正数排序。
- 文本以及包含数字的文本，按 0～9、A～Z 顺序排序。

- 在逻辑值中，FALSE 排在 TRUE 之前。
- 所有错误值的优先级等效。
- 空格排在最后。

2．根据一列的数据对数据行排序

如果想快速根据一列的数据对数据行排序，可以使用"常用"工具栏中提供的两个排序按钮：升序 和降序 。具体操作步骤如下：

① 在数据清单中单击某一字段名，例如，如图 4-42 所示的数据库中按总分进行排序，则单击数据区内"总分"列的任意一个单元格。

② 根据需要，可以单击"常用"工具栏中的升序 或降序 按钮。例如，单击 按钮，将得到如图 4-44 所示的结果。

3．根据多列的数据对数据行排序

使用"常用"工具栏中的 或者 按钮对某一列的数据进行排序时，常常会遇到该列中有多个数据相同的情况。此时用户可以根据多列的数据对数据行排序，具体操作步骤如下：

① 选择需要排序的数据清单中的任一单元格。

② 选择"数据"→"排序"命令，弹出如图 4-45 所示的"排序"对话框。

	A	B	C	D	E	F	G	H	I	J
1					成绩表					
2	序号	姓名	性别	出生日期	学科	语文	数学	英语	政治	总分
3	2007066	黄志聪	女	1988-12-7	理科	89	85	81	95	350
4	2007068	郑衍华	男	1988-6-14	文科	89	90	96	75	350
5	2007079	丁家歆	男	1988-12-29	理科	80	100	96	74	350
6	2007015	何小华	女	1989-1-3	理科	78	85	97	81	341
7	2007031	杨卫新	男	1989-1-15	理科	78	85	92	86	341
8	2007067	李泽江	女	1988-12-29	文科	78	85	97	81	341
9	2007038	徐盛荣	男	1988-8-15	理科	78	82	96	84	340
10	2007071	张捷	男	1988-8-19	理科	94	92	78	75	339
11	2007083	黄爵纯	女	1988-1-21	理科	92	97	81	67	337
12	2007012	张婷婷	女	1988-2-10	理科	81	88	85	81	335

图 4-44　按总分进行排序

图 4-45　"排序"对话框

③ 单击"主要关键字"下拉列表框右边的下三角按钮，选择想排序的字段名。例如，选择"总分"。

④ 单击"升序"或"降序"单选按钮确定排序的方式。

⑤ 如果要以多列的数据作为排序依据，可以在"次要关键字"下拉列表框中选择想排序的字段名。例如，为了防止总分成绩相同，可以在"次要关键字"下拉列表框中选择"语文"。对于特别复杂的数据清单，还可以在"第三关键字"下拉列表框中选择想排序的字段名"数学"。

⑥ 为了防止数据清单的标题被加入到排序中，可以单击"当前数据清单"选项区域中的"有标题行"单选按钮。

⑦ 单击"确定"按钮即可对数据进行排序。

4．对自定义数据清单排序

还可以利用自定义序列作为排序依据。在 4.2.4 节已经学习了自定义序列的方法。例如，如图 4-46 所示，按"教授、副教授、讲师、助教"的序列排序，如果"教授、副教授、讲师、助教"的序列不存在序列库中，可以先将该序列添加到自定义序列库，具体操作步骤参见 4.2.4

中图 4-9 所示。

如果需要的序列已在自定义序列库中后，可按照以下步骤操作：

① 选择"部门"字段。

② 选择"数据"→"排序"命令，弹出"排序"对话框。

	A	B	C	D	E	F	G
1	职工编号	部门	姓名	职称	职务工资	岗位津贴	应发工资
2	05001	语言教研室	张三	讲师	2113. 67	1800	3913. 67
3	05002	语言教研室	钱天天	助教	1436. 22	1500	2936. 22
4	05003	语言教研室	钱明	教授	2246. 23	2500	4746. 23
5	05004	语言教研室	钱丹丹	教授	1686. 84	2500	4186. 84
6	05005	基础教研室	杨树立	副教授	2092. 69	2000	4092. 69
7	05006	基础教研室	钱艳	讲师	1629. 55	1800	3429. 55
8	05007	基础教研室	李四	副教授	2195. 23	2000	4195. 23
9	05008	基础教研室	方军	讲师	2195. 23	1800	3995. 23

图 4-46 自定义序列示例

③ 单击"排序"对话框中的"选项"按钮，弹出"排序选项"对话框。

④ 在"自定义排序次序"下拉列表框中选择所需的自定义顺序，如图 4-47 所示。

⑤ 单击"确定"按钮返回 "排序"对话框中，再次单击"确定"按钮即可按指定序列方式进行排序，如图 4-48 所示。

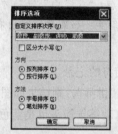

图 4-47 选择需要的序列

	A	B	C	D	E
1	职工编号	部门	姓名	职称	职务工资
2	05003	语言教研室	钱明	教授	2246. 23
3	05004	语言教研室	钱丹丹	教授	1686. 84
4	05012	基础教研室	钱国一	教授	1683. 00
5	05016	语言教研室	郑成	教授	1641. 52
6	05005	基础教研室	杨树立	副教授	2092. 69
7	05007	基础教研室	李四	副教授	2195. 23
8	05013	基础教研室	潘子流	副教授	2092. 69
9	05014	基础教研室	吕子明	副教授	2341. 71
10	05017	语言教研室	孙中	副教授	2341. 71

图 4-48 排序结果

5. 根据行数据对数据列排序

在默认情况下，用户对一列或多列中的数据进行排序时，如果想根据某一行中的数据进行排序，可以按照以下步骤进行：

① 选择数据清单中的任意单元格。

② 选择"数据"→"排序"命令，弹出"排序"对话框。

③ 单击"排序"对话框中的"选项"按钮，弹出"排序选项"对话框。

④ 在"方向"选项区域中单击"按行排序"单选按钮，然后单击"确定"按钮返回"排序"对话框。

⑤ 在"主要关键字"和"次要关键字"下拉列表框中，选择需要排序的数据行。

⑥ 单击"确定"按钮。

4.7.4 数据筛选

筛选是一种用于查找数据库中的数据的快速方法。在 Excel 2003 中，进行数据的筛选，并列出符合条件的数据非常容易。

当筛选完一个数据清单时，只显示那些符合条件的记录，而将其他记录从视图中隐藏起来。用户可以使用自动筛选或者高级筛选两种方法来显示所需的数据。

1. 自动筛选数据

自动筛选给用户提供了快速访问大量数据清单的管理功能。通过简单的鼠标操作，用户就可以筛选掉那些不想看见的数据。具体操作步骤如下：

① 单击数据清单中的任意单元格。

② 选择"数据"→"筛选"→"自动筛选"命令。此时，在每列标题的右侧出现一个下拉按钮。

③ 单击想查找列的下拉按钮，在弹出的菜单中列出了该列中的所有项目，如图 4-49 所示。在每个列标题的菜单中包含以下一些选项：

- 全部。显示数据清单中的所有记录。
- 自定义。出现一个对话框让用户设置显示记录的条件。
- 前 10 个。显示该列中最大或最小的数个记录。
- 空白。只显示此列中含有空白单元格的数据行。
- 非空白。只显示此列中含有数据的行。

提示：只有当前筛选的数据列中含有空白单元格时，"空白"和"非空白"选项才会出现。如果要筛选出没有数据的行，则应选择"空白"作为"自动筛选"条件，如果要筛选出有数据的行，则应选择"非空白"。

如果在菜单中选择某一特定的数据，则显示所有与该数据相符的记录。

④ 从菜单中选择需要显示的项。例如，在职称菜单中选择"讲师"，则结果如图 4-50 所示。筛选后所显示的数据行的行号是蓝色的，筛选后的数据列中的自动筛选箭头也是蓝色的。

	A	B	C	D	E	F
1	职工编▼	部门▼	姓名▼	职称▼	职务工▼	岗位津▼
2	05001	语言教研室	张三		2113.67	1800
3	05002	语言教研室	钱天		1436.22	1500
4	05003	语言教研室	钱明		2246.23	2500
5	05004	语言教研室	钱丹		1686.84	2500
6	05005	基础教研室	杨树		2092.64	2000
7	05006	基础教研室	钱捆		1629.55	1800
8	05007	基础教研室	李四		2195.23	2000
9	05008	基础教研室	方军	讲师	2195.23	1800
10	05009	基础教研室	方城	助教	1500.55	1500

图 4-49 列标题的下拉菜单

	A	B	C	D	E
1	职工编▼	部门▼	姓名▼	职称▼	职务工▼
2	05001	语言教研室	张三	讲师	2113.67
7	05006	基础教研室	钱捆	讲师	1629.55
9	05008	基础教研室	方军	讲师	2195.23
19	05018	语言教研室	李丹	讲师	1629.55

图 4-50 自动筛选的结果

2. 自动筛选前 10 个

如果用户想看到数据清单中最大或最小的几项，可以使用自动筛选前 10 个的功能来进行筛选。具体操作步骤如下：

① 单击数据清单中的任一单元格。

② 选择"数据"→"筛选"→"自动筛选"命令。

③ 单击想查找列的下拉按钮，从菜单中选择"（前 10 个）"选项，弹出如图 4-51 所示的"自动筛选前 10 个"对话框。

图 4-51 "自动筛选前 10 个"对话框

④ 在该对话框的第一个下拉列表框中有两个选项："最大"和"最小"。如果想查找最大的几个数值，则选择"最大"选项；如果想查找最小的几个数值，则选择"最小"选项。第二个微调框可以设置显示几项，用户可以直接在该框中输入一个数值（本例中输入 3）或者单击右边的微调按钮来增加或减少该数值。

⑤ 设置完毕后，单击"确定"按钮。

3. 自定义自动筛选

用户可以通过"自定义"选项来缩减自动筛选数据清单的范围。例如，想查找岗位津贴在 1 500～2 000 的记录。如果想用自定义自动筛选方式，可以按照以下步骤进行：

① 单击数据清单中的任意单元格。

② 选择"数据"→"筛选"→"自动筛选"命令。

③ 单击包含想筛选的数据列中的下拉按钮，选择"（自定义）"选项，弹出如图 4-52 所示的"自定义自动筛选方式"对话框。

④ 单击左上角的下拉按钮，从下拉列表框中选择所需的操作符。例如，选择"大于或等于"。

⑤ 在右面的文本框中输入一个数值，如输入"1500"。

⑥ 如果想设置第二个条件，可以单击"与"或"或"单选按钮。选择"与"选项，必须保证两个条件同时满足；选择"或"选项，只要符合条件之一即可，本例选择"与"。

⑦ 单击左下角的下拉按钮，从下拉列表框中选择所需的操作符。例如，从下拉列表中选择"小于"。在后面的文本框中输入一个数值，如"2000"。

⑧ 单击"确定"按钮，即可显示符合条件的记录，如图 4-53 所示。

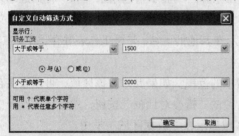

图 4-52　"自定义自动筛选方式"对话框

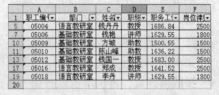

图 4-53　显示符合条件的记录

4. 取消数据清单中的筛选

取消数据清单中的筛选有以下几种方法：

① 如果要在数据清单取消对某一列进行的筛选，则单击该列首单元格右端的下拉按钮，再选择"（全部）"选项。

② 如果要在数据清单中取消对所有列进行的筛选，选择"数据"→"筛选"→"全部显示"命令。

③ 如果要撤销数据清单中的自动筛选标记，选择"数据"→"筛选"→"自动筛选"命令。

5. 使用高级筛选

使用自动筛选功能可以方便。快速地找到符合条件的记录，但是该功能的查找的条件不能太复杂。如果需要使用多个筛选条件，或者将符合条件的数据输出到工作表的其他单元格中，可以使用高级筛选功能。

例如，将图 4-54 所示人事档案数据库中"文化程度"为"研究生"的人事记录筛选至 A30 开始的区域存放，条件区域从 A26 单元格开始书写。

操作步骤如下：

① 在工作表中远离数据清单的位置设置条件区域。条件区域至少为两行，第一行为段名，第二行以下为查找的条件。本例中将 J1 单元格中的"文化程度"字段名复制到 A26，然后将 J 列任意一个内容为"研究生"的单元格复制到 A27 单元格，完成条件区域 A26:A27 的书写，如图 4-55 所示。

图 4-54　人事档案数据库

图 4-55　条件区域

小技巧：在条件区域中，字段名等内容可以用复制的方法。

② 在数据清单中选择任意单元格。

③ 选择"数据"→"筛选"→"高级筛选"命令，弹出如图 4-56 所示的"高级筛选"对话框。在"高级筛选"对话框中包含以下一些选项：

- 在"方式"选项区域中有两个单选按钮："在原有区域显示筛选结果"和"将筛选结果复制到其他位置"。如果单击第一个单选按钮，则筛选的结果显示在原数据清单位置；如果单击第二个单选按钮，则将筛选后的结果显示在其他的区域，与原工作表并存，需要在"复制到"文本框中指定区域。

- 在"列表区域"文本框中已经指出了数据清单的范围。如果要修改该区域，可以直接在该文本框中进行修改。也可以单击该文本框右侧的"折叠对话框"按钮，然后在工作表中选择数据区域，再次单击该按钮，所选择的区域显示在"数据区域"框中。

- 在"条件区域"文本框中输入含筛选条件的区域，也可以直接在此文本框中输入区域范围或单击该文本框以放置插入点，然后在工作表中选择条件区域，所选择的区域显示在"条件区域"文本框中。

- 当在"方式"选项区域中单击"将筛选结果复制到其他位置"单选按钮时，就需要在"复制到"文本框中输入区域范围。如果单击"在原有区域显示筛选结果单选按钮"，就象自动筛选一样在工作表区域显示筛选结果，不满足条件的记录被隐藏起来。

- 如果要显示符合条件的记录，并且排除其中重复的记录，可以选择"选择不重复的记录"复选框。

④ 在"方式"选项区域中单击"将筛选结果复制到其他位置"单选按钮。

⑤ 在"列表区域"文本框中输入数据区域。通常系统默认设定。默认值有误时可直接拖动选正确的范围。

⑥ 在"条件区域"框中指定条件区域，用拖动选择 A26:A27 区域。

⑦ 在"复制到"文本框中指定存放筛选结果的区域，用鼠标单击 A30，单击"确定"按钮，就可以得到如图 4-57 所示的高级筛选结果。

（1）设置"与"复合条件

在使用"高级筛选"命令之前，用户必须指定一个条件区域，以便显示出符合条件的记录。用户可以定义一个条件（例如，上面仅筛选出"研究生"的记录），也可以定义几个条件来筛选符合条件的记录。

图 4-56 "高级筛选"对话框

	A	B	C	D	E	F	G	H	I	J	K
26	文化程度										
27	研究生										
28											
29											
30	编号	姓名	性别	民族	籍贯	出生年月	年龄	工作日期	工龄	文化程度	现级别
31	X05002	黄军	男	回	陕西蒲城	1974年11月	33	1993年12月	14	研究生	副编审
32	X05008	赵亮	男	汉	河北南宫	1955年5月	52	1971年2月	37	研究生	职员
33	X05009	李惠惠	女	汉	江苏沛县	1976年7月	31	1976年8月	31	研究生	编审
34	X05012	曾冉	女	汉	河北文安	1946年10月	61	1957年6月	50	研究生	职员
35	X05015	李长青	男	汉	福建 南安	1973年12月	34	1993年6月	12	研究生	副编审
36	X05020	李锦程	男	羌	四川遂宁	1952年11月	55	1975年7月	32	研究生	副编审
37	X05023	赵月	女	汉	河北青县	1946年10月	61	1966年12月	41	研究生	编审

图 4-57 高级筛选的结果

如果分别在两个条件字段下方的同一行中输入条件，则系统会认为只有两个条件都成立时，才算是符合条件。例如，要查找"工龄"在 20 年（含 20 年）以上，同时"文化程度"为研究生的记录，则建立如图 4-58 所示的条件区域 A26:B27。

图 4-58 复合条件区域的建立

（2）设置"或"复合条件

例如：想查看"民族"是"汉"或"满"且"文化程度"为"大学本科"的人事记录。在设置条件区域时，只需在两个条件字段下方的不同行中输入条件，可以建立如图 4-58 所示的条件区域 E26：F28。

（3）使用公式的计算结果作为条件

在高级筛选中，用上述方法建立的条件区域称为比较条件式，用户还可以使用公式的计算结果作为条件。当使用公式生成条件时，首先让条件字段（条件标记）为空，下面写出计算条件式。用作条件的公式中，引用列标志的位置可直接用该列字段第一个记录的相关字段地址表示。"与"复合条件用"AND"函数实现，"或"复合条件用"OR"函数实现。于是对于如图 4-54 所示的人事档案数据库，在图 4-59 所示中可看到用比较条件式建立的条件区域和与之等价的用计算条件式建立的条件区域，A26:A27 与 E26:E27 等价，A29:B30 与 E29:E30 等价，A32:B34 与 E32:E33 或 E35：E36 等价，筛选结果用户可自行检验。如图 4-59 所示中的 E27、E30、E33、E36 单元格在实际的录入确认后会以 FALSE 或 TRUE 值显示。本图以公式原样显示是为了方便读者阅读。

说明：A26:A27 条件区域中要表示"文化程度=研究生"，用户在 J2 输入了：J2="研究生"，公式中的 J2 表示引用了"文化程度"字段，用"文化程度"字段对应的首笔记录所在单元格 J2 表示。

	A	B	C	D	E	F	G	H	I	J	K
1	编号	姓名	性别	民族	籍贯	出生年月	年龄	工作日期	工龄	文化程度	现级别
2	X05001	王娜	女	汉	浙江绍兴	1955年11月	52	1978年8月	29	中专	职员
3	X05002	黄军	男	回	陕西蒲城	1974年11月	33	1993年12月	14	研究生	副编审
24	X05023	赵月	女	汉	河北青县	1946年10月	61	1966年12月	41	研究生	
25											
26	文化程度										
27	研究生				=J2="研究生"						
28											
29	工龄	文化程度									
30	>=20	研究生			=AND(I2>=20,J2="研究生")						
31											
32	民族	文化程度									
33	汉	大学本科			=OR(AND(D2="汉",J2="大学本科"),AND(D2="满",J2="大学本科"))						
34	满	大学本科									
35											
36						=AND(OR(D2="汉",D2="满"),J2="大学本科")					

图 4-59 计算条件式

4.7.5 分类汇总

分类汇总是对数据库中的数据进行分类统计。分类汇总首前必须先对要进行分类统计的字段作排序处理。

例如，在图 4-54 所示的人事档案数据库中，按文化程度分类，统计不同文化程度人员的平均年龄。操作步骤如下：

① 选定清单中的某一个单元格。

② 按"文化程度"字段对清单中的所有记录排序，可以升序也可以降序排列。

③ 选择"数据"→"分类汇总"命令，弹出"分类汇总"对话框，如图 4-60 所示。"分类汇总"命令用于指定按哪一字段分类，以及如何统计。

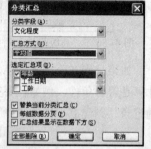

图 4-60 "分类汇总"对话框

④ 在"分类汇总"对话框中，"分类字段"下拉列表框用于指定按哪一字段对清单中的记录分类。用户可以单击该框右端的下三角按钮，然后选择"文化程度"选项。

"汇总方式"下拉列表框用来指定统计时所用的函数计算方式。默认时，Excel 使用 Sum 函数进行求和运算，用户要统计成绩的平均分，所以应该从下拉列表中选择"平均值"选项。

"选择汇总项"列表框用来指定对字段进行统计工作。用户要统计年龄的均值，所以应选择"年龄"复选框。

如果选择"替换现有分类汇总"复选框，那么新分类汇总将替换清单中原有的所有分类汇总。如果取消选择该复选框，Excel 将保留已有的分类汇总，并向其中插入新的分类汇总。

如果选择"每组数据分页"复选框，在进行分类汇总的各组数据之间自动插入一分页线。

如果选择"汇总结果在数据下方"复选框，汇总结果行和"总计"行会置于相关数据之下。取消选择该复选框，分类汇总行和"总计"行会插在相关数据之上。

（5）完成图 4-60 的设置后，单击"确定"按钮对清单中的记录分类汇总，如图 4-61 所示。

在图 4-61 中，工作表左侧的三个小方块用于控制各组数据的隐藏和显示，它们叫做分级显示符号。

	F	G	H	I	J	K
1	出生年月	年龄	工作日期	工龄	文化程度	现级别
2	1957年4月	51	1976年9月	31	大学本科	校对
3	1952年3月	56	1969年2月	38	大学本科	副馆员
4	1970年11月	37	1994年12月	13	大学本科	职员
5	1971年5月	36	1994年9月	13	大学本科	编审
6	1977年4月	31	1998年12月	9	大学本科	馆员
7	1953年10月	54	1968年9月	39	大学本科	校对
8	1959年10月	48	1978年10月	29	大学本科	会计师
9	1961年11月	47	1984年10月	23	大学本科	编辑
10		44.88			大学本科	平均值
11	1960年11月	47	1985年2月	23	大学肄业	编审
12					大学肄业	平均值
13	1961年1月	47	1983年1月	25	大专	校对
14	1961年12月	46	1984年1月	24	大专	职员
15	1980年1月	28	1999年2月	9	大专	职员
16	1955年11月	42	1976年9月	31	大专	编缮
17		43.25			大专	平均值
18	1965年6月	42	1987年9月	20	高中	编审

图 4-61 对人事清单分类汇总

例如，如果单击第一个分级显示符号，将隐藏第一组数据，并在这个分级显示符号上显示"+"号。如果再次单击这个分级显示符号，将重新显示第一组数据。

如果想取消分类汇总，只需在"分类汇总"对话框中单击"全部删除"按钮。

4.7.6 数据透视表

Excel 2003 还提供了一个数据透视表的功能，它可以将以上三个过程结合在一起，让用户非常便捷地在一个数据库中重新组织和统计数据。数据透视表是一种对大量数据快速汇总和建立交叉列表的交互式表格。数据透视表可以转换行、列，以查看源数据的不同汇总结果可以显示不同页面以筛选数据，还可以根据需要显示区域中的明细数据。

1. 数据透视表的组成

通常情况下，数据透视表由以下几部分组成（见图 4-62）：

（1）页字段

页字段是指被分配到页或筛选方向上的字段。在图 4-62 中，"地区"就是页字段，它可用来按地区筛选报表。通过使用"地区"字段，用户可以只显示"东部"地区、"西部"地区或其他地区的汇总数据。如果单击了页字段中的其他项，整个数据透视表报表都会发生变化，以便只显示与该项相关联的汇总数据。

（2）页字段项

源数据清单或表格中字段或列内的每一个唯一的数据项或值都将成为页字段列表中的一项，此项即为页字段项。在图 4-62 中，"东部"是"地区"页字段中的当前选定项，数据透视表报表将只显示"东部"地区的汇总数据。

（3）行字段

行字段是指来自源数据且在数据透视表报表中被指定为行方向的字段。在图 4-62 中，"产品"和"销售人员"就是行字段。包含多个行字段的数据透视表报表具有一个内部行字段（在图 4-62中是"销售人员"），它离数据区最近。任何其他行字段则都是外部行字段。内部和外部行字段具有不同的属性。最外部字段中的项只显示一次，而其他字段中的项则可按需要显示多次。

（4）列字段

列字段是指数据透视表报表中被指定为列方向的字段。在图 4-62 中，"季度"就是列字段，它包含两项："二季度"和"三季度"。数据透视表报表可以有多个列字段，就像可以有多个行字段一样。大部分缩进格式的数据透视表报表都没有列字段。

（5）项

项是指数据透视表字段的子分类或成员。在图 4-62 中，"牛奶"和"肉"就是"产品"字段中的项。项代表源数据中相同字段或列的唯一条目。项既可以作为行标志或列标志出现，又可以出现在页字段的下拉列表中。

（6）数据字段

数据字段是指包含汇总数据的数据库或源数据清单中的字段。在图 4-62 中，"销售总额"就是一个数据字段，它将汇总源数据中"销售"字段或列中的数据项。在缩进格式的报表示例中，此字段称为"销售"字段而不是"销售总额"。

数据字段通常用于汇总数字类型的数据（如：统计销售数据），但其源数据也可以是文本。默认情况下，Excel 使用 COUNT 汇总函数来汇总数据透视表报表中的文本数据，使用 SUM 汇总数字类型的数据。用户可通过"数据透视表"工具栏的"字段设置"按钮来修改汇总方式。

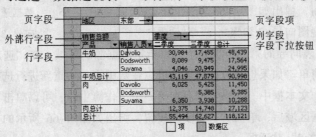

图 4-62　数据透视表的组成

（7）数据区

数据区是数据透视表报表中包含汇总数据的部分。数据区中的单元格显示了行和列字段中各项的汇总数据。数据区的每个值都代表了源记录或行中的一项数据汇总。

在图 4-62 中，单元格 C6 中的值是 Dodsworth 第二季度内牛奶销售情况的汇总数据，也就是说，对源数据中包含"牛奶"、"Dodsworth"和"二季度"项的每个记录或行中的销售数据进行汇总。

（8）字段下拉按钮

字段下拉按钮是指每个字段右边的箭头，单击此按钮可选择要显示的项。

2. 创建数据透视表

利用"数据透视表向导"可以对已有的数据清单、表格中的数据或来自于外部数据库的数据进行交叉表示、汇总，然后重新布置并立刻计算出结果。

以如图 4-63 所示的数据库为例，创建数据透视表，分析按不同地区统计各季度，不同产品的总定货量。

具体操作步骤如下：

① 选择数据清单中的任意一个单元格。

② 选择"数据"→"数据透视表和数据透视图"命令，弹出如图 4-64 所示的"数据透视表和数据透视图向导-3 步骤之 1"对话框。

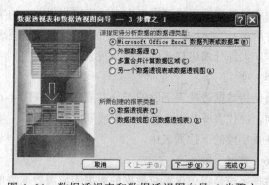

图 4-63　订货数据清单　　　　图 4-64　数据透视表和数据透视图向导-3 步骤之 1

③ 在数据透视表向导的第一个步骤中用户可以指定数据源。本例中选择"Microsoft Office Excel 数据列表或数据库"单选按钮。Excel 2003 新增加了创建数据透视图功能，可将数据透视表引进到图表中，为用户提供更有效分析数据透视的途径。单击"下一步"按钮，弹出如图 4-65 所示的"数据透视表和数据透视图向导-3 步骤之 2"对话框。

图 4-65　"数据透视表和数据透视图
向导-3 步骤之 2"对话框

④ 在数据透视表向导的第二个步骤中可以指定数据源的区域。在"选定区域"文本框中已经选择了整个数据清单。如果想修改该区域，可以在数据清单中重新进行选择，新选择的区域将出现在"选定区域"文本框中。如果数据源在另一个工作簿中时，可以单击"浏览"按钮查找工作簿。在选择好数据区域后，单击"下一步"按钮，弹出如图 4-66 所示的"数据透视表和数据透视图向导-3 步骤之 3"对话框。

⑤　在数据透视表向导的第三个步骤中指定数据透视表的显示位置在新建工作表中或现有工作表中。如果选择"新建工作表"选项，会专门为数据透视表建立一个新工作表，放在当前工作表之前。如果选择"现有工作表"选项，需在下面的文本框中输入数据透视表的左上角单元格引用。单击"布局"按钮，进入"数据透视表和数据透视图向导-布局"对话框（见图 4-67）。

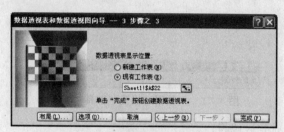

图 4-66　"数据透视表和数据透视图
向导-3 步骤之 3"对话框

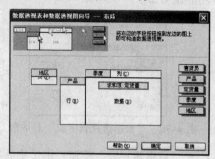

图 4-67　数据透视表布局

⑥　"数据透视表和数据透视图向导——布局"对话框中设置数据透视表的布局。只要用将对话框右边显示的字段名拖动到"行"、"列"、"数据"或"页"区域即可。其中，拖动到"页"位置中的字段按钮相当于选择了"自动筛选"命令，可以控制显示每一项；拖动到"行"位置中的字段按钮变成了行标题；拖动到"列"位置中的字段按钮变成了列标题；拖动到"数据"位置中的字段按钮相当于选择了"分类汇总"命令。按图 4-67 进行布局设置：将"地区"字段拖至"页"，"产品"和"售货员"字段拖至"行"，"季度"字段拖至"列"，"定货量"字段拖至"数据"，完成后单击"确定"按钮。

注意：并不是所有字段一定都参与布局，应根据用户需要了解的数据进行选择。

⑦　返回"数据透视表和数据透视图向导-3 步骤之 3"对话框后，单击"选项"按钮，弹出如图 4-68 所示对话框，可以设定透视表的名称，及有关的格式选项。

⑧　单击"完成"按钮，得到如图 4-69 所示的结果。

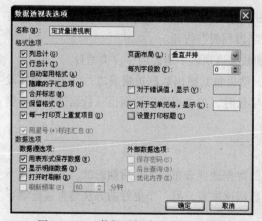

图 4-68　"数据透视表选项"对话框

图 4-69　创建的数据透视表

当双击"求和项"时，会弹出"数据透视表字段"对话框（如图 4-70 示），可根据需要选择汇总方式。如果要求统计平均定货量，用户可在"汇总方式"列表框中选择"平均值"选项。

3. "数据透视表"工具栏

创建数据透视表的同时，在屏幕上会显示"数据透视表"工具栏（如果该工具栏没有显示出来，可以选择"视图"→"工具栏"→"数据透视表"命令），"数据透视表"工具栏如图 4-71 所示，其功能说明如下：

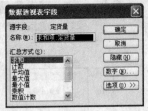

图 4-70 "数据透视表字段"对话框　　　　　图 4-71 "数据透视表"工具栏

- "数据透视表"按钮：用于更新数据、选定区域等。
- "设置报告格式"按钮：用于选定自动套用格式。
- "图表向导"按钮：用于建立数据透视图。
- "数据透视表向导"按钮：启动数据透视表向导。
- "隐藏明细数据"按钮：隐藏行字段或列字段中的外层详细数据。
- "显示明细数据"按钮：显示行字段或列字段中的外层详细数据。
- "刷新数据"按钮：用当前数据更新数据透视表。
- "字段设置"按钮：根据数据透视表中活动的单元格，修改字段的分类汇总和计算项，或更改数据区的属性。
- "显示域/隐藏字段"按钮：在工具栏下方显示或隐藏数据库的字段。

4. 添加或删除数据透视表字段

用户可以在数据透视表中添加新的字段或删除不需要的字段，以改变数据透视表中使用的数据。具体操作步骤如下：

① 单击数据透视表中的任意单元格。弹出如图 4-69 右侧的数据透视表字段列表。如果没有弹出可单击"数据透视表"工具栏中右侧的"显示字段列表"按钮。

② 如果要添加字段，可将"字段"按钮拖动到数据透视区中所需的字段类型处。

③ 如果要删除一个字段，可以单击该字段名，然后将其拖出数据透视表之外，当看到字段名按钮中含有一个叉号时，松开左键。当删除某个字段时，与之相联的数据也从数据透视表中删除了，但源数据不受影响。

5. 更改数据透视表布局

创建了一个数据透视表之后，也许会发现所建的数据透视表布局不是所期盼的，或者想从不同的角度观察数据。遇到这种情况，可以重新建立数据透视表，另一个更好的方法是直接拖动字段到适合的位置即可。

6. 更新数据透视表中的数据

如果在源数据清单中更改了某些数据，利用此清单所建的数据透视表中的数据不会自动更新。为了更新数据透视表中的数据，可以先选择数据透视表中的任意单元格，然后单击"数据透视表"

工具栏中的"更新数据"按钮，或者选择"数据"→"更新数据"命令即可。

7. 删除数据透视表

如果要删除数据透视表，可以按照以下步骤进行：

① 单击要删除的数据透视表中的任意单元格。

② 单击"数据透视表"工具栏中的"数据透视表"按钮，弹出一个菜单。

③ 选择"选定"→"整张表格"命令。

④ 选择"编辑"→"清除"→"全部"命令。

4.8 常用函数和数据统计与分析

在 4.3 节中，用户已经了解了公式，公式是工作表中对数据进行分析的等式，利用公式可以对工作表数据进行计算与分析，Excel 2003 包含许多内置的公式，称之为函数。

4.8.1 使用函数

当用户在设计一张工作表时，经常要进行一些比较复杂的运算，因此 Excel 提供一些可以执行特别运算的公式，即函数。在 Excel 在提供了 11 大类的函数，其中包括数学与三角函数、统计函数、数据库函数、财务函数、日期与时间函数、逻辑处理函数和字符处理函数等。用户使用时只需按规定格式写出函数及所需的参数（number）即可。函数的一般格式是：

（函数名）(<参数 1>，<参数 2>，…)

例如，要求出 A1，A2，A3，A4 四个单元格内数值之和，可用函数 SUM(A1:A4)来计算，其中 SUM 为求和函数名，A1:A4 为参数。

与输入公式一样，输入函数时必须以等号（＝）开头，如"＝SUM(A10:A30,D10:D30)"。

下面介绍部分常用函数。

1. 统计函数（见表 4-12）

表 4-12 统计函数

函 数	功 能
AVERAGE(number1,number2，…)	计算参数中数值的平均值
COUNT(value1,value2,...)	求参数中数值数据的个数
COUNTA(value1,value2,...)	返回参数组中非空值的数目
COUNTIF(range,criteria)	计算给定区域内满足特定条件的单元格的数目
MAX(number1,number2,…)	求参数中数值的最大值
MIN(number1,number2,…)	求参数中数值的最小值
SUM(number1,number2,…)	计算参数中数值的总和
SUMIF(range,criteria,sum_range)	根据指定条件对若干单元格求和
RANK(number,ref,order)	返回一个数值在一组数值中的排位

（1）求和函数 SUM

【语法】SUM（number1,number2,…）其中,number1,number2 等表示参数。

【功能】计算参数中数值的总和。

【说明】每个参数可以是数值、单元格引用坐标或函数。

【例】如图 4-72 所示的成绩工作表中，要求计算各门课程的总成绩，并将结果存放在单元格 H 列中，操作步骤如下：

① 单击单元格 "H3"，使其成为活动单元格。

② 输入公式 "=SUM(D3:G3)"，并按【Enter】键。

③ 将 H3 单元格的公式，复制到 H4:H22。

因为 SUM 函数比其他函数更常用，Excel 在工具栏上设置了 "自动求和" 按钮 "Σ"。利用此按钮可以对一至多列求和。本例的②可换为直接单击 "Σ" 按钮，系统会智能地选取求和单元格，如果有误请修改，如果正确请按【Enter】键。

此外，除了从键盘输入函数外，还可以使用工具栏上的粘贴函数 f_x 按钮，输入函数。

（2）求平均值函数 AVERAGE

【语法】AVERAGE（number1,number2,…）

【功能】计算参数中数值的平均值。

【例】在如图 4-72 所示的成绩工作表中，在 I 列计算各门课程的平均分。

以下利用 "粘贴函数" 来输入函数，操作步骤如下：

① 单击单元格 I3，使之成为活动单元格。

② 单击常用工具栏上的 "粘贴函数" 按钮，弹出 "粘贴函数" 对话框（见图 4-73）。

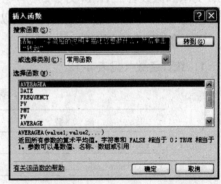

图 4-72 成绩表　　　　　　　　　图 4-73 "粘贴函数" 对话框

③ 选择 "常用函数" 列表框中的 "AVERAGE" 选项。

④ 单击 "确定" 按钮，屏幕出现 "AVERAGE" 对话框。

⑤ 在 Number1（参数1）文本框中输入 "D3:G3"。

⑥ 单击 "Enter" 按钮，即可求出平均分。

小技巧：在步骤⑤中，用户可直接用拖动选择单元格区域 D3:G3，既快又可避免输入错误。

（3）求最大值函数 MAX

【语法】MAX（number1,number2,…）

【功能】求参数中数值的最大值。

（4）求最小值函数 MIN

【语法】MIN(number1,number2,…)

【功能】求参数中数值的最小值。

【例】在如图 4-72 所示的成绩工作表中，在单元格区域 D23：G23 中计算各门课程的最高得分，在单元格区域 D24：G24 中计算各门课程的最高得分。

操作步骤如下：

① 在 D23 单元格输入：=MAX(D3:D22)。

② 在 D24 单元格输入：=MIN(D3:D22)。

③ 选择单元格区域 D23:D24，将鼠标移至右下角填充柄，拖动至 G24 即可。

（5）求数字个数函数 COUNT

【语法】COUNT(value1,value2,…)

【功能】求参数中数值数据的个数。

（6）求参数组中非空值的数目函数 COUNTA

【语法】COUNTA(value1,value2,…)

【功能】返回参数组中非空值的数目。

【例】设单元格 A1，A2，A3，A4 的值分别为 1，2，空，"ABC"，则 COUNT（A1:A4）的值为 2，COUNTA（A1:A4）的值为 3。

小技巧：如何区别 COUNT 和 COUNTA 函数？

例如，在图 4-72 所示的成绩工作表中请在 D25 求出学生的总人数。

假设以"语文"字段作为统计对象，观察下面两个式子的计算结果。

=COUNT(D3:D22)=20

=COUNTA(D3:D22)=20

假设以"姓名"字段作为统计对象，观察下面两个式子的计算结果。

=COUNT(B3:B22)=20

=COUNTA(B3:B22)=0

为什么会出现"0"的结果呢？因为"姓名"字段为字符型数据，而 COUNT 统计的对象为数值型数据，所以以字符型数据作为统计对象时结果就为"0"。

（7）求满足特定条件的单元格数目函数 COUNTIF

【语法】COUNTIF(range,criteria)

【功能】计算给定区域内满足特定条件的单元格的数目。

【说明】Criteria 是条件，其形式可以为数字、表达式或文本，还可以使用通配符。条件一般要加引号，但用数字作条件时，可加引号，也可以不加。

【例】在如图 4-72 所示的成绩工作表中求各科及格的人数，操作步骤如下：

则在 D26 中输入：=COUNTIF (D3:D22,">=60")，将 D26 复制到 E26:G26。在 D27 输入：=COUNTIF(C3:C22,"材料物理")，则可算出"材料物理"专业人数。其他人数，用户用相同的方法即可计算出结果。

（8）满足条件的若干单元格求和函数 SUMIF

【语法】SUMIF(range,criteria,sum_range)

【功能】根据指定条件对若干单元格求和

【说明】Range：用于条件判断的单元格区域；Criteria：条件；Sum_range：需要求和的实际单元格。只有当 Range 中的单元格满足条件时，才对 sum_range 中相应的单元格求和。如果省略 sum_range，则直接对 Range 中的单元格求和。

【例】在图 4-72 所示的成绩工作表中求"通信工程"学生的计算机的总成绩，可用"=SUMIF(C3:D22,C17,G3:G22)"求得。

（9）排位函数 RANK

【语法】RANK(number,ref,order)

【功能】返回一个数值在一组数值中的排位。数值的排位是与数据清单中其他数值的相对大小（如果数据清单已经排过序了，则数值的排位就是它当前的位置）。

【说明】Number 为需要找到排位的数字。Ref 为包含一组数字的数组或引用。Ref 中的非数值型参数将被忽略。Order 为一数字，指明排位的方式。如果 order 为 0 或省略，Excel 将 ref 当作按降序排列的数据清单进行排位。如果 order 不为零，Excel 将 ref 当作按升序排列的数据清单进行排位。

函数 RANK 对重复数的排位相同。但重复数的存在将影响后续数值的排位。例如，在一列整数里，如果整数 10 出现两次，其排位为 5，则 11 的排位为 7（没有排位为 6 的数值）。

【例】在如图 4-72 所示的成绩工作表中，在 J 列根据总分给出每位同学的排名。

操作步骤如下：

① 在 J3 单元格输入：=RANK(I3, I3: I22)

② 将 J3 复制到 J4:J22 即可。

2．数学函数（见表 4-13）

表 4-13　数学函数

函　数	功　能	应 用 举 例	结　果
INT(number)	返回不大于 number 的最大整数	=INT(43.85)	43
PI()	π值	=PI()	3.14159
ROUND(number,n)	按指定位数四舍五入	=ROUND(76.35,1)	76.4
RAND()	产生 0～1 之间的随机数	=RAND()	[0，1)的随机数
SQRT(number)	求 number 的平方根	=SQRT(16)	4
TRUNC(number,num_digits)	保留 num_digits 指定位数的小数。num_digits 缺省时将数字的小数部分截去，返回整数	=TRUNC(-8.9)	-8
MOD(number,divisor)	返回两数相除的余数	=MOD(3, 2)	1
ABS(number)	返回参数的绝对值	=ABS(-2)	2

（1）四舍五入函数 ROUND

【语法】ROUND(number, num_digits)

【功能】按 num-digits 指定位数,将 number 进行四舍五入。

【说明】Number 需要进行舍入的数字。Num_digits 指定的位数,按此位数进行舍入。 如果 num_digits 大于 0,则舍入到指定的小数位。如果 num_digits 等于 0,则舍入到最接近的整数。如果 num_digits 小于 0,则在小数点左侧进行舍入。

【例】ROUND(2.15,1)=2.2

ROUND(52.9,0)=53

ROUND(52.9,-1)=50

（2）随机函数 RAND

【语法】RAND()

【功能】返回大于等于 0 小于 1 的均匀分布随机数,每次计算工作表时都将返回一个新的数值。

【说明】如果要生成 a、b 之间的随机实数,可使用: RAND()*(b-a)+a;如果要使用函数 RAND 生成一随机数,并且使之不随单元格计算而改变,可以在偏辑栏中输入"=RAND()",保持编辑状态,然后按【F9】键,将公式永久性地改为随机数。

【例】使用随机函数生成[40,100]的随机整数。

=ROUND((RAND() *60+40), 0)

（3）平方根函数

【语法】SQRT(number)

【功能】返回 number 正平方根

【说明】Number 为需要求平方根的数字,如果该数字为负,则函数 SQRT 返回错误值#NUM!。

【例】SQRT(16) 等于 4

SQRT(-16) 等于 #NUM!

（4）绝对值函数 ABS

【语法】ABS(number)

【功能】返回参数的绝对值

【例】ABS(-2) 等于 2

3．日期函数（见表 4-14）

表 4-14 日期函数

函 数	功 能	应 用 举 例	结 果
DATE(year,month,day)	生成日期	=DATE(98,1,23)	1998-1-23
DAY(date)	取日期的天数	=DAY("98/1/23")	23
Month(DATE)	取日期的月份	=MONTH("98/1/23")	1
YEAR(date)	取日期的年份	=YEAR("98/1/23")	1998
NOW()	取系统的日期和时间	=NOW()	2008-4-1 22:08
TODAY()	求系统的日期	=TODAY()	2008-4-1
DATEDIF(开始日期，结束日期，单位代码)	计算两个日期之间的天数、月数和年数	=DATEDIF("1998/6/11","2008/4/1","y")	9

(1) DATEDIF()函数

【语法】DATEDIF (开始日期，结束日期，单位代码)

【功能】计算两个日期之间的天数、月数和年数

【说明】DATEDIF 函数源自 Lotus1-2-3，由于某种原因，Microsoft 公司希望对这个函数保密。因此在粘贴函数表中没有提到该函数。但它确实是一个十分方便的函数，可以计算两个日期之间的天数、月数和年数。

其中，开始日期必须比结束日期早，否则返回错误值。DATEDIF()函数中单位代码与返回值关系：

表 4-15 DATEDIF 函数中单位代码日期函数

单位代码	返回值	单位代码	返回值
"Y"	整年数	"MD"	天数差（忽略日期的年和月数）
"M"	整月数	"YM"	月份差（忽略日期的年和天数）
"D"	天数	"YD"	天数差（忽略日期的年数）

【例】DATEDIF("2001/1/1","2003/1/1","Y")=2，即时间段中有两个整年。

DATEDIF("2001/6/1","2002/8/15","D")=440，即在 2001 年 6 月 1 日和 2002 年 8 月 15 日之间有 440 天。

DATEDIF("2001/6/1","2002/8/15","YD")=75，即在 6 月 1 日与 8 月 15 日之间有 75 天，忽略日期中的年。

DATEDIF("2001/6/1","2002/8/15","MD")=14，即开始日期 1 和结束日期 15 之间的差，忽略日期中的年和月。

例如，在图 4-74 的人事档案库中，请在 G 列根据出生日期字段计算年龄。请看图中编辑栏的公式。

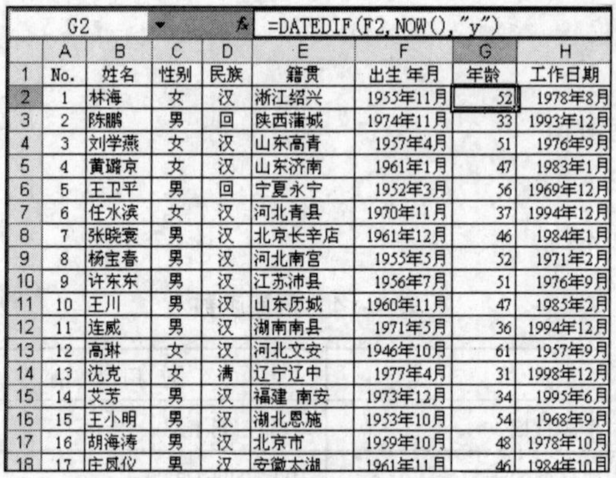
G2 =DATEDIF(F2,NOW(),"y")

	A	B	C	D	E	F	G	H
1	No.	姓名	性别	民族	籍贯	出生年月	年龄	工作日期
2	1	林海	女	汉	浙江绍兴	1955年11月	52	1978年8月
3	2	陈鹏	男	回	陕西蒲城	1974年11月	33	1993年12月
4	3	刘学燕	女	汉	山东高青	1957年4月	51	1976年9月
5	4	黄璐京	女	汉	山东济南	1961年1月	47	1983年1月
6	5	王卫平	男	回	宁夏永宁	1952年3月	56	1969年12月
7	6	任水滨	女	汉	河北青县	1970年11月	37	1994年12月
8	7	张晓寰	男	汉	北京长辛店	1961年12月	46	1984年1月
9	8	杨宝春	男	汉	河北南宫	1955年5月	52	1971年2月
10	9	许东东	男	汉	江苏沛县	1956年7月	51	1976年9月
11	10	王川	男	汉	山东历城	1960年11月	47	1985年2月
12	11	连威	男	汉	湖南南县	1971年5月	36	1994年12月
13	12	高琳	女	汉	河北文安	1946年10月	61	1957年9月
14	13	沈克	女	满	辽宁辽中	1977年4月	31	1998年12月
15	14	艾芳	男	汉	福建 南安	1973年12月	34	1995年6月
16	15	王小明	男	汉	湖北恩施	1953年10月	54	1968年9月
17	16	胡海涛	男	汉	北京市	1959年10月	48	1978年10月
18	17	庄凤仪	男	汉	安徽太湖	1961年11月	46	1984年10月

图 4-74 计算年龄

4. 逻辑函数

(1) 条件函数 IF()

【语法】IF (logical_test,valuel_if_true,value_if_false)

【功能】本函数对比较条件式进行测试，如果条件成立，则取第一个值(即 value_if_true)，否则取第二个值(即 value_if_false)。

【说明】其中，logical_test 为比较条件式，可使用比较运算符，如=,<>,<,>,>=,<=等；Valuel_if_true

为条件成立时取的值；Value_if_false 为条件不成立时取的值。

【例】图 4-75 的成绩表中根据平均分栏目作出判别，如果平均分在 60 或 60 以上者，在旁边单元格显示“及格”，其余情况显示“不及格”，则可在单元格 I3 输入如下函数实现：

=IF(H3>=60,"及格","不及格")

03 {=FREQUENCY(H3:H22,N3:N6)}

	E	F	G	H	I	J	K	L	M	N	O
1	成绩表										
2	英语	军事理论	计算机	平均分	等级	补考	总评				
3	85	71	70	75.25	及格	否	及格		[0,60)	59.99	1
4	99	90	92	92.75	及格	否	优秀		[60,70)	69.99	2
5	34	56	70	55.5	不及格	补考	及格		[70,80)	79.99	8
6	97	100	95	97	及格	否	优秀		[80,90)	89.99	6
7	89	70	63	75.25	及格	否	及格		[90,100]		3
8	75	80	84	76	及格	否	及格				
9	75	91	59	78	及格	补考	及格				

图 4-75 成绩表

IF 函数允许多重嵌套，以构成复杂的判断。例如对于上例的平均成绩栏目作出更细致的判别：成绩<60 为“不及格”，成绩在 60 至 79 分为“中”，在 80 至 89 分为“良”，90 及以上者为“优”，则可以采用如下函数来实现转换：

```
IF(H3<60, "不及格",IF(H3<80,"中",IF(H3<90, "良","优")))
```

如果图 4-75 的成绩表中有一栏目“补考”栏，该栏目的值要求为，语文、英语、军事理论和计算机四科成绩中只要有一科不及格就在补考情况栏目填上“补考”，其余填上“否”。又假设对语文、英语、军事理论和计算机四科成绩进行判别，四科成绩都在 90 分以上的在总评栏目填上“优秀”，其余填上“及格”。此时，需要借助以下介绍的 AND 函数和 OR 函数解决问题。

（2）AND()函数

【语法】AND(logical1,logical2, ...)

【功能】所有参数运算的逻辑值为真时返回 TRUE；只要一个参数的逻辑值为假即返回 FALSE。

【说明】其中，Logical1，logical2，...待检测的 1～30 个条件值，各条件值或为 TRUE，或为 FALSE。

（3）OR()函数

【语法】OR(logical1,logical2, ...)

【功能】是所有参数运算的逻辑值为假时返回 FALSE；只要一个参数的逻辑值为真即返回 TRUE。

【说明】其中，Logical1，logical2，...待检测的 1～30 个条件值，各条件值或为 TRUE，或为 FALSE。

于是，上述问题可用以下式子分别解决：

IF(OR(D3<60,E3<60,F3<60,G3<60), "补考","否")

IF(AND(D3>=90, E3>=90, F3>=90, G3>=90), "优秀","及格")

5．频率分布统计函数 FREQUENCY

频率分布统计函数用于统计一组数据在各个数值区间的分布情况，这是对数据进行分析的常用方法之一。

【语法】FREQUENCY(data_array,bins_array)

【功能】计算一组数（data_array）分布在指定各区间（由 bins_array 来确定）的个数。

【说明】data_array 为要统计的数据（数组）；bins_array 为统计的间距数据（数组）。

设 bins_array 指定的参数为 A1，A2，A3，…An，则其统计的区间为 X<=A1，A1<X<=A2，A2<X<=A3，…，An-1<X<An，X>An，共 n+1 个区间。

【例】图 4-75 的成绩表，统计出平均分 < 60，60≤平均分 < 70，70≤平均分 < 80，80≤平均分 < 90，平均分≥90 的学生数各有多少，操作步骤如下：

① 在一个空区域(如 N3:N6)建立统计的间距数组（59.99，69.99，79.99，89.99）。

② 选定作为统计结果数组输出区域 O3:O7。

③ 键入函数 "=FREQUENCY（H3:H22，N3:N6）"。

④ 按【Ctrl+Shift+Enter】组合键。执行结果如图 4-75 所示。

6. 查找函数 VLOOKUP

【语法】`VLOOKUP(lookup_value,table_array,col_index_num,range_lookup)`

【功能】搜索表区域首行满足条件的元素，确定待检索单元格在区域中的行序号，再进一步返回选定单元格的值。

【说明】其中 Lookup_value 为需要在数组第一列中查找的数值。Lookup_value 可以为数值、引用或文本字符串。

Table_array 为需要在其中查找数据的数据表。可以使用对区域或区域名称的引用，例如数据库或列表。

如果 range_lookup 为 TRUE，则 table_array 的第一列中的数值必须按升序排列；否则，函数 VLOOKUP 不能返回正确的数值。如果 range_lookup 为 FALSE，table_array 不必进行排序。

通过在"数据"→"排序"中选择"升序"，可将数值按升序排列。

Table_array 的第一列中的数值可以为文本、数字或逻辑值。

文本不区分大小写。

Col_index_num 为 table_array 中待返回的匹配值的列序号。Col_index_num 为 1 时，返回 table_array 第一列中的数值；col_index_num 为 2，返回 table_array 第二列中的数值，以此类推。如果 col_index_num 小于 1，函数 VLOOKUP() 返回错误值值 #VALUE!；如果 col_index_num 大于 table_array 的列数，函数 VLOOKUP() 返回错误值 #REF!。

Range_lookup 为一逻辑值，指明函数 VLOOKUP() 返回时是精确匹配还是近似匹配。如果为 TRUE 或省略，则返回近似匹配值，也就是说，如果找不到精确匹配值，则返回小于 lookup_value 的最大数值；如果 range_value 为 FALSE，函数 VLOOKUP() 将返回精确匹配值。如果找不到，则返回错误值 #N/A。

【说明】如果函数 VLOOKUP() 找不到 lookup_value，且 range_lookup 为 TRUE，则使用小于等于 lookup_value 的最大值。

如果 lookup_value 小于 table_array 第一列中的最小数值，函数 VLOOKUP() 返回错误值 #N/A。

如果函数 VLOOKUP() 找不到 lookup_value 且 range_lookup 为 FALSE，函数 VLOOKUP() 返回错误值 #N/A。

【例】图 4-76 的示例为使用 1Pa 的空气值，观察公式及计算结果。

	A	B	C
1	A	B	C
2	密度	粘度	温度
3	0.457	3.55	500
4	0.525	3.25	400
5	0.616	2.93	300
6	0.675	2.75	250
7	0.746	2.57	200
8	0.835	2.38	150
9	0.946	2.17	100
10	1.09	1.95	50
11	1.29	1.71	0
12	结果	说明（结果）	公式
13	2.17	在 A 列中查找 1，并从相同行的 B 列中返回值（2.17）	=VLOOKUP(1,A2:C10,2)
14	100	在 A 列中查找 1，并从相同行的 C 列中返回值（100）	=VLOOKUP(1,A2:C10,3,TRUE)
15	#N/A	在 A 列中查找 0.7。因为 A 列中没有精确地匹配，所以返回了一个错误值（#N/A）	=VLOOKUP(0.7,A2:C10,3,FALSE)
16	#N/A	在 A 列中查找 0.1。因为 0.1 小于 A 列的最小值，所以返回了一个错误值（#N/A）	=VLOOKUP(0.1,A2:C10,2,TRUE)
17	1.95	在 A 列中查找 2，并从相同行的 B 列中返回值（1.71）	=VLOOKUP(2,A2:C10,2,TRUE)

图 4-76　VLOOKUP 函数示例

7. 财务函数

（1）求某项投资的未来值 FV( )

在日常工作与生活中，经常会遇到要计算某项投资的未来值的情况，此时利用 Excel 函数 FV( )进行计算后，可以帮助人们进行一些有计划、有目的、有效益的投资。

【语法】FV(rate,nper,pmt,pv,type)。

【功能】FV( )函数基于固定利率及等额分期付款方式，返回某项投资的未来值。

【说明】rate 为各期利率，是一固定值，nper 为总投资（或贷款）期，即该项投资（或贷款）的付款期总数，pmt 为各期所应付给（或得到）的金额，其数值在整个年金期间（或投资期内）保持不变，pv 为现值，指该项投资开始计算时已经入帐的款项，或一系列未来付款当前值的累积和，也称为本金，如果省略 pv，则假设其值为零，type 为数字 0 或 1，用以指定各期的付款时间是在期初还是期末，1=期初，0=期末，如果省略 type，则假设其值为零。

【例】假如某人两年后需要一笔比较大的学习费用支出，计划从现在起每月初存入 2000 元，如果按年利 2.25%，按月计息（月利为 2.25%/12），那么两年以后该账户的存款额会是多少呢？

公式写为：FV(2.25%/12,24,−2000,0,1)

结果为￥49,141.34 如图 4-77 所示。

（2）求贷款分期偿还额 PMT( )

PMT( )函数基于固定利率及等额分期付款方式，返回投资或贷款的每期付款额。PMT( )函数可以计算为偿还一笔贷款，要求在一定周期内支付完时，每次需要支付的偿还额，也就是人们平时所说的"分期付款"。比如借购房贷款或其他贷款时，可以计算每期的偿还额。

图 4-77　求某项投资的未来值 FV

【语法】PMT(rate,nper,pv,fv,type)

【功能】基于固定利率及等额分期付款方式，返回投资或贷款的每期付款额。

【说明】rate 为各期利率，是一固定值，nper 为总投资（或贷款）期，即该项投资（或贷款）的付款期总数，pv 为现值，或一系列未来付款当前值的累积和，也称为本金，fv 为未来值，或在最后一次付款后希望得到的现金余额，如果省略 fv，则假设其值为零（例如，一笔贷款的未来值即为零），type 为 0 或 1，用以指定各期的付款时间是在期初还是期末，1=期初，0=期末。如果省略 type，则假设其值为零。

【例】年利率为 8%，支付的月份数为 10 个月，贷款额为 ¥10，000 元，那么在这样的条件下贷款的月支付额是多少呢？可用以下公式求得：

PMT（8%/12,10,10000）计算结果为：¥-1,037.03。即每月应还贷款 1,037.03 元，如图 4-78 所示。

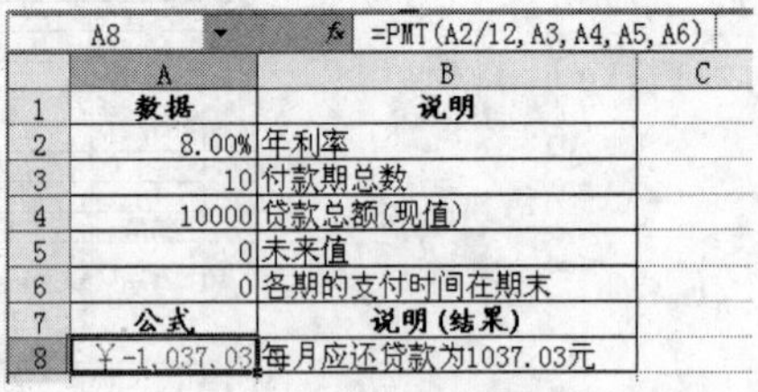

	A	B	C
	A8	fx	=PMT(A2/12,A3,A4,A5,A6)
1	数据	说明	
2	8.00%	年利率	
3	10	付款期总数	
4	10000	贷款总额（现值）	
5	0	未来值	
6	0	各期的支付时间在期末	
7	公式	说明（结果）	
8	¥-1,037.03	每月应还贷款1037.03元	

图 4-78 求贷款分期偿还额 PMT

（3）求某项投资的现值 PV()

PV()函数用来计算某项投资的现值。年金现值就是未来各期年金现在的价值的总和。如果投资回收的当前价值大于投资的价值，则这项投资是有收益的。

【语法】PV(rate,nper,pmt,fv,type)

【功能】计算某项投资的现值。

【说明】其中 Rate 为各期利率。Nper 为总投资（或贷款）期，即该项投资（或贷款）的付款期总数。Pmt 为各期所应支付的金额，其数值在整个年金期间保持不变。通常 pmt 包括本金和利息，但不包括其他费用及税款。Fv 为未来值，或在最后一次支付后希望得到的现金余额，如果省略 fv，则假设其值为零（一笔贷款的未来值即为零）。Type 用以指定各期的付款时间是在期初还是期末，1=期初，0=期末。

【例】假设要购买一项保险年金，该保险可以在今后二十年内于每月末回报 ¥600。此项年金的购买成本为 80,000，假定投资回报率为 8%。该项投资合算吗？

该项年金的现值为：

PV(0.08/12,12*20,600,0,0)

计算结果：¥-71,732.58。负值表示这是一笔付款，也就是支出现金流。结果图 4-79 所示

结果分析：此保险的年金现值只有 71,732.58，但却要花费 80,000 才能获得。因此，这不是一项合算的投资。

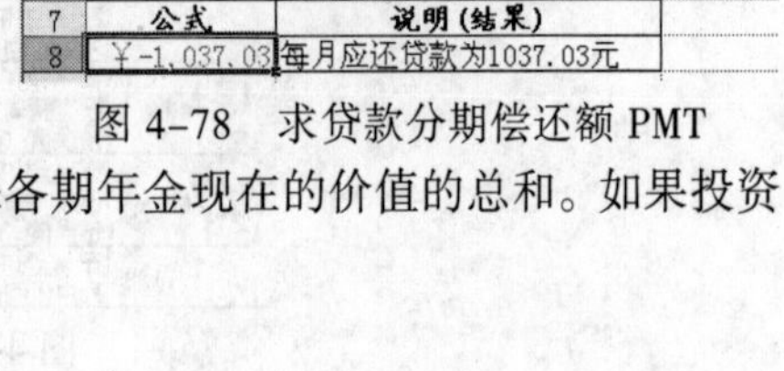

	A	B	
	A8		=PV(A3/12,20*12,A2,A5,A6)
1	数据	说明	
2	600	每月底一项保险年金的支出	
3	8.00%	投资收益率	
4	20	付款的年限	
5	0	未来值	
6	0	各期的支付时间在期末	
7	公式	说明（结果）	
8	¥-71,732.58	在上述条件下年金的现值(-71,732.58)	

图 4-79 求某项投资的现值 PV

8. 数据库统计函数（表 4-16）

表 4-16 常用数据库函数

函　数	功　能
DAVERAGE(database,field,criteria)	计算选定的数据库项的平均值
DCOUNT(database,field,criteria)	计算数据库中满足条件且含有数值的记录数
DCOUNTA(database,field,criteria)	计算数据库指定字段中，满足给定条件的非空单元格数目。
DMAX(database,field,criteria)	从选定数据库项中求最大值
DMIN(database,field,criteria)	从选定数据库项中求最小值
DSUM(database,field,criteria)	对数据库中满足条件的记录的字段值求和

Excel 数据库函数的语法：

<函数名>(Database,Field,Criteria)．

【说明】Database 指定数据清单的单元格区域；Field 指函数所使用的字段，可以用该字段名所在的单元格地址表示，也可以用字段代号表示，如 1 代表第一个字段，2 代表第二个字段，其余类推；Criteria 指条件范围。单元格区域和条件区域最好采用绝对地址。

【例】要求出第三组中成绩不及格的学生人数，操作步骤如下：

① 在一个空区域（如 F1:G2）中建立条件区域（图 4-80 所示）。

② 选定一个单元格（如 G4）来存放计算结果，并输入函数 "=DCOUNTA(A1:D11,A1,F1:G2)"（或 "=DCOUNTA(A1:D11,1,F1:G2)"）和按【Enter】键。执行结果如图 4-80 所示。

【说明】本例中，使用的是计数函数 DCOUNTA，所以公式中的 A1 可换成 B1、C1 或 D1，数字 1 可换成 2、3 或 4。如果使用计数函数 DCOUNT，应该怎样书写？

	A	B	C	D	E	F	G
1	学号	姓名	成绩	组别		成绩	组别
2	20063101001	邓家星	96	1		<60	3
3	20063101002	胡文晓	77	3			
4	20063101003	郭力	82	1			1
5	20063101004	何强	99	2			
6	20063101005	黄宗秋	72	2			
7	20063101006	胡达文	63	3			
8	20063101007	薛晓雯	35	3			
9	20063101008	陈泽君	77	1			
10	20063101009	李林	70	1			
11	20063101010	佘云	93	3			

图 4-80　执行结果

4.8.2　输入函数

如果用户对某些常用的函数及其语法比较熟悉，可以直接在单元格中输入公式，具体操作步骤如下：

① 选择想输入函数的单元格。

② 输入一个等号(=)。

③ 输入函数名（如 AVERAGE）和左括号。

④ 用鼠标选择想引用的单元格或区域。

⑤ 输入右括号。按【Enter】键，Excel 将在函数所在的单元格中显示公式的结果。

4.8.3　使用插入函数向导输入函数并及时获得函数帮助

由于 Excel 提供了大量的函数，并且有许多函数不经常使用，很难记住它们的参数。使用"插入函数"向导能够通过自动更正常见的错误和提供即时帮助来协助用户工作。"插入函数"是帮助用户创建或编辑公式的工具，当在公式中输入函数时，"插入函数"面板会显示函数的名称，它的每个参数、函数功能和参数的描述。函数的当前结果和整个公式的结果。

如果要使用"插入函数"向导输入函数，可以按照以下步骤进行：

① 选择要输入函数的单元格。

② 单击编辑栏中的 ƒ 按钮，就会编辑栏下方出现插入函数对话框。

③ 如果要使用的函数没有出现在"选择函数"中，选项"或选择类别"下拉列表框中所需的函数分类，再从下方的"选择函数"栏中选择要使用的函数。

④ 选择了要使用的函数后，会弹出如图 4-81 所示的"函数参数"对话框，下方会出现关于该函数功能的简单提示，用户也可以单击"有关该函数的帮助"以获得帮助。可以向函数中添加参数了，添加函数的对话框随着所选的函数名不同而不同，可以在参数框中输入数值、单元格引用或区域或者用鼠标在工作表中选择区域。当输入完函数需要的参数之后，公式的结果将出现在对话框下方。

⑤ 单击"确定"按钮，在选择的单元格中显示公式的结果。

另外，用户也可以在选择要输入函数的单元格后，单击常用工具栏中的"粘贴函数"按钮或者选择"插入"→"函数"命令。

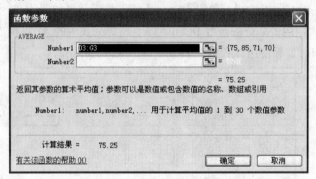

图 4-81　"函数参数"对话框

4.8.4　编辑函数

输入了一个函数之后，可以像编辑文本一样编辑它，但是如果要对函数进行比较大的改动，还是应使用"公式选项板"。具体操作步骤如下：

① 选择含有要编辑函数的单元格。

② 单击"常用"工具栏中的 fx 按钮，或者选择"插入"→"函数"命令，出现函数对话框。

③ 根据需要改变参数。完成后单击"确定"按钮。

4.8.5　数据统计与分析

Excel 2003 有较强的数据分析能力，为用户提供了一些数据分析工具，如方差分析、协方差分析、相关系数、指数平滑、直方图分析、回归、抽样、排位与百分比排位等，称为"分析工具库"。用户利用这些分析在工作中寻找一些数据的变化规律，帮助决策。

使用"分析工具"的操作如下：

选择"工具"→"数据分析"命令，弹出图 4-82 所示的数据分析对话框。

如果"数据分析"不存在，可通过"工具""加载宏"对话框中选择"分析工具库"并启动它。

下面为用户介绍几个实用的分析工具。

图 4-82　"数据分析"对话框

1. 方差分析

方差分析是常用的一种分析统计数据的方法，它可以用于分析一种因素或多种因素对某一事物有无显著影响，按照常规方法进行方差分析是很复杂的。但利用数据分析工具中的"方差分析"

工具就简单了。方差分析包括了单因素方差分析、无重复双因素方差分析和有重复双因素方差分析，在此以单因素方差分析为例说明。

单因素方差分析是在影响事物变化的若干因素中，只就某一特定因素分析其对该事物的影响，其他因素尽可能不变。例如：某汽车厂派出三组带不同营销策略的销售人员对某车型的汽车产品进行销售，一组在营销中向客户重点推介的是该款车节省燃料，二组在营销中向客户重点推介的是该款车豪华，三组在营销中向客户重点推介的是该款车价格便宜，通过四个季度销售及订货情况如图 4-83 所示。

本例要求分析三个不同的营销策略对该款轿车销售有无显著差异。

操作步骤如下：

① 打开图 4-83 所示销售数据表。

② 选择"工具"→"数据分析"命令，弹出图 4-82 所示的"数据分析"对话框。

③ 选择"单因素方差分析"选项，弹出图 4-84 所示的对话框。

④ 在"输入区域"文本框中选择 A3:E5 区域，因为三个小组是按行排列的，所以在"分组方式"框中选择"行"，并在下面选择"标志在第一列"复选框。"输出区域"选 A7 单元格。其他设置见图 4-84。

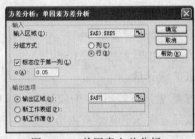

	A	B	C	D	E
1	某汽车公司B型轿车销售量数据表				
2	营销小组	第1季度	第2季度	第3季度	第4季度
3	1组	163	176	170	185
4	2组	184	198	179	190
5	3组	206	191	218	224

图 4-83　销售及定货情况　　　　　图 4-84　单因素方差分析

⑤ 完成后单击"确定"按钮，结果图 4-85 所示。（表中的外文含义是作者加上去的）

	A	B	C	D	E	F	G
1	某汽车公司B型轿车销售量数据表						
2	营销小组	第1季度	第2季度	第3季度	第4季度		
3	1组	163	176	170	185		
4	2组	184	198	179	190		
5	3组	206	191	218	224		
6							
7	方差分析：单因素方差分析						
8							
9	SUMMARY（摘要）						
10	组	观测数	求和	平均	方差		
11	1组	4	694	173.5	87		
12	2组	4	751	187.75	66.91667		
13	3组	4	839	209.75	212.25		
14							
15							
16	方差分析						
17	差异源	平方和 SS	自由度 df	方差 MS	F统计量 F	P值 P-value	F临界值 F crit
18	组间	2668.167	2	1334.083	10.93013	0.003907	4.256495
19	组内	1098.5	9	122.0556			
20							
21	总计	3766.667	11				

图 4-85　单因素方差分析结果

结果分析：

A9:E13 给出三种策略的四项数值。其中"观察数"指样本数值的个数，本例为四个季度。"求和"是总销售量。"平均"是平均每季销售量。"方差"指组内方差，是先算出四个季度销售量与其平均值之差的平方和、再除以自由度求得的。下面以 1 组为例进行计算。

平方和：$(163-173.5)^2+(176-173.5)^2+(170-173.5)^2+(180-173.5)^2=261$。

方差：$261/(4-1)=87$。

2 组、3 组照此计算得：2 组的平方和为 200.74，除以自由度 3，得出方差为 66.92。3 组的平方和为 636.74，除以自由度 3，得出方差为 212.25。

A16:G21 区域的方差分析首先将"差异源"（方差来源）分为"组间"和"组内"两项。这两项的各项数值是经过以下方法计算得出来的。

（1）平方和 SS

组间平方和需要先求出总平均值：$(694+751+839)/12=190.33$。

然后计算平方和：$(173.5-190.33)^2+(187.75-190.33)^2+(209.75-190.33)^2=667.05$。

由于三种策略各有四个季度的销售量，上项平方和还需要乘以 4：$667.05 \times 4=2668.2$。

组内平方和可将三组平方和相加求得：$261+200.74+636.74=1089.48$。

（2）自由度 df

组间自由度为：$3-1=2$。

组内自由度为：$3 \times 4-3=9$。

（3）方差 MS

组间方差：$2668.2/2=1334.1$。

组内方差：$1098.48/9=122.05$。

（4）求 F 统计量

组间方差/组内方差$=1334.1/122.05=10.93$。

（5）按显著性水平 0.05 查 F 分布表，在第 1 自由度 2、第 2 自由度 9 的交叉处查得 F 临界值 Fcrit 为 4.26。

（6）将 F 统计量与 F 临界值比较，10.93 远大于 4.26，说明不同的营销策略对轿车的销售量有着显著影响，应该选择影响销售量较大的营销策略进行推销。

从以上计算可以看出，如此复杂的计算，使用"方差分析"工具却能轻而易举地完成。

2．直方图分析

利用分析工具库的直方图工具，用户可以分析数据并将其显示在直方图（显示频率数据的柱形图）中。

在给定工作表中数据单元格区域的接收区间的情况下，直方图分析可以计算数据的个数和累计频率，用于统计有限集中某个数据元素的出现次数。

要创建直方图，必须将数据组织到工作表上的两列中。这些列应包含以下数据：

● 输入数据。要使用直方图工具分析的数据对象。

● 接收区域数据。这些数字指定了在进行数据分析时用户希望直方图工具度量输入数据的间隔。

当用户使用直方图工具时，Excel 会对每个数据区域中的数据点计数。如果数字大于某区域的下限并且等于或小于该区域的上限，则对应的数据点包括在该特定区域内。如果忽略接收区域，Excel 将创建一个介于数据最小值和最大值之间的均匀分布区域。

直方图分析的输出结果可以选择在某个区域或一个新的工作表（或新的工作簿）中显示，结果将显示一个直方图表和一个反映直方图表中数据的柱形图。

【例】图 4-86 所示的工作表中 A1:B21 是某班学生计算机考试成绩表，对其进行直方图分析。分别统计不及格、60 分数段、70 分数段、80 分数段、90 分数段、满分各区间成绩分布情况。

操作步骤：

① 在 C1:C9 输入接收区域的度量区间，如图 4-86 所示。

说明：C2 中的"59"表示了将会统计分数在[0，59]之间出现的频率，C3 中的"69"表示了将会统计分数在[60，69]之间出现的频率，其他依此类推。

② 选择"工具"→"数据分析"命令，弹出直方图对话框，图 4-87 所示。

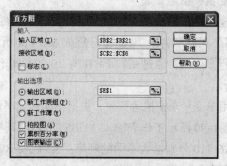

图 4-86　成绩表　　　　　　　图 4-87　直方图对话框

③ 在"输入区域"文本框中输入"B2:B21"，"接收区域"文本框中输入 C2:C6，输出选项可选择结果在某区域显示，也可以选择在一个新的工作表或工作簿中显示。本例选择在 E1 单元格开始的区域显示结果。并选择"累计百分率"、"图表输出"复选框。

小技巧：在单元格或区域地址的输入可通过拖动单元格的方式实现。此刻系统会以绝对地址的形式显示结果，如图 4-87 所示。

④ 单击"确定"按钮，即可看到如图 4-88 所示的分析结果。

结果分析：透过图 4-88 中的 F2:F7 区域的值，用户可以得到计算机成绩不及格的人数有一人，占全班人数的 5%，[60,69]分数段有四人，占全班人数的 25%-5%，[70,79]分数段有 7 人，占全班人数的 60%-25%，[80,89]分数段有两人，占全班人数的 70%-60%，[90,99]分数段有 5 人，占全班人数的 95%-70%，满分有一人，占全班人数的 100%-95%。说明：G 列给出的是累计百分比，上述各分数段的百分比通过 G 列计算得到。此外，透过图 4-88 的直方图可以直观地看到 70 分数段的人数较为密集。

如果用户如图 4-87 所示的直方图对话框中选择"柏拉图"复选框，那么将按频率的降序在输出表中显示数据，柏拉图为经过排序的直方图，如图 4-89 所示。

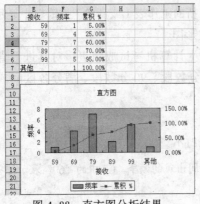

图 4-88　直方图分析结果

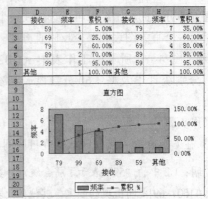

图 4-89　柏拉图

3．模拟分析

模拟分析是利用模拟运算表，分析已给出公式中某数值改变时对公式运算结果的影响。

（1）单变量模拟运算表

单变量模拟运算表，用于调试某个变量，以获得最佳的效果。

【例】某公司以年利率 7% 向银行贷款 600 000 元，规定在往后的十年内逐年进行偿还，每年应偿还给银行多少钱？通过函数 PMT(7%,10,600000) 计算出每年应偿还给银行为 ¥ –85,426.50 元，如图 4-90 所示。

下面利用单变量来模拟运算表，根据不同的利率计算出每年应偿还的金额，操作步骤如下：

① 按图 4-90 所示工作表输入 A1:B5 的内容。其中 B5 单元格输入的是函数：=PMT(B4,B3,B2)。

② 在 A6:A10 分别输入不同的利率：5.5%，5.8%，6.7%，7.2%，7.5%。

③ 选择区域 A5:B10。

④ 选择"数据"→"模拟运算表"命令，弹出如图 4-91 所示的模拟运算对话框，在输入引用列的单元格框中输入"B4"。

⑤ 单击"确定"按钮，结果如图 4-92 所示。

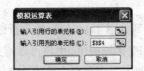

图 4-90　贷款计划　　图 4-91　"模拟运算表"对话框　　

图 4-92　单变量模拟运算结果

从结果可以看到在不同的利率情况下，应还贷款额。

（2）双变量模拟运算表

利用双变量模拟运算表，根据输入两个变量的不同值，这里同时改变年利率和偿还期限来计算出家庭每年应偿还的金额。操作步骤如下：

① 按图 4-96 所示工作表输入 A1:B4 的内容。在 A5 单元格输入函数：=PMT(B4,B3,B2)。

② 在 A6:A10 分别输入不同的利率：5.5%，5.8%，6.7%，7.2%，7.5%。

③ 在 B5:F5 分别输入不同的偿还期限：5，12，15，20，30。

④ 选择 A5:F10。

⑤ 选择"数据"→"模拟运算表"命令，弹出如图 4-93 所示的"模拟运算"对话框，在输入引用列的单元格框中输入"B4"。

⑥ 单击"确定"按钮，结果如图 4-94 示。

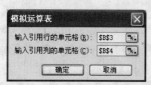

图 4-93　"模拟运算表"对话框　　　　图 4-94　双变量模拟运算结果

从结果可以看到在不同的利率、不同的偿还期限下，应还贷款额。

小　结

本章主要介绍了 Excel 2003 的基础知识、Excel 2003 的数据输入、Excel 2003 工作表的格式化、Excel 2003 的公式和函数、Excel 2003 的数据库管理、Excel 2003 的图表操作等内容。

重点要求用户掌握 Excel 2003 的启动与退出、Excel 2003 的工作界面、工作簿的创建、数据的录入、公式和函数的使用、单元格的引用、工作表的编辑与管理、工作表的格式化等。难点是公式和函数的使用、单元格的引用、数据的排序、筛选、图表的建立、透视表的建立。

练　习

一、选择题

1. 在 Excel 中，自定义序列可以选择_____命令来建立。
   - A."编辑"→"填充"
   - B."工具"→"选项"
   - C."数据"→"排序"
   - D."格式"→"自动套用格式"

2. 在 Excel 数据清单中，按某一字段内容进行归类，并对每一类做出统计操作的是_____。
   - A. 分类排序　　　B. 筛选　　　　C. 分类汇总　D. 单元格求和

3. 在 Excel 中，使用"高级筛选"命令前，我们必须为之指定一个条件区域，以便显示出符合条件的行；如果要对于不同的列指定一系列不同的条件，则所有的条件应在条件区域的_____输入。
   - A. 同一行中　　　B. 不同的行中　　C. 同一列中　D. 不同的列中

4. 在 Excel 中，需要返回一组参数的最大值，则应该使用函数_____。
   - A. MAX　　　　B. LOOKUP　　　C. IF　　　D. SUM

二、操作题

1. 请打开 C:\winks\100055.xls 工作簿，并对"Sheet1"进行如下操作：
   - A. 先对表格中"职务工资"进行升序排列，当"职务工资"相同则以"生活津贴"降序排列。排列时必须扩展到所有记录。

B. 运用自动筛选自定义的功能显示职称为"讲师"的数据。

2. 请打开 C:\winks\101006.xls 工作簿，利用"工资表"工作表作为数据源创建数据透视表，以反映不同职称的最高基本工资情况，将"职称"设置为行字段。请把所创建的透视表放在当前工作表的 D12 开始的区域中，并命名为"职位最高工资"，取消列总计

3. 请打开 C:\winks\100064.xls 工作簿，进行以下操作：

某人参加银行的零存整取储蓄，每月存入 2000 元，年利率为 4.80%，利息税为 4%，请在 B5 单元格用函数公式计算出 3 年期满后的减除利息税后的本息总和，并设置 B5 单元格格式为：￥1500.22。（注：人民币货币格式，取 2 位小数）

第 5 章 // PowerPoint 2003 应用

学习目标

- 理解 PowerPoint 中的常用术语
- 熟悉 PowerPoint 的基本操作方法
- 熟练掌握演示文稿的建立、编辑、美化及放映

5.1 PowerPoint 2003 概述

PowerPoint 与 Word、Excel 等应用软件一样，是由微软公司推出的 Office 系列产品之一。它可以制作集文字、图形、图像、声音及视频等多媒体对象为一体的演示文稿，将学术交流、辅助教学、广告宣传、产品演示等信息以轻松、高效的方式表达出来。同时，PowerPoint 还提供了预演功能，可以很容易地在屏幕上编辑演示文稿，直到用户满意。

PowerPoint 既具有设计制作幻灯片的功能，又具有演示播放幻灯片的功能。PowerPoint 2003 包含的内容十分广泛。本章将主要讲述 PowerPoint 2003 的基本概念、功能及操作。

5.1.1 常用术语

1．演示文稿

一个 PowerPoint 文件就称为一份演示文稿，演示文稿名就是文件名，其扩展名为.ppt。用户可以创建一个新的演示文稿，也可以对已存在的演示文稿的内容进行添加、修改和删除等操作。演示文稿中可以包含幻灯片、演讲者备注和大纲等内容。

2．幻灯片

"幻灯片"是指由用户创建和编辑的每一张演示单页，是演示文稿的一种表现形式，一个演示文稿由若干张幻灯片组成。

3．演讲者备注

每一张幻灯片都可以有相应的备注。用户可以在备注窗格添加与观众共享的备注信息。

4．批注

审阅演示文稿时，可以直接在幻灯片上插入批注。批注出现在黄色的批注方框内。

5. 讲义

讲义是用户需要打印幻灯片时选择的一项打印内容，可以选择打印每张的幻灯片数的多少选择水平顺序或者垂直顺序排放以及选择幻灯片是否加边框等。它可以通过讲义母版设置打印讲义时的打印样式。例如设置"页眉区"、"页脚区"、"日期区"、"数字区"等。

6. 对象

对象是构成幻灯片的基本元素。加入到幻灯片中的文字、图片、表格甚至视频图像等都称为对象。用户可以选择对象及修改对象的内容或大小，也可以移动、复制、删除对象，还可以改变对象的属性，例如：颜色、阴影、边框、位置等。

7. 母版

所谓母版，实际上就是一张特殊的幻灯片，可以看作一个用于构建其他幻灯片的框架。PowerPoint 为每个演示文稿创建一个母版集合（幻灯片母版、标题母版、讲义母版和备注母版）。母版中包含有以后创建其他幻灯片所用到的各种显示元素，例如文本占位符、图片、动作按钮等。改变它们的风格就可以改变以后创建的幻灯片的风格，起到一张定型多张应用的效果。

8. 模板

模板是指一个演示文稿整体上的外观风格，是指预先定义好格式的演示文稿。PowerPoint 主要提供两种模板：设计模板和内容模板。设计模板包含幻灯片配色方案、标题及字体样式等。内容模板包含与设计模板类似的格式和配色方案，还包含带有文本的幻灯片，文本中包含针对特定主题提供的建议内容。PowerPoint 2003 中提供了许多美观的模板，用户可以根据内容需要进行选择。除此之外，用户还可以自己设计、创建新的模板。

9. 版式

版式是指插入到幻灯片中的对象的布局。它包括对象的种类和对象与对象之间的相对位置。制作新幻灯片时可以选择所需的版式。各版式中包含了系统提供的占位符，在此可以填写有关的内容。如果用户在系统提供的版式中没有找到合适的版式，也可以先选择"空白版式"选项，然后通过插入对象的方式灵活设计自己需要的版式。

10. 超链接

当单击某一对象时能够跳转到预先设定的任意意张幻灯片、其他演示文稿、Word 文档或跳转到某个 Web 页，这种跳转称为这个对象与目标位置建立了超链接。超链接的起点可以是幻灯片中的任何对象，如文本、图形、图像等。代表超链接的文本会添加下画线，并显示为配色方案指定的颜色。使用超链接可以使演示文稿在播放时实现灵活跳转到不同位置上的幻灯片或其他对象文档中。

5.1.2　启动和退出

与启动 Word 和 Excel 一样，启动和退出 PowerPoint 的方法有许多。

1. PowerPoint 的启动

启动 PowerPoint 的方法有以下几种：

● 单击"开始"按钮，选择"程序"→"Microsoft Office PowerPoint 2003"命令。

- 双击桌面上的 PowerPoint 2003 应用程序快捷图标。
- 打开某个用 PowerPoint 创建的文档，系统就会自动启动 PowerPoint，并加载该文档。

2．PowerPoint 的退出

退出 PowerPoint 可选择以下几种方法之一：

- 单击窗口右上角的"关闭"按钮。
- 选择"文件"→"退出"命令。
- 按【Alt+F4】组合键。
- 双击标题栏左上角的控制菜单图标。

退出 PowerPoint 时系统将对未保存的演示文稿提示是否保存。

5.1.3 PowerPoint 2003 的窗口组成

启动 PowerPoint 2003 应用程序后，用户将看到如图 5-1 所示的工作界面。其中包括标题栏、菜单栏、常用工具栏、格式工具栏、任务窗格、幻灯片编辑窗格、视图切换按钮、备注窗格和状态栏等。

图 5-1　PowerPoint 2003 界面组成

1．标题栏

标题栏位于 PowerPoint 2003 应用程序窗口顶端，用来显示当前应用程序名称和编辑的演示文稿名称。

2．菜单栏

菜单栏位于标题栏的下方，包含了所有 PowerPoint 2003 基本功能的命令。PowerPoint 2003 的菜单栏共由九个主菜单组成。

3．工具栏

PowerPoint 2003 将一些常用的命令用按钮图标代替，如新建、打开、保存、打印、打印预览、剪切、复制、粘贴等，这些按钮按操作类型分别组织到不同的工具栏上，如常用工具栏、格式工

具栏、绘图工具栏等。使用工具栏可以提高演示文稿的编辑效率。

用户可以选择"视图"→"工具栏"命令进行选择，也可以单击工具栏最右侧的 按钮，通过添加或删除按钮在工具栏上设定自己所需的工具按钮。

4. 幻灯片编辑窗格

幻灯片编辑窗格是 PowerPoint 2003 工作界面中最大的部分，也是用户使用 PowerPoint 进行幻灯片制作的主要工作区。当幻灯片应用了主题和版式后，编辑区将出现相应的提示，提示用户输入相关内容。

5. 任务窗格

任务窗格最主要的优点是将常用对话框中的命令及参数设置以窗格的形式长时间显示在屏幕的右侧（用户可使用关闭按钮将其关闭），可以使用户节省大量时间查找命令，从而提高工作效率。

6. 状态栏

状态栏位于窗口的最底端，显示当前演示文稿的常用参数及工作状态，如整个文稿的总幻灯片张数、当前正在编辑的幻灯片的编号以及该演示文稿所用的设计模板名称等。

5.1.4 视图方式

PowerPoint 2003 提供了多种视图模式，使用户在不同的工作条件下都能找到一个舒适的工作环境。每种视图包括特定的工作区、功能区和其他工具。在不同的视图中，用户可以对演示文稿进行编辑和加工，这些改动会反映到其他视图中。

1. 普通视图

普通视图实际上又可分为两种形式，主要区别在于 PowerPoint 工作窗口最左边的预览部分，它由"幻灯片"和"大纲"两种形式来显示，用户可以通过单击该预览窗格上方的切换按钮进行切换。图 5-2 和 5-3 所示分别为"幻灯片"和"大纲"形式的普通视图。

图 5-2　幻灯片形式的普通视图

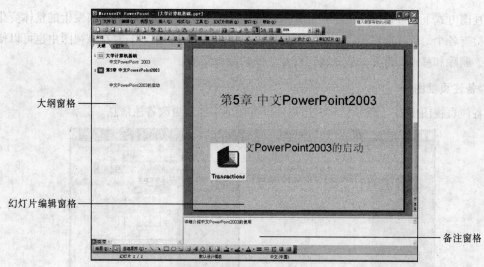

图 5-3　大纲形式的普通视图

（1）幻灯片视图

在幻灯片形式下的普通视图中，左侧的幻灯片预览区从上到下依次显示每张幻灯片的缩略图，用户可以从中查看它们的整体外观。当在预览区单击某张幻灯片的缩略图时，该张幻灯片将显示在幻灯片编辑窗格中，此时可以向当前幻灯片中添加和修改文字、图形、图片和声音等信息。在预览区也可以上下拖动幻灯片，以改变其在整个演示文稿中的位置。

（2）大纲视图

在大纲视图中，主要显示 PowerPoint 演示文稿的文本部分，它为组织材料或编写大纲提供了一个良好的环境。使用大纲视图是组织和开发演示文稿内容的较好方法，因为用户在工作时可以看见屏幕上所有的标题和正文，以便在幻灯片中重新安排要点，将整张幻灯片从一处移动到另一处，或者编辑标题和正文等。

2．幻灯片浏览视图

此视图方式下，可以在屏幕上同时看到演示文稿中的所有幻灯片，它们以缩略图的方式整齐地呈现在同一窗口中，如图 5-4 所示。

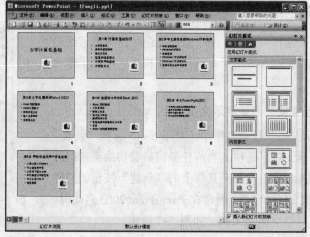

图 5-4　幻灯片浏览视图

此视图方式下，可以改变幻灯片的背景设计、配色方案或更换模板后文稿发生的整体变化，也可以检查各个幻灯片前后是否协调、图标的位置是否适合等问题。同时在该视图中也可以便捷地添加、删除和移动幻灯片，或选择幻灯片之间的动画切换。

3. 备注页视图

在备注页视图模式（见图 5-5），用户可以方便地添加或更改备注信息。

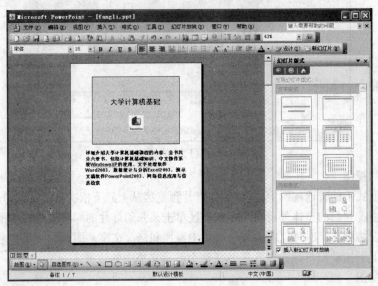

图 5-5　备注页视图

4. 幻灯片放映视图

幻灯片放映视图能以动态形式显示演示文稿中的各张幻灯片。创建演示文稿时，可通过放映幻灯片来预览演示文稿，若对放映效果不满意，可按【Esc】键退出放映然后进行修改。

5.2　演示文稿的创建与编辑

5.2.1　演示文稿的创建

在 PowerPoint 中，选择"文件"→"新建"命令，弹出"新建演示文稿"任务窗格，如图 5-6 所示。该任务窗格中，提供了多种创建演示文稿的方法。

1. 通过"空演示文稿"创建演示文稿

① 在"新建演示文稿"任务窗格中（见图 5-6）选择"新建"选项区域中的"空演示文稿"选项，当前任务窗格会切换至"幻灯片版式"任务窗格；或者单击常用工具栏上的"新建"按钮，同样可以调出"幻灯片版式"任务窗格。通常在 PowerPoint 2003 启动时，程序已自动地新建了一个空演示文稿，如图 5-7 所示。

图 5-6　"新建演示文稿"
任务窗格

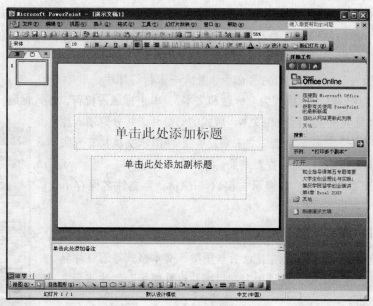

图 5-7　新建空演示文稿

② 选择某种版式（鼠标移到某种版式时会显示版式名称）就会出现根据该版式创建的新演示文稿的第一张幻灯片。默认情况下，第一张幻灯片的版式为"标题幻灯片"，此时，选择"单击此处添加标题"或选择"单击此处添加副标题"，可输入幻灯片的标题内容。

③ 如果还要继续添加新的幻灯片，可以选择"插入"→"新幻灯片"命令或直接单击格式工具栏的"新幻灯片"按钮，插入新的幻灯片，然后对插入的幻灯片进行编辑，直到完成所有幻灯片编辑完成。

例如，用"空演示文稿"创建如图 5-8 所示的演示文稿。

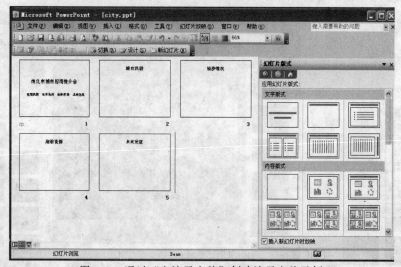

图 5-8　通过"空演示文稿"创建演示文稿示例

操作步骤如下：

① 单击常用工具栏上的"新建"按钮，创建一个空白演示文稿。

② 第一张幻灯片的版式默认为"标题幻灯片",单击标题占位符,输入标题"南北市城市招商推介会",单击副标题占位符,输入副标题"城市风貌"、"经济情况"、"旅游资源"、"未来发展"。

③ 选择"插入"→"新幻灯片"命令,插入一张新幻灯片。

④ 设置第二张幻灯片的版式为"标题和文本",单击标题占位符,输入标题"城市风貌"。

⑤ 按③、④插入三张"标题和文本"版式的幻灯片,并分别输入相应的标题"经济情况"、"旅游资源"、"未来发展",使演示文稿共有五张幻灯片,选择幻灯片浏览视图,查看结果。

⑥ 单击"保存"按钮,将演示文稿以 city.ppt 为文件名保存下来。

2. 根据"设计模板"创建演示文稿

设计模板提供了预设的颜色搭配、背景图案、文本格式等幻灯片显示方式,但不包含演示文稿的设计内容。根据"设计模板"创建演示文稿的方法与步骤如下:

① 在"新建演示文稿"任务窗格中(见图 5-6)选择"根据设计模板"选项,打开"幻灯片设计"任务窗格,如图 5-9 所示。

图 5-9 "幻灯片设计"任务窗格

② 在"幻灯片设计"任务窗格中,选择合适的模板。鼠标移到某种设计模板时会显示模板名称,同时右侧会出现一个下拉箭头,单击这个下拉箭头将弹出如图 5-10 所示下拉菜单(选择可供使用的 Ocean.pot 模板为例),在下拉菜单中选择"应用于所有幻灯片"命令或者直接单击设计模板的图片,该设计模板就会应用到整个演示文稿中;选择"应用于选定幻灯片"命令,该设计模板仅应用到当前所选的幻灯片中。图 5-11 所示为演示文稿应用 Ocean.pot 模板到整个演示文稿的效果。

图 5-10 应用设计模板的下拉菜单 　　　图 5-11 设计模板应用于整个演示文稿

③ 可在"配色方案"和"动画方案"中根据需要选择合适的颜色搭配和动画方案。

3．根据"内容提示向导"创建演示文稿

"内容提示向导"根据设计构思和演示文稿建议内容提供了各种普通演示文稿结构,包含了各种不同主题的演示文稿的内容模板,并逐步提供创建演示文稿的步骤。创建演示文稿的步骤如下:

① 在"新建演示文稿"任务窗格中(见图 5-6)选择"根据内容提示向导"选项,弹出"内容提示向导"对话框,如图 5-12 所示,然后单击"下一步"按钮。

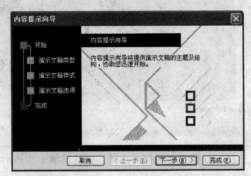

图 5-12　"内容提示向导"对话框

② 选择一种文稿类型,单击"下一步"按钮。

③ 选择演示文稿的输出类型,单击"下一步"按钮。

④ 输入演示文稿的标题,设置每张幻灯片包含的对象,然后单击"下一步"按钮。

⑤ 在内容提示向导完成对话框中单击"完成"按钮。

例如,利用"内容提示向导"创建一份"计算机业务培训"演示文稿。

操作步骤如下:

① 选择"新建演示文稿"任务窗格中的"根据内容提示向导"选项,弹出"内容提示向导"对话框,如图 5-12 所示,然后单击"下一步"按钮。

② 在弹出的"内容提示向导"对话框中,选择"常规"演示文稿类型中的"培训"选项,如图 5-13 所示,然后单击"下一步"按钮。

③ 在弹出的"内容提示向导—[培训]"对话框中,选择演示文稿的输出类型为"屏幕演示文稿",如图 5-14 所示,然后单击"下一步"按钮。

④ 在弹出的"演示文稿选项"对话框中,输入演示文稿的标题"计算机业务培训",然后单击"下一步"按钮。

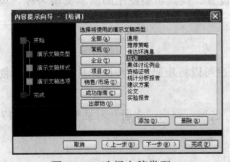

图 5-13　选择文稿类型

图 5-14　选择输出类型

⑤ 在内容提示向导完成对话框中,单击"完成"按钮,出现如图 5-15 所示的演示文稿。

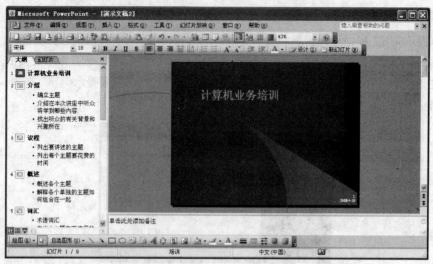

图 5-15 根据"内容提示向导"创建的演示文稿示例

4. 根据"现有演示文稿"创建演示文稿

步骤如下：

① 在"新建演示文稿"任务窗格中（见图 5-6）选择"根据现有演示文稿新建"选项，弹出如图 5-16 所示的对话框。

图 5-16 "根据现有演示文稿新建"对话框

② 在"根据现有演示文稿新建"对话框中进行设置，找到希望使用的演示文稿名称，单击"创建"按钮即可。

5. 根据相册创建演示文稿

利用"相册"对话框可以创建出相册演示文稿，也可以将相册文稿中的图片作为背景来创建新的文稿。步骤如下：

① 在"新建演示文稿"任务窗格中选择"相册"选项，弹出"相册"对话框，如图 5-17 所示。

② 在"相册"对话框中可进行如下的一些设置。

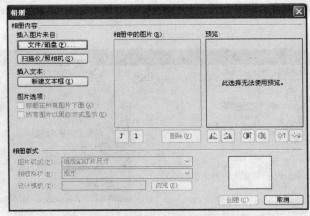

图 5-17　"相册"对话框

- 在"插入图片来自"选项区域中，单击"文件/磁盘"按钮，将弹出"插入新图片"对话框，在对话框中找到所需的图片，单击"插入"按钮，即可返回"相册"对话框。
- 若单击"扫描仪/照相机"按钮，则可以从扫描仪或照相机等外设中获取图片资料。
- 在"插入文本"选项区域中单击"新建文本框"按钮，可以在演示文稿中插入文本框，然后以文本框为容器，继续在编辑窗口中插入图片或编辑文本。
- 在"相册版式"选项区域中根据需要依次对图片版式、相框形状、设计模板等选项进行设置。
- 设置完成后，单击"创建"按钮即可完成演示文稿的创建，如图 5-18 所示。

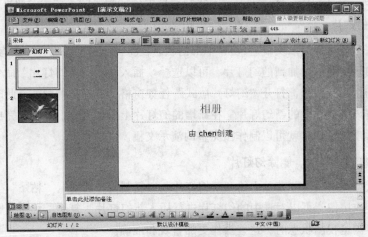

图 5-18　根据相册创建演示文稿示例

5.2.2　演示文稿的制作

1. 演示文稿的打开

单击常用工具栏上的"打开"按钮或选择"文件"→"打开"命令，弹出"打开"对话框。用户可改变"查找范围"或"文件类型"的内容，选择所需要的演示文稿并将它打开，如图 5-19所示。若要打开最近使用过的演示文稿，只需在"文件"菜单底部的文件名列表中选择所需打开的文件名即可。演示文稿还可同时打开多个，方法是在"打开"对话框中的"名称"框中选择要同时打开的文件名（可使用先按住【Ctrl】键，再单击相应文件名的方法选择），然后单击"打开"按钮。

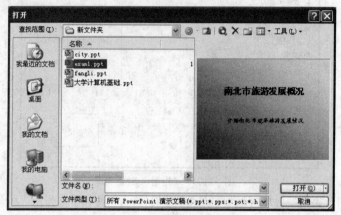

图 5-19　"打开"对话框

2．演示文稿的保存

单击常用工具栏的"保存"按钮或选择"文件"→"保存"命令，可对演示文稿进行保存。默认的"保存类型"是"演示文稿"。保存方法与 Word 2003 类似。

若用户要对演示文稿进行备份或将演示文稿保存为其他类型文件，如网页、其他版本的 PowerPoint 文件、演示文稿设计模板.pot、PowerPoint 放映.pps 及某些类型图形文件，可选择"文件"→"另存为"命令，在"保存类型"下拉列表框中选择相应的文件类型即可。

3．添加新幻灯片

当打开上一节创建的演示文稿后，窗口下部的状态栏将提示目前该文件中共有的幻灯片张数，如果希望在该演示文稿中增加新的幻灯片，可以选择"插入"→"新幻灯片"命令或单击格式工具栏上的"新幻灯片"按钮，打开"幻灯片版式"任务窗格，选择某种版式，此时将在当前幻灯片后面出现根据该版式创建的新幻灯片。在新增的幻灯片上添加内容，就可以完成一张幻灯片的制作。通过这样反复操作，就可以制作出完整的演示文稿。

4．插入、复制、移动、删除幻灯片

使用"插入"或"编辑"菜单中的"新幻灯片"、"复制"、"剪切"、"粘贴"、"清除"等命令或工具栏上的相应按钮，可以对选中的幻灯片进行插入新幻灯片、复制、移动、删除等操作。当系统处于幻灯片浏览视图状态时，这些操作更加直观和准确。

5．在幻灯片中加入对象

PowerPoint 允许在幻灯片中加入对象，加入的对象可以是文字、组织结构图、艺术字、图表、表格、影片、声音以及其他类型的文件等。

（1）在幻灯片中加入文字

创建一个演示文稿，应首先输入文本。输入文本分两种情况：

① 有文本占位符（选择包含标题或文本的自动版式）。单击文本占位符，占位符的虚线框变成粗边线的矩形框，原有文本消失，同时在文本框中出现一个闪烁的"I"形插入光标，表示可以

直接输入文本内容。

输入文本时，PowerPoint 会自动将超出占位符位置的文本切换到下一行，用户也可按【Shift+Enter】组合键进行人工换行。按【Enter】键则文本另起一个段落。

输入完毕后，单击文本占位符以外的地方即可结束输入，占位符的虚线框消失。

② 无文本占位符。插入文本框即可输入文本，操作与前述类似。

文本输入完毕，可对文本进行格式化，操作与 Word 类似。

例如，创建如图 5-21 所示的演示文稿 exam1.ppt。

操作步骤如下：

① 为演示文稿的第一张幻灯片输入文本。启动 PowerPoint 2003，在演示文稿编辑窗口中，单击"单击此处添加标题"占位符，输入标题："南北市旅游发展概况"，单击"单击此处添加副标题"占位符，输入副标题："介绍南北市近年旅游发展情况"。对标题进行设置，字体：黑体；字号：48；对副标题进行设置，字体：楷体；字号：32，如图 5-20 所示。

② 为演示文稿的第二张幻灯片输入文本。单击格式工具栏的"新幻灯片"按钮，插入一张新幻灯片。然后单击"单击此处添加标题"占位符，输入标题："南北市旅游发展"，单击"单击此处添加文本"占位符，输入文本："1.城市旅游概况"、"2.地区旅游资源"、"3.近年旅游统计"、"4.旅游发展规划"，如图 5-21 所示。单击"保存"按钮保存演示文稿。

图 5-20　第一张幻灯片示例

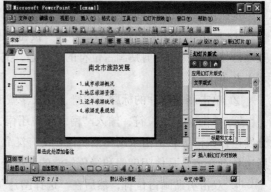

图 5-21　第二张幻灯片示例

（2）加入剪贴画

加入剪贴画，可使演示文稿生动有趣，更富吸引力。

① 有内容占位符（选择包含内容的自动版式）。单击内容占位符的"插入剪贴画"图标，弹出"选择图片"对话框，如图 5-22 所示。工作区内显示的是管理器里已有的图片，双击所需图片即可完成插入。如果图片太多难以找到，可以利用对话框中的搜索功能。如果所需图片不在管理器内，可单击"导入"按钮，选择所需图片导入后再双击插入。

② 有剪贴画占位符（选择包含剪贴画的自动版式）。双击剪贴画占位符，打开"选择图片"对话框，其他操作同①。

③ 无内容占位符或剪贴画占位符。选择"插入"→"图片"→"剪贴画"命令，或单击绘图工具栏上的"插入剪贴画"按钮，打开"剪贴画"任务窗格，如图 5-23 所示。在"剪贴画"任务窗格中，设置好"搜索文字"、"搜索范围"和"结果类型"后，单击"搜索"按钮，出现符合条件的剪贴画后，选择所需的插入即可。插入剪贴画后可对剪贴画进行编辑（复制、改变大小

和位置等），操作与 Word 类似。

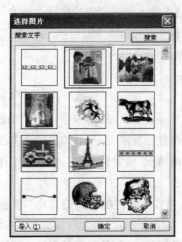 

图 5-22 "选择图片"对话框 　　　　　图 5-23 "剪贴画"任务窗格

例如，为演示文稿 exam1.ppt 创建第三张幻灯片，使之包含剪贴画。

操作步骤如下：

① 单击格式工具栏的"新幻灯片"按钮，打开"幻灯片版式"任务窗格，在"其他版式"选项区域中选择含有剪贴画占位符的"标题，文本与剪贴画"版式（鼠标停在上面会出现文字提示）并单击。

② 单击新幻灯片的标题占位符，输入"城市旅游概况"，设置为黑体字，字号 44。

③ 单击文本占位符，输入"南北市位于南方地区，交通便利，比邻港澳地区，旅游产业十分发达，城市区域中山水湖相依相衬，南有江北有山中间有湖，地方特产与地方小食驰名中外，周边景点众多，是休闲度假和绿色旅游的好去处。"，并设置为楷体字，字号 32。

④ 双击剪贴画占位符，然后在"选择图片"对话框的"搜索文字"文本框中输入"travel"，单击"搜索"按钮，双击所需的带航空标志的图片即可实现插入剪贴画，适当调整剪贴画大小及文本框大小。单击常用工具栏中"保存"按钮，结果如图 5-24 所示。

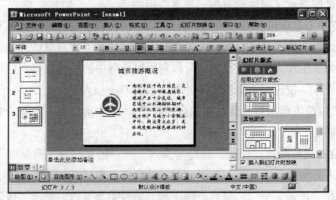

图 5-24 带剪贴画的幻灯片示例

（3）插入组织结构图

在幻灯片中插入组织结构图，可使版面整洁，便于表现系统的组织结构形式。

对有内容占位符的幻灯片，单击内容占位符的"插入组织结构图或其他图示"图标（鼠标停在上面会出现文字提示）；对有组织结构图占位符可双击组织结构图占位符或选择"插入"→"图示"命令，均可弹出"图示库"对话框，如图 5-25 所示，框内从左到右、从上到下依次是：组织结构图、循环图、射线图、棱锥图、维恩图和目标图。选择第一项，单击"确定"按钮即可打开组织结构图工具栏并在幻灯片中插入"组织结构图"，如图 5-26 所示。选择"插入"→"图片"→"组织结构图"命令，也可实现上述功能。

图 5-25　"图示库"对话框

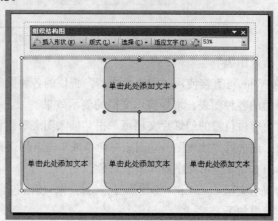

图 5-26　组织结构图

例如，为演示文稿 exam1.ppt 创建第四张幻灯片，使之包含有组织结构图。结果如图 5-27 所示。

操作步骤如下：

① 单击格式工具栏的"新幻灯片"按钮，在打开的"幻灯片版式"任务窗格中选择含有组织结构图占位符的自动版式，如"内容版式"中的"标题和内容"版式。

② 单击标题占位符，输入"地区旅游资源"。

③ 单击内容占位符的"插入组织结构图或其他图示"图标（鼠标停在上面会出现文字提示），弹出"图示库"对话框，选择第一项，单击"确定"按钮，打开组织结构图工具栏，并在幻灯片中插入"组织结构图"。

④ 在已有方框中添加文本，分别输入"旅游资源分类"、"山水名胜旅游"、"生态绿色旅游"和"地方特色旅游"。选择"地方特色旅游"所在的方框，在组织结构图工具栏上选择"插入形状"→"同事"命令，出现一个新方框，在此方框中输入"红色教育旅游"。

⑤ 选择"山水名胜旅游"所在的方框，在组织结构图工具栏上选择"插入形状"→"下属"命令，出现一个新方框，在此方框中输入"七湖旅游"，按要求利用组织结构图工具栏重复增加"下属"与"同事"，并输入内容。调整字号的大小为 16。

⑥ 单击组织结构图占位符以外的位置，完成创建，如图 5-27 所示。单击"保存"按钮保存演示文稿当前编辑的结果。

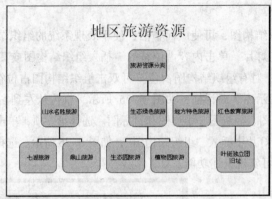

图 5-27 带组织结构图的幻灯片示例

（4）插入图表

PowerPoint 可直接使用"图表生成器"提供的各种图表类型和图表向导，创建具有复杂功能和丰富界面的各种图表，增强演示文稿的演示效果。

对有内容占位符的幻灯片文稿可单击"插入图表"图标，对有图表占位符的幻灯片可双击图表占位符，或选择"插入"→"图表"命令或单击常用工具栏上的"插入图表"按钮 ，均可启动 Microsoft Graph 应用程序插入图表对象。

例为演示文稿 exam1.ppt 创建第五张幻灯片，使之包含数据图表。

操作步骤如下：

① 单击格式工具栏的"新幻灯片"按钮，在打开的"幻灯片版式"任务窗格中选择含有图表的自动版式，如"其他版式"中的"标题和图表"版式。

② 单击标题占位符，输入"近年旅游统计"。

③ 双击图表占位符，启动 Microsoft Graph 应用程序，如图 5-28 所示，在"数据表"中输入用户所更新的数据取代示例数据，如图 5-29 所示，这时幻灯片上的图表会随输入数据的不同而发生相应的变化。

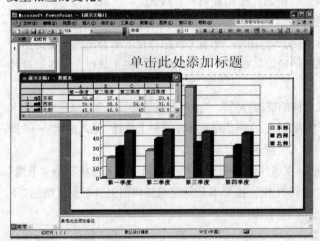

图 5-28 示例数据表及对应图表   图 5-29 更新后的数据表

④ 单击图表占位符以外的位置，完成图表创建，如图 5-30 所示。单击"保存"按钮保存演示文稿当前编辑的结果。

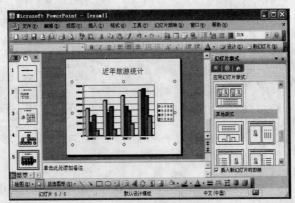

图 5-30　带图表的幻灯片示例

若在 Excel、Word 等软件中有现成的数据表，可导入到 PowerPoint 数据图表中。方法是在第③步启动 Microsoft Graph 应用程序后，按下面的步骤操作：

① 选择"编辑"→"导入文件"命令。

② 在弹出的"导入文件"对话框中，选择"查找范围"、"文件类型"和文件等。其中可导入的文件类型包括：Excel 文件、文本文件、SYLK 文件和 Lotus 文件等。

③ 单击"确定"按钮即可。

（5）绘制图形和插入艺术字

在普通视图的幻灯片窗格中可以绘制图形和插入艺术字。

选择"插入"→"图片"→"自选图形"命令，弹出自选图形工具栏，图形类别依次为：线条、连接符、基本形状、箭头总汇、流程图、星与旗帜、标注、动作按钮和其他自选图形。单击所需图形类别，例如选取"基本形状"，如图 5-31 所示，再单击选中的图形，之后拖动作出图形。单击绘图工具栏中的"自选图形"按钮也可提供同样的选择。

选择"插入"→"图片"→"艺术字"命令，或单击绘图工具栏中的"插入艺术字"按钮，可以插入艺术字。方法与 Word 操作类似。

（6）插入表格

对有内容占位符的单击"插入表格"图标，对有表格占位符的双击表格占位符或选择"插入"→"表格"命令，在弹出的"插入表格"对话框中输入行数和列数，单击"确定"按钮。

（7）插入多媒体信息

① 插入图片。

● 插入文件中图片。有内容占位符的单击"插入图片"图标。或选择"插入"→"图片"→"来自文件"命令，弹出"插入图片"对话框，选择某一个图片，单击"插入"按钮。

● 插入扫描仪或照相机中图片。选择"插入"→"图片"→"来自扫描仪或照相机"命令，可从扫描仪或照相机中选择图片。

② 插入声音。

● 插入剪辑管理器中的声音。选择"插入"→"影片和声音"→"剪辑管理器中的声音"命令，打开"剪贴画"任务窗格。在"剪贴画"任务窗格中，设置好"搜索文字"、"搜索范围"和"结果类型"（注意结果类型为声音）后，单击"搜索"按钮，出现符合条件的声音文件，如图 5-32 所示。选择所需的声音文件，即可在幻灯片中插入剪辑管理器中的声音。

图 5-31　自选图形

图 5-32　插入剪辑管理器中的声音对话框

- 插入声音文件。选择"插入"→"影片和声音"→"文件中的声音"命令，如图 5-33 所示。如果插入声音的文件大小大于 PowerPoint 嵌入对象的默认最大值——100 KB，声音文件以链接方式插入，否则以嵌入方式插入。若声音以链接方式插入，在另一台计算机上放映演示文稿的时候，要确保原声音文件在新的计算机上存放在原路径下，否则声音不能播放。使用 PowerPoint 提供的打包工具，可以确保演示文稿在新的计算机上正常播放链接的声音文件。也可通过修改嵌入对象的默认最大值，使默认值大于声音文件的大小，那么声音文件就可以以嵌入方式插入，即可避免链接方式出现的问题。方法是选择"工具"→"选项"命令，在弹出的"选项"对话框中选择"常规"选项卡，如图 5-34 所示，对"链接声音文件不小于"微调框中的值进行修改。如设置为"10000"即可满足大于一般声音文件的大小，使声音文件以嵌入方式插入。

图 5-33　"插入声音"对话框

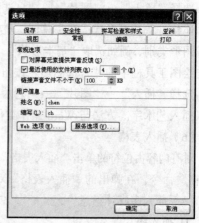

图 5-34　"常规"选项卡

- 插入 CD 音乐。选择"插入"→"影片和声音"→"播放 CD 乐曲"命令，可添加 CD 音乐。插入声音后会出现对话框询问是否自动播放声音。单击"自动"按钮，则表示希望幻灯片放映时自动播放声音；单击"在单击时"按钮，表示放映时通过单击幻灯片上的声音图标来播放声音。
- 插入影片。选择"插入"→"影片和声音"→"剪辑管理器中的影片"（或文件中的影片）命令，可在幻灯片中插入影片。文件类型包括：影片文件、WindowsMedia 文件、Windows 视频文件、电影文件 Mpeg 等。例如，在示例演示文稿 exam1.ppt 中插入第七张新幻灯片，在幻灯片中插入介绍南北市未来旅游发展规划的视频.avi 文件，插入视频文件后，系统提示："您希望在幻灯片放映时如何开始播放影片？"单击"自动"或"在单击时"按钮，如图 5-35 所示。

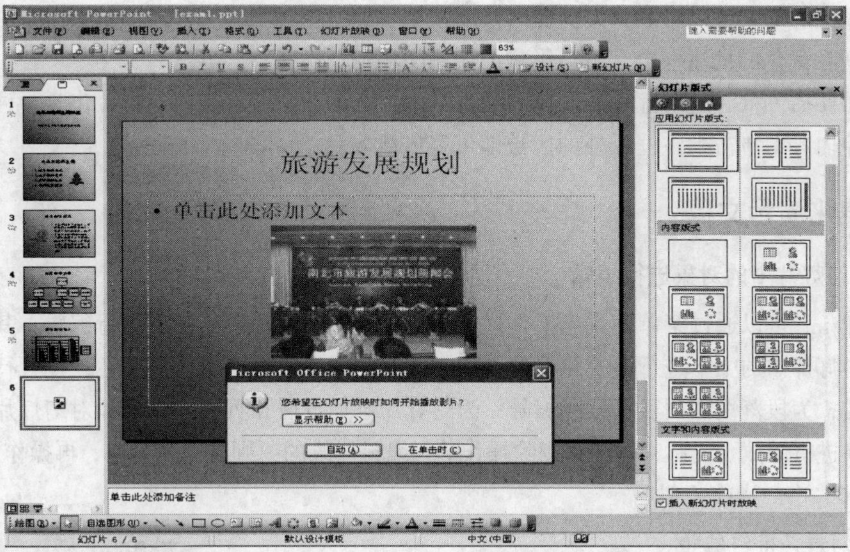

图 5-35　创建插入视频文件的幻灯片示例

（8）插入其他演示文稿中的幻灯片

选择某张幻灯片，选择"插入"→"幻灯片（从文件）"命令，弹出"幻灯片搜索器"对话框，如图 5-36 所示。单击"浏览"按钮，找到包含所需幻灯片的演示文稿文件并将其打开，或直接在"文件"文本框中输入路径和文件名。在"选定幻灯片"选项区域中，选定一张或多张所需的幻灯片，再单击"插入"按钮将其插入到当前幻灯片后面。若单击"全部插入"按钮，可将选定的演示文稿中全部幻灯片插入到当前幻灯片后面。单击"关闭"按钮结束插入操作。

（9）插入页眉与页脚

选择"视图"→"页眉和页脚"命令，弹出"页眉和页脚"对话框，切换到"幻灯片"选项卡，如图 5-37 所示。按需要选择适当的复选框，可以设置是否在幻灯片的下方添加日期和时间、幻灯片编号、页脚等，并可设置选定项目的格式和内容。设置结束后，单击"全部应用"按钮，则所做设置将应用于所有幻灯片；单击"应用"按钮，则所做设置仅应用于当前幻灯片。此外，若选择"标题幻灯片中不显示"复选框，则所做设置将不应用于第一张幻灯片。

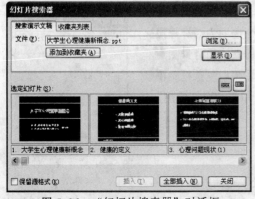

图 5-36　"幻灯片搜索器"对话框

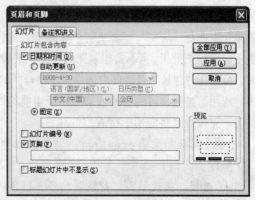

图 5-37　"页眉和页脚"对话框

（10）插入批注

利用批注的形式可以对演示文稿提出修改意见。批注就是审阅文稿时在幻灯片上插入的附注，批注会出现在黄色的批注框内，不会影响原演示文稿。

选定需要插入批注的幻灯片，选择"插入"→"批注"命令，当前幻灯片出现批注框，在框内输入批注内容，单击批注框以外的区域即可完成插入。

5.2.3　美化演示文稿

1．对幻灯片中的对象进行编辑

PowerPoint 可以通过菜单方式或工具栏方式对插入到幻灯片中的对象进行编辑，其内容包括对插入到幻灯片中的文本进行格式化处理，如：改变字体、字形、字号、颜色；设置行、段间距及对齐方式；为段落增加项目符号或编号；为幻灯片添加页眉和页脚，以及针对幻灯片中的不同类型的对象进行缩放、复制、移动和删除操作等。编辑修改的原则是"先选中，再操作"，其方法同 Word 2003 中的操作相似。

2．对幻灯片进行编辑

PowerPoint 可以对已制作好的幻灯片进行编辑、美化外观，其内容包括修改幻灯片的版式、更换背景、设置颜色以及插入、复制、移动和删除幻灯片等操作。

（1）修改版式

选定需要修改版式的幻灯片，选择"格式"→"幻灯片版式"命令，弹出"幻灯片版式"任务窗格，如图 5-38 所示。单击选择版式或单击版式右侧的下三角按钮 ，选择"应用于选定幻灯片"命令，所选版式将应用于当前幻灯片中。

（2）更换背景

在设计演示文稿时，用户除了可以在母版中更改幻灯片的背景样式外，还可以根据需要任意更改幻灯片的背景颜色和背景图案。

图 5-38　"幻灯片版式"任务窗格

选择"格式"→"背景"命令，弹出"背景"对话框，如图 5-39 所示。从"背景填充"下拉列表框中选择"其他颜色"选项为幻灯片更换新的背景色，可在"填充效果"中选择"渐变"、"纹理"、"图案"、"图片"四个选项为幻灯片设置不同的填充效果。当不希望某张幻灯片出现设计模板默认的背景图形时，可以在"背景"对话框中选中"忽略母版的背景图形"复选框，单击"应用"按钮，可将更改效果应用于当前幻灯片，单击"全部应用"按钮，更改效果将应用于所有幻灯片。

【例】将演示文稿 exam1.ppt 的背景设置为红黄双色填充效果。

操作步骤如下：

图 5-39　"背景"对话框

① 选择"格式"→"背景"命令，打开"背景"对话框。

② 从"背景填充"下拉列表框中选择"填充效果"选项，从弹出的"填充效果"对话框中

选择"渐变"选项为幻灯片设置红黄双色填充效果，如图 5-40 所示。

③ 单击"确定"按钮，返回"背景"对话框，然后单击"应用"或"全部应用"按钮将所选填充效果应用于当前或所有幻灯片中。

（3）更改幻灯片配色方案

配色方案由幻灯片设计中使用的八种颜色组成，这八种颜色是预先设置好的谐调色，用于背景、文本和线条、阴影、标题文本、填充、强调和超链接等。演示文稿的配色方案由应用的设计模板确定，用户可从中选择一种应用，也可以自定义配色方案。

选择"格式"→"幻灯片设计"命令，弹出"幻灯片设计"任务窗格，选择"配色方案"选项，如图 5-41 所示，单击所选择的配色方案，或单击配色方案右侧的下三角按钮 ，选择"应用于所有幻灯片"或"应用于所选幻灯片"命令，将所选的配色方案应用于当前演示文稿中的所有幻灯片或选中的幻灯片。

图 5-40 "填充效果"对话框

图 5-41 配色方案任务窗格

当 PowerPoint 所提供的标准配色方案不能满足设计要求时，可以自己动手配置一些项目颜色。单击配色方案任务窗格底部的"编辑配色方案"选项，打开"编辑配色方案"对话框，如图 5-42 所示，即可按自己的需要修改或添加新的配色方案。

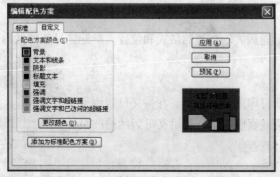

图 5-42 "编辑配色方案"对话框

（4）更改设计模板

用户可以为演示文稿重新选择模板，方法是选择"格式"→"幻灯片设计"命令，打开"幻灯片设计"任务窗格，单击"设计模板"选项，单击所选择的模板，或单击模板右侧的下三角按钮 ，选择"应用于所有幻灯片"命令或选择"应用于所选幻灯片"命令，将所选的模板应用于当前演示文稿中的所有幻灯片或当前选中的幻灯片。

3. 利用母版对演示文稿进行编辑

母版是幻灯片的主体架构，它包含了字体样式、版式、背景设计和配色方案等格式信息。如果要修改多张幻灯片的外观，不必一张张幻灯片进行修改，而只需在幻灯片母版上做一次修改即可自动更新已有的幻灯片，并对以后新添加的幻灯片应用这些更改。在 PowerPoint 中，一份演示文稿包含四种类型的母版，其中讲义母版及备注母版主要是打印讲义预备稿时用来调整外观，而与用户在设计幻灯片时相关的则只有幻灯片母版和标题母版。

（1）幻灯片母版

幻灯片母版（见图 5-43）可以设置除标题幻灯片外的所有基于该母版的幻灯片中标题与文本的格式和类型。在幻灯片母版中修改的字体或添加的图片会作用于每张基于幻灯片母版的非标题版式的幻灯片上。

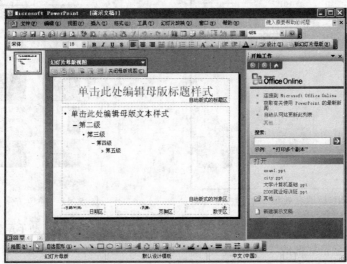

图 5-43 幻灯片母版

（2）标题母版

标题母版可以设置标题版式幻灯片的格式和位置。对标题母版所做的修改不会影响到所有非标题版式的幻灯片。

（3）讲义母版

讲义母版用于设置所打印的讲义外观。在讲义母版中可以添加或修改讲义的页眉或页脚信息。对讲义母版的修改只能在打印的讲义中得到体现。

（4）备注母版

备注母版可以设置备注页的版式和文字格式。

要修改母版，可选择"视图"→"母版"级联菜单来实现（见图 5-44）。母版与模板有什么区别呢？每个设计模板均有

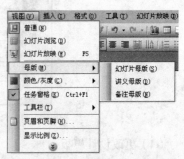

图 5-44 "母版"级联菜单

它自己的幻灯片母版。幻灯片母版上的元素控制了模板的设计。许多模板还带有单独的标题母版。对演示文稿应用了设计模板后，PowerPoint 会自动更新幻灯片母版上的文本样式和图形，并按新设计模板的配色方案改变颜色。应用新的设计模板不会删除已添至幻灯片母版的任何对象。

5.3　幻灯片演示放映

5.3.1　设置动画效果

动画设计包括预设动画和自定义动画两种方式，它在演示文稿播放过程中，能实现幻灯片中文本、图片、声音和图像的动态显示；控制对象的出现方式；显示的先后顺序和对象出现时的声音效果等。PowerPoint 的动画效果主要是指文字、图片、声音、影片等多媒体对象在幻灯片中的出现方式和一些控制设定。在 PowerPoint 中幻灯片的动画效果十分重要，在制作完成幻灯片时，为对象添加适当的动画效果，可以更加突出重点，增加演示文稿的趣味性。

1．动画方案

方法与步骤如下：

（1）选择"格式"→"幻灯片设计"命令，打开"幻灯片设计"任务窗格，单击"动画方案"选项，打开动画方案任务窗格，如图 5-45 所示。或选择"幻灯片放映"→"动画方案"命令，同样可以实现操作。

（2）选中需要应用动画方案的幻灯片（在左侧"幻灯片"选项卡中可选中多张），然后在动画方案任务窗格中的"应用于所选幻灯片"列表框中选择动画方案。将鼠标移至任何一种动画方案名称上时，系统会自动提示该动画方案中定义的幻灯片切换、标题及正文动画效果描述。

（3）单击所需的动画方案名称，即可在当前幻灯片相应的文本或幻灯片切换中应用此动画方案，单击"应用于所有的幻灯片"按钮，则整个文稿都应用此动画方案。

图 5-45　动画方案
任务窗格

注意：要删除幻灯片中的动画方案时，选择"动画方案"列表框中的"无动画"选项即可，若再单击"应用于所有幻灯片"按钮，则所有幻灯片中的动画方案都被删除。

2．自定义动画

使用预设的动画方案可以制作出一致的动画效果，如果不喜欢系统提供的默认动画，用户也可以自己搭配动画效果和声音效果。自定义动画比预设动画灵活得多，它的功能多用手工设定，包括多个对象的顺序和时间安排、动画效果设置、图表效果设置和对多媒体对象设置等。

（1）设置自定义动画

方法与步骤如下：

① 在幻灯片中选定要设置动画的某个对象，然后选择"幻灯片放映"→"自定义动画"命

令或在要设置动画的某个对象上右击，从弹出的快捷菜单中选择"自定义动画"命令，打开自定义动画任务窗格。

② 单击"添加效果"按钮，从级联菜单中选择一种动画效果名称，或单击"其他效果"选项，进行更多的选择，如图 5-46 所示。添加效果后，幻灯片上会标示动画出现的顺序。

③ 可通过单击设置动画效果对象旁的下三角按钮按钮，从菜单中选择"效果选项"选项，在弹出的动画效果名称对话框中作进一步的设置，如图 5-47 所示。

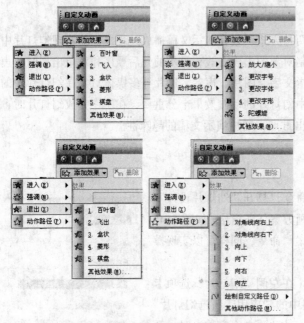

图 5-46　添加效果选项列表

图 5-47　动画效果设置对话框

④ 在幻灯片编辑窗格中单击选择其他的对象，按照步骤②③进行设置，就可以为其他对象添加自定义动画效果。

⑤ 设置完所有对象的动画效果后，单击"播放"按钮可以在幻灯片窗格中播放设计的动画。单击"幻灯片放映"按钮则以全屏的方式播放设计的动画。

动画效果在自定义动画效果列表中按添加（即应用）的顺序从上到下列出，在幻灯片编辑窗格中，播放动画的对象会标注上以非打印编号标记"1，2……"，该标记对应于列表中的效果。

【例】在演示文稿 exam1.ppt 的第二张幻灯片中插入一幅剪贴画，再设置该张幻灯片各对象的动画效果。

操作步骤如下：

① 在大纲幻灯片预览窗格选中第二张幻灯片，选择"插入"→"图片"→"剪贴画"命令，在剪贴画任务窗格中的搜索文本框上输入"tree"，搜索出一幅"树状"剪贴画，双击插入，移到幻灯片右边适当位置。

② 选择"幻灯片放映"→"自定义动画"命令，弹出"自定义动画"任务窗格。

③ 首先单击幻灯片标题"南北市旅游发展"，选中此标题对象，然后选择"自定义动画"任务窗格中的"添加效果"→"进入"→"飞入"命令，标题效果设置完毕。

④ 再选择文本框，选择"自定义动画"任务窗格中"添加效果"→"进入"→"其他效果"→

"渐变式缩放"命令，文本框内容的动画效果设置完毕。

⑤ 同样方法可设置剪贴画动画效果为"展开"进入效果。动画设置结果如图 5-48 所示。

图 5-48　幻灯片对象的动画效果设置示例

（2）调整动画效果播放次序

在给幻灯片中的多个对象添加动画效果时，添加效果的顺序就是幻灯片放映时的播放次序。当幻灯片中的对象较多时，难免在添加效果时导致动画次序产生错误，这时可以在动画效果添加完成后，对其进行重新调整。

在"自定义动画"任务窗格的列表框中选择需要调整播放次序的动画效果，然后单击任务窗格底部的⬆或⬇按钮或者直接拖动动画效果上下移动来改变其播放次序。

（3）更改动画效果

如果对设置的动画效果不满意，可以更改动画效果。在"自定义动画"任务窗格中单击动画效果列表中的动画效果，原来的"添加效果"按钮将变为"更改"按钮，单击"更改"按钮在弹出的菜单中的命令和"添加效果"按钮菜单下的命令相同。可以重新设置新效果。

（4）修改动画的播放方式

对于大多数动画来说，允许用户设置动画开始的方式、变化方向和运行速度等参数。单击动画效果列表框中的动画效果，在"自定义动画"任务窗格中的"开始"、"方向"和"速度"三个下拉列表框将被激活，用户可以在这三个下拉列表框中选择需要的动画参数。

- "开始"下拉列表框：该下拉列表框用于设置动画开始的方式。选择"单击时"选项，表示只有当单击时，才开始播放当前的动画效果。选择"之前"选项，表示在上一动画播放的同时播放该动画。用户可以利用该选项设置多个动画同时播放。选择"之后"选项，表示在上一动画效果播放完毕后才开始播放该动画。用户可以利用该选项设置多个动画自动依次播放。

- "方向"下拉列表框：每个动画效果都有一个默认的进入或退出角度，若希望某些效果从特定的角度进入，则可以在"方向"下拉列表框中选择相关选项。

- "速度"下拉列表框：用于设置动画的播放速度。若希望某些效果以特定的速度出现，则可以在"速度"下拉列表框中进行选择，速度下拉列表框包括："非常慢"、"慢速"、"中速"、"快速"和"非常快"等选项。

在"自定义动画"任务窗格提供的下拉列表框中只能简单地设置动画效果。将鼠标放置在动画效果列表中的某一个动画效果上，单击右侧的下三角按钮，会弹出一个菜单，如图 5-49 所示，可以使用该菜单快速设置其他动画选项。

图 5-49　动画效果菜单

- 其中"单击开始"、"从上一项开始"、"从上一项之后开始"三个选项的作用等同于修改区中的"开始"选项的三种效果。
- 选择"效果选项"选项，可以打开动画效果对话框：包括"效果"、"计时"、"正文文本动画"三个选项卡，在此可以对播放动画时的声音效果、动画延时和组合文本的动画效果进行设置。

（5）删除自定义动画效果

若要删除已应用的动画效果，则在动画效果列表框中选择一个或多个要删除的效果，再单击"自定义动画"任务窗格中的"删除"按钮即可。

3. 设置超链接效果

超链接是指向特定位置或文件的一种连接方式，可以利用它将下一步的显示跳转到指定的位置。超链接只有在幻灯片放映时才能被激活，在编辑状态下不起作用。在幻灯片放映时，超链接的显示特点为，当鼠标移至超链接时，鼠标指针会变为一个"小手"形状，文本的超链接会显示下画线及不同的文字颜色。设置超链接有三种方式。

（1）插入超链接

方法与步骤如下：

① 不论是对文字、图片还是其他对象添加超链接，首先要选中对象，然后选择"插入"→"超链接"命令，或者右击选中的对象，在弹出的快捷菜单中选择"超链接"命令或者单击常用工具栏的"插入超链接"按钮，打开"插入超链接"对话框，如图 5-50 所示。

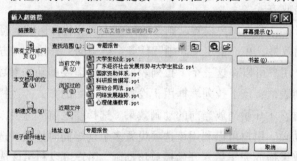

图 5-50　"插入超链接"对话框

② 在"插入超链接"对话框中选择要链接的文档、Web 页或电子邮件地址。

③ 单击"确定"按钮即可完成链接设置。幻灯片放映时单击该文字或对象才可启动超链接。

（2）动作设置

按动作设置方法创建超链接，是指把进入超链接设置成某种动作，当单击或鼠标移过时，就执行设置的动作。步骤如下：

① 在幻灯片中选定要设置动作的文字或对象，选择"幻灯片放映"→"动作设置"命令，或在要设置动作的某个对象上右击，从弹出的快捷菜单中选择"动作设置"命令，弹出"动作设置"对话框，如图 5-51 所示。

② 在"单击鼠标"选项卡和"鼠标移过"选项卡中，可以设置单击鼠标时的超链接或鼠标移过时的超链接。

③ 选择"超链接到"单选按钮，在其下拉列表框选择需要链接的幻灯片，若要将超链接的范围扩大到其他演示文稿或 PowerPoint 以外的文件中去，则只需要在"超链接到"选项中选择"其他 PowerPoint 演示文稿"或"其他文件"选项即可。

④ 单击"确定"按钮，完成超链接的设置。幻灯片放映时鼠标移过或单击该对象（根据用户的设置）可启动超链接。

（3）动作按钮

利用动作按钮创建超链接可以通过演示文稿所提供的按钮模板，将文件等通过超链接的方式联系起来。方法与步骤如下：

① 打开需要创建超链接的演示文稿，选择需要插入动作按钮的幻灯片。

② 选择"幻灯片放映"→"动作按钮"级联菜单，显示各种按钮模板，如图 5-52 所示。

图 5-51 "动作设置"对话框

图 5-52 动作按钮

③ 在按钮模板择选择需要的按钮类型后，鼠标变成"＋"形状，将鼠标移到需插入按钮的位置，单击鼠标或按住鼠标不放，拖动鼠标放置按钮，系统会自动弹出如图 5-51 所示的"动作设置"对话框。

④ 在"动作设置"对话框中进行所需设置，然后单击"确定"按钮。放映时单击或鼠标移过该动作按钮就可以进入相应的超链接。

4. 设置幻灯片切换方式

切换方式是指当一个幻灯片移动到另一个幻灯片时屏幕显示的变化情况。为演示文稿中的幻灯片添加切换效果，可以使幻灯片的过渡衔接得更为自然，同时也更能吸引观众的注意力。幻灯片切换效果是指幻灯片放映过程中幻灯片之间切换时出现的特殊效果。方法与步骤如下：

① 选中需要使用切换方式的幻灯片，选择"幻灯片放映"→"幻灯片切换"命令，打开"幻灯片切换"任务窗格，如图 5-53 所示。

任务窗格中的各选项意义如下：

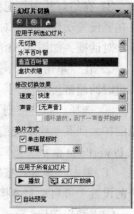

- "速度"下拉列表框：该下拉列表框包含三个选项，慢速、中速和快速，用户可根据放映节奏进行选择。
- "声音"下拉列表框：该下拉列表框提供了多种声音效果，选择这些选项可以在两张幻灯片切换时添加特殊的声音效果。默认设置是无声。
- 换片方式：选择"单击鼠标时"复选框，在幻灯片放映过程中单击鼠标，演示画面将切换到下一张幻灯片。若选择"每隔"复选框，则用户可在其右侧的文本框中输入等待时间。当一张幻灯片在放映过程中已经停留了规定的时间后，演示画面将自动切换到下一张幻灯片。
- "应用于所有幻灯片"按钮：单击该按钮，当前演示文稿中的所有幻灯片的切换方式将变为统一风格。

图 5-53 "幻灯片切换"任务窗格

② 在"在幻灯片切换"任务窗格中，用户可以选择切换效果，对切换效果设置速度、声音及换片触发方式等参数。

③ 单击"应用于所有幻灯片"按钮，以上的设置将应用到整个演示文稿的全部幻灯片，否则仅应用于当前幻灯片中。如果选中任务窗格下方的"自动预览"复选框，则在设置的时候还可以直接预览切换效果。

【例】设置演示文稿 exam1.ppt 的幻灯片切换方式。

操作步骤如下：

① 打开演示文稿 exam1.ppt，选择"幻灯片放映"→"幻灯片切换"命令，打开"幻灯片切换"任务窗格；

② 选取第一张幻灯片，选择切换方式为"扇形展开"，速度为"慢速"，选择"单击鼠标时"换片方式，如图 5-54 所示；

图 5-54 幻灯片切换方式设置示例

③ 选取第二张幻灯片，选择切换方式为"新闻快报"，速度为"中速"，选择"每隔 10 秒"换片方式；

④ 分别选取第三张至第五张幻灯片，选择切换方式为"向右退出"，速度为"慢速"，选择"每隔 10 秒"换片方式；

⑤ 选取第六张幻灯片，选择切换方式为"溶解"，速度为"慢速"，选择"单击鼠标时"换片方式，选取第一张幻灯片，单击"幻灯片放映"按钮，观察放映效果。最后保存文件。

5.3.2　幻灯片放映

完成了创作演示文稿的过程，并且为幻灯片设置了各种放映效果，这时就可以放映幻灯片了。PowerPoint 不仅提供了强大的演示文稿编辑功能，同时还提供了灵活的幻灯片放映方式，以及适合不同场合的不同幻灯片放映类型。

1. 幻灯片的播放

放映幻灯片有两种控制方法：手动播放和自动播放。

（1）手动播放

手动播放的优点是可以人为控制每张幻灯片的播放时间。实现手动播放的方式有三种：

① 鼠标法：在屏幕任意处单击左键，可使幻灯片按顺序向后播放。

② 键盘法：按键盘上的【Page Up】或【↑】键，可使幻灯片顺序向前播放，按【Page Down】或【↓】键，则使幻灯片顺序向后播放。

③ 快捷菜单法：右击，打开放映控制菜单，可以通过选择"下一张"、"上一张"命令、"定位至幻灯片"等选项控制播放顺序。

（2）自动播放

自动播放方式是 PowerPoint 为操作者提供的一种便捷的播放方式，操作者只需预先设定好每张幻灯片播放的时间，系统就能按照设定自动进行播放。

确定每一张幻灯片播放时间的方法是：选择"幻灯片放映"→"排练计时"命令，这时系统启动一个计时器，并从头开始播放幻灯片，整个播放操作要求用户用手动方式完成。计时器记录整个文稿的播放时间和每张幻灯片的停留时间。在实际演示时，使用预先记录的时间自动播放。计时器上有三个按钮，其作用是：➡启动下一项，⏸暂停播放，⬅重新播放。当关闭计时器或演示文稿播放完毕，屏幕出现提示框，显示整个演示文稿播放的时间，如果选择提示框中的"是"，将进入到幻灯片浏览视图，这时每张幻灯片下部都显示了用户自定义的放映时间。

2. 启动幻灯片放映

启动幻灯片放映有多种方法，最快捷的方法就是按【F5】键开始播放幻灯片，还可以选择"视图"→"幻灯片放映"命令；或选择"幻灯片放映"→"观看放映"命令；或者单击屏幕左下角的"幻灯片放映"按钮 ▽（该方式从当前幻灯片开始放映）。

3. 设置放映方式

（1）放映幻灯片的方式

选择"幻灯片放映"→"设置放映方式"命令，打开"设置放映方式"对话框，如图 5-55 所示。选择下列选项之一确定放映方式。

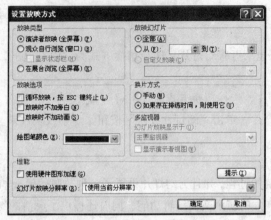

图 5-55　"设置放映方式"对话框

① 演讲者放映（全屏幕）

"演讲者放映"是系统默认的放映类型，也是最常用的方式。选择此单选按钮可运行全屏显示的演示文稿。此方式下演讲者具有对放映的完全控制权，并可用自动或人工方式运行放映，演讲者可以根据观众的反应随时调整放映速度或节奏，还可暂停下来进行讨论或添加会议细节。一般用于召开会议时的大屏幕放映、主持联机会议或广播演示文稿等。

② 观众自行浏览（窗口）

"观众自行浏览"是标准 Windows 窗口中显示的放映形式，放映时的 PowerPoint 窗口工具有菜单栏、Web 工具栏等，并提供在放映时编辑、复制和打印幻灯片等命令。在此模式中，可以使用滚动条或【Page Up】,【Page Down】键从一张幻灯片移到另一张幻灯片。

③ 在展台浏览（全屏幕）

采用"在展台浏览"类型，系统自动运行全屏幕幻灯片放映而不需要专人控制，放映过程中，超链接等控制方法不工作。当播完最后一张幻灯片后，系统自动从第一张重新开始播放，观众可以浏览演示文稿内容，但不能更改演示文稿，直至按【Esc】键才会停止播放。

该放映类型必须设置每张幻灯片的放映时间或预先设定排练计时，否则可能会长时间停留在某张幻灯片上。该放映类型主要用于展览会的展台或需要自动演示的场合。

④ 循环放映，按【Esc】键中止

如果选中"在展台浏览（全屏幕）"，此复选框自动选中。选中该模式，则在放映过程中，当最后一张幻灯片结束后，会自动跳转到第一张幻灯片进行播放。

⑤ 放映时不加旁白

如果选中这一项，则在播放幻灯片的过程中不播放任何旁白。若要录制语音旁白，则需要声卡、话筒和扬声器。方法是在普通视图的"大纲"选项卡或"幻灯片"选项卡上，选择要开始录制的幻灯片图标或缩略图。选择"幻灯片放映"→"录制旁白"命令，单击"设置话筒级别"选项，按照说明来设置话筒的级别，再单击"确定"按钮。

（2）另存为 PowerPoint 放映文件（扩展名为.pps）

对经常使用的演示文稿，可选择"文件"→"另存为"命令，把它另存为"PowerPoint 放映"类型文件（在"另存为"对话框的"保存类型"下拉列表框中选择"PowerPoint 放映"）。以后只要双击该文件图标，就会激活演示文稿的放映方式。

（3）自定义放映

"自定义放映"是指用户通过创建自定义放映使一个演示文稿适用于多种观众，即可以将一个演示文稿中的多张幻灯片进行分组，以便给特定的观众放映演示文稿中的特定部分。用户可以用超链接分别指向演示文稿中的各个自定义放映，也可以在放映整个演示文稿时只放映其中的某个自定义放映。方法与步骤如下：

① 选择"幻灯片放映"→"自定义放映"命令，弹出"自定义放映"对话框，如图 5-56 所示。

② 单击"新建"按钮，弹出"定义自定义放映"对话框，如图 5-57 所示。

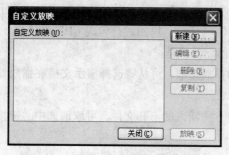

图 5-56　"自定义放映"对话框

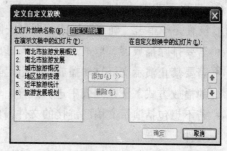

图 5-57　"定义自定义放映"对话框

③ 在"幻灯片放映名称"文本框中，系统自动自定义放映的名称为"自定义放映 1"，若想重新命名，可在该文本框中输入一个新的名称。

④ 在"在演示文稿中的幻灯片"列表框中，单击某一张所需的幻灯片，再单击"添加"按钮，该幻灯片出现在对话框右侧的"在自定义放映中的幻灯片"列表框中。

⑤ 重复步骤④，将需要的幻灯片依次加入到"在自定义放映中的幻灯片"列表框中。

⑥ 可通过单击"删除"按钮删除加入了"在自定义放映中的幻灯片"列表框的不需要的幻灯片。

⑦ 需要的幻灯片选择完毕后，单击"确定"按钮，重新出现"自定义放映"对话框。此时若想重新编辑该自定义放映，可单击对话框中的"编辑"按钮；若想观看该自定义放映，可单击"放映"按钮。若想取消该自定义放映，可单击"删除"按钮。

⑧ 选择"幻灯片放映"→"设置放映方式"命令，弹出"设置放映方式"对话框，在"放映幻灯片"选项区域中选择"自定义放映"，并在其下拉列表中选择刚才设置好的"自定义放映 1"。设置完毕后单击"确定"按钮。

⑨ 选择"文件"→"保存"命令，保存设置的结果。

（4）在其他计算机中放映幻灯片

要在其他计算机上或在没有安装 PowerPoint 的计算机上放映制作好的演示文稿，可使用"打包成 CD"功能压缩该演示文稿。

使用 PowerPoint 提供的打包工具，将演示文稿及相关文件制作成一个可在其他计算机中放映的文件。方法与操作步骤如下：

① 打开要打包的演示文稿。如果正在处理以前未保存的新演示文稿，建议先进行保存。

② 将空白的可写入 CD 插入到刻录机的 CD 驱动器中。

③ 然后选择"文件"→"打包成 CD"命令，弹出"打包成 CD"对话框，如图 5-58 所示。

④ 在"将 CD 命名为"文本框中，为 CD 键入名称。

⑤ 若要添加其他演示文稿或其他不能自动包括的文件，单击"添加文件"按钮，在弹出的"添加文件"对话框中选择要添加的文件，然后单击"添加"按钮。默认情况下，演示文稿被设置为按照"要复制的文件"列表框中排列的顺序进行自动播放。若要更改播放顺序，可选择一个演示文稿，然后单击向

图 5-58   "打包成 CD"对话框

上键或向下键，将其移动到列表中的新位置。若要删除演示文稿，先选择它，然后单击"删除"按钮。

⑥ 若要更改默认设置，可单击"选项"按钮，弹出"选项"对话框，再根据需要进行下列设置。设置完毕单击"确定"按钮，即可关闭"选项"对话框，返回"打包成 CD"对话框。

- 若要排除播放器，取消选中"PowerPoint 播放器"复选框。
- 若要禁止演示文稿自动播放，或指定其他自动播放选项，可从"选择演示文稿在播放器中的播放方式"下拉列表中进行选择。
- 若不想包括演示文稿已链接的文件，如以链接方式插入的声音文件，可取消选中"链接的文件"复选框。
- 若要包括 TrueType 字体，选中"嵌入的 TrueType 字体"复选框。
- 若需要设置打开或修改打包演示文稿的密码，在"帮助保护 PowerPoint 文件"项目组下输入密码。

⑦ 单击"复制到 CD"按钮。如果电脑上没有安装刻录机，那么可使用以下方法将一个或多个演示文稿打包到计算机或某个网络位置上的文件夹中，而不是在 CD 上。方法是不单击"复制到 CD"按钮，而单击"复制到文件夹"按钮，然后提供文件夹信息。

⑧ 播放：如果是将演示文稿打包成 CD 并设置为自动播放，则放入 CD 能够自动播放；如果没有设置为自动播放，或者是将演示文稿打包到文件夹中，要播放打包的演示文稿，可以通过"我的电脑"打开 CD 或文件夹，双击 play.bat 文件进行自动播放。

4. 在幻灯片放映过程中书写和绘画

在演示文稿播放过程中，单击鼠标右键，在快捷菜单中选择"指针选项"→"圆珠笔"或"毡尖笔"或"荧光笔"命令，就可以在幻灯片上进行书写或绘画，以强调幻灯片上的某些内容和重点。点击"墨迹颜色"还可以选取书写的颜色，选择"箭头"即可以使鼠标指针恢复正常，选择"擦除幻灯片上的所有墨迹"，可删除刚才手写的墨迹。

5.3.3 打印演示文稿

在打印演示文稿前，用户可以根据自己的需要对打印页面进行设置，使打印的形式和效果更符合实际需要。方法与步骤如下：

① 选择"文件"→"页面设置"命令，系统弹出"页面设置"对话框。

② 在"页面设置"对话框中，设置"幻灯片大小"、"宽度"、"高度"、"幻灯片编号起始值"和幻灯片及备注、讲义和大纲的打印方向等。

③ 单击"确定"按钮完成设置。打印前可以通过"打印预览"功能预览打印效果。

④ 选择"文件"→"打印"命令或单击常用工具栏上的打印按钮 🖨 进行打印。

5.4　Office 之间的数据交换

PowerPoint 与 Word、Excel 一起组成了 Microsoft Office 的核心部分。Word、Excel 和 PowerPoint 的菜单、对话框、工具栏等极为相似，这为信息的共享提供了方便。实现信息共享的主要方法是使用剪贴板和使用对象链接与嵌入技术等。

1．在 PowerPoint 中插入 Excel 图表

方法一：插入对象

（1）选取要添加 Excel 图表的幻灯片。

（2）选择"插入"→"对象"命令，弹出"插入对象"对话框，在"对象类型"列表中选择"Microsoft Excel 图表"。

（3）如果要插入已创建好的图表，选择"由文件创建"单选项（如果要创建新的图表，可以选择"新建"单选项，进行图表的制作），如图 5-59 所示，单击"浏览"按钮，选中所需的 Excel 文件，单击"确定"按钮，返回提示对话框，再单击"确定"按钮，即可将 Excel 文件插入幻灯片中。用这种方法加入的 Excel 图表，已嵌入演示文稿中，与 Excel 原文件不再有关联，在插入的 Excel 对象上双击，即可进入 Excel 编辑状态。

图 5-59　"插入对象"对话框

方法二：复制 Excel 图表

打开 Excel 文档，选中图表并复制，再切换到已打开的演示文稿中，选择要添加图表的幻灯片后再粘贴。

图表粘贴到幻灯片后，会在图表右下角显示"粘贴选项"智能标记，单击"粘贴选项"智能标记，可对粘贴内容进行快速转换。

2．在 PowerPoint 中插入 Word 文档

选择"文件→打开"命令，弹出"打开"对话框，在"文件类型"下拉列表框中选择文件类型为"所有文件"，双击要在 PowerPoint 中打开的 Word 文档，PowerPoint 会像打开演示文稿一样将 Word 文档打开，并依据文档内容生成一系列幻灯片；或者选择"插入→幻灯片（从大纲）"菜单命令，找到文档所在位置，选取文档，单击"插入"按钮也可实现插入 Word 文档。

另外，采用选择"插入"→"对象"命令，同样可以在 PowerPoint 中插入 Word 文档。

3．PowerPoint 与 Excel 数据共享

所谓 PowerPoint 与 Excel 数据共享即在 PowerPoint 插入可随原图表数据自动变化的 Excel 图表。

制作演示文稿时，若 Excel 文件中的内容有变化，则需重新插入或复制变化后的 Excel 图表。为了让幻灯片中的 Excel 图表对象能随原图表数据自动变化，可用链接的方式加入图表。实现的方法有两种：

① 用插入对象的方法加入 Excel 图表。方法是在"在 PowerPoint 中插入 Excel 图表"的（3）中即在如图 5-59 所示对话框中选中"链接"选项，再单击"确定"按钮加入图表。

② 用复制/粘贴的方法加入 Excel 图表。复制图表后，在演示文稿中选择"编辑→选择性粘贴"菜单命令，如图 5-60 所示，并选中"粘贴链接"单选项，再单击"确定"按钮加入图表。

当 Excel 原文件中的数据发生变化后，在演示文稿中选中链接图表对象，单击右键，在快捷菜单中选择"更新链接"命令，即可更新图表内容。如果演示文稿处于关闭状态，当打开演示文稿时，会显示对话框，提示更新链接。单击"更新链接"按钮，即可更新图表内容。

图 5-60　"选择性粘贴"对话框

练　习

一、选择题

1. 在 PowerPoint 窗口中，如果同时打开两个 PowerPoint 演示文稿，会出现_____的情况

　　A. 同时打开两个重叠的窗口

　　B. 打开第一个时，第二个被关闭

　　C. 当打开第一个时，第二个无法打开

　　D. 执行非法操作，PowerPoint 将被关闭

2. 在"设置放映方式"对话框中，选择_____放映类型，演示文稿将以窗口形式播放。

　　A. 演讲者放映　　　　　　　　　B. 观众自行浏览

　　C. 在展台浏览　　　　　　　　　D. 需要时单击某键

二、操作题

1. 请打开演示文稿 C:\WINKS\2332080.PPT，按要求完成下列各项操作并保存：

　　A. 在第一张幻灯片的副标题处输入文字"强大的市场竞争力"，中文字体设置为宋体、加粗并倾斜、字号为 40。

　　B. 将第二张幻灯片的版式更换为"垂直排列标题与文本"，文本栏设置自定义动画组合"进入"时为"盒状"、方向"内"。

2. 请打开演示文稿 C:\WINKS\2333033.PPT，按要求完成下列各项操作并保存：

　　A. 在第一张幻灯片中删除一个自选图形，自选图形类型为"折角形"。

　　B. 在第三张幻灯片中插入艺术字，艺术字内容为"手提摄像机"，艺术字式样为第 3 行第 6 列。

　　C. 设置该演示文稿应用设计模板名称为"Blends"。

第 6 章 // 信息检索和网络信息应用

学习目标

- 掌握信息素养的内涵及大学生信息素养的基本要求
- 掌握搜索引擎的使用方法与检索文献的方法
- 了解 Internet 的基础知识，了解网络接入的方式及如何在 Windows XP 中设置 ADSL 接入
- 掌握使用 IE 浏览网上信息、使用 IE 脱机浏览、设置浏览器主页、查看历史记录的方法
- 掌握电子邮箱的使用方法、QQ 的使用方法、MSN 的使用方法，了解 BBS 的概念
- 了解在线视频、在线音乐、网上购物、生活信息查询、知识共享、在线学习等网络生活方式

当今时代，网络已经无处不在地应用到了各个行业，它给人们的生活带来了很多便利，已经成为人们生活中不可缺少的一部分。例如，在大学生活中，学生将广泛地使用校园网络进行在线课程浏览、协同学习、网上信息查询与浏览等一系列的依托网络开展的网上活动。因此，为了让学生能更好地使用网络进行大学阶段的学习与未来的学习，本章将围绕着如何检索、使用、分享信息资源为主线介绍网络的基础知识。而更多的网络应用知识还需要人们共同探索、实践，并与其他人共同分享。

6.1　信息和信息能力

人们把当今时代称之为信息时代，信息的重要性已得到社会的普遍认识。然而什么是信息？他与数据、知识有怎样关系？信息时代的公民应该具备什么样的能力？这一系列的疑问可能很多人都没有认真思考过。在本节，将介绍这些相关概念，并让学生明确地知道作为信息时代的大学生，应该具备怎么样的能力。

6.1.1　数据、信息、知识以及它们之间的关系

1998 年，世界银行推出了《1998 年世界发展报告——知识促进发展》报告，对数据、信息和知识之间的区别进行了阐述，报告指出：数据是未经组织的数字、词语、声音、图像等，是原始的、不相关的事实；信息是以有意义的形式加以排列和处理的数据（有意义的数据），是被给予一定的意义和相互联系的事实。韦伯字典对信息的解释是：在观察或研究过程中获得的数据、消息。数据是形成信息的基础，也是信息的组成部分，数据只有经过处理、建立相互关系并给予明确的意义后才形成信息。要使数据提升为信息，需要对其进行采集与选择、组织与整序、压缩与提炼、

归类与导航；而将信息提升为知识，还需要根据用户的实际需求，对信息内容进行提炼、比较、挖掘、分析、概括、判断和推论。知识是用于生产的信息（有意义的信息）。信息经过加工处理、应用于生产，才能转变成知识。但是这三个概念之间的差别并不能提供一种可用的方法，用于很容易地确定信息将在何时变成知识。这一问题看来似乎是一个假定的等级结构，从数据到信息再到知识，三者在语境、有用性和可解释性等方面上都具有差异。以上论述帮助我们认清什么是数据，什么是信息，什么是知识，把信息转化成知识，就是信息素养的基本要求和基本目标。

所以仅有信息是远远不够的，信息只是原材料，其重要性在于它可以被提炼成为知识，从而在知识中进一步产生策略来解决问题。解决问题要靠策略，而策略来源于知识，知识来源于信息，所以信息的价值在于它能够被提炼成知识，生成策略。信息转化成知识之后，根据解决问题的目的，把知识转变成为智能策略，从而达到在信息素养中获取所需信息，使信息为人们所用的目标。

6.1.2　信息素养的内涵及其对大学教育的重要意义

信息素养概念是从图书检索技能演变发展而来的。传统突出检索技能，包含很多实用的、经典的文献资料查找方法。计算机、网络的发展，使这种能力同当代信息技术结合，成为信息时代每个公民必须具备的基本素养，这引起了世界各国教育界的高度重视。

信息素养这个术语最早是由美国信息产业协会主席保罗·车可斯基（Paul Zurkowski）于1974年提出来的，他把信息素养定义为"人们在解决问题时利用信息的技术和技能"；1983年，美国信息学家霍顿（Horton）认为教育部门应开设信息素养课程，以提高人们对电子邮件、数据分析以及图书馆网络的使用能力；1987年，信息学专家Patrieia Breivik将信息素养概括为一种了解提供信息的系统，并能鉴别信息的价值和存储信息的基本技能，如数据库、电子表格软件、文字处理等技能。literacy的英文本义为"识字"、"有文化"和"阅读和写作的能力"，这个解释是与传统的以物质和能量为基础的工业社会的印刷技术与文字媒体的文化相联系。而随着多媒体与计算机网络技术的发展和广泛应用，人类进入以信息和知识为主要资源的信息社会，出现了多媒体文化和网络文化，literacy被赋予了新的含义。

自从信息素养被人们广泛关注以来，其定义就在不断地演变和发展，人们对其内涵与外延也有不同的理解。1992年，美国图书馆协会给信息素养下的定义是"信息素养是人能够判断确定何时需要信息，并且能够对信息进行检索、评价和有效利用的能力"。1998年，美国图书馆协会和美国教育传播与技术协会进一步制定了学生学习的九大素养标准，这一标准从信息技能、独立学习和社会责任三个方面表述，进一步扩展、丰富了信息素养的内涵与外延。在这些理论的指导下，围绕培养信息素养而展开的一系列实验研究和课程设计也广泛开展起来，如美国一些学校正在开展的Big6技能训练课程（即图书馆技能与计算机技能训练课程）等，在学校课程体系改革发展中受到了普遍关注和欢迎。

从上述资料的分析中可以看出，信息素养是一个含义广泛的综合性概念。信息素养不仅包括熟练运用当代信息技术的基本技能，还包括获取识别信息、加工处理信息素养、传递、创造和应用信息的能力，甚至还包括独立自主的学习态度和方法、批判精神以及强烈的社会责任感和参与意识，并将这些用于信息问题的解决和进行创新性思维的综合能力。

综上所述，信息素养作为一种高级的认知技能，同批判性思维、问题解决的能力一起构成了学生进行知识创新和学会如何学习的基础。有信息素养的人是指那些不仅懂得如何学习，而且具有终身学习的意识、习惯、能力的人。面对信息时代的严峻挑战，高校学生必须自觉、主动地把信息素养作为自身学习与发展的重要目标。

6.1.3　信息素养的内在结构

信息素养主要由信息知识、信息能力以及信息意识与信息伦理道德三部分组成。

1. 信息知识

信息知识是指一切与信息有关的理论、知识和方法。信息知识是信息素养的重要组成部分，一般包括：

① 传统文化素养。信息素养是传统文化素养的延伸和拓展。传统文化素养包括读、写、算的能力。尽管进入信息时代之后，读、写、算的方式发生了巨大的变革，被赋予了新的含义，但传统的读、写、算能力仍然是人们文化素养的基础。在信息时代，必须具备快速阅读的能力，这样才能在各种各样、成千上万的信息中有效地获取有价值的信息。

② 信息的基本知识。包括信息的理论知识，对信息、信息化的性质、信息化社会及其对人类影响的认识和理解，信息的方法与原则（如信息分析综合法、系统整体优化法等）。

③ 现代信息技术知识。包括信息技术的原理（如计算机原理、网络原理等）、信息技术的作用、信息技术的发展史及其未来等。

④ 外语，尤其是英语。信息社会是全球性的，在互联网上有 80% 以上的信息是英文，此外还有其他语种。要相互沟通，就要了解国外的信息；要表达我们的思想，我们就应掌握一两门外语，以适应国际文化交流的需要。

2. 信息能力

信息能力是指人们有效地利用信息设备和信息资源获取信息、加工处理信息、创造和应用信息的能力。这也就是终身学习的能力，即信息时代重要的生存能力，主要包括：

① 信息工具的使用能力。包括使用文字处理工具、浏览器和搜索引擎工具、网页制作工具、电子邮件等。

② 获取识别信息的能力。它是个体根据自己特定的目的和要求，从外界信息载体中提取自己所需要的有用的信息的能力。在信息时代，人们生活在信息的海洋中，面临无数信息的选择，需要有批判性的思维能力，根据自己的需要选择有价值的信息。

③ 加工处理信息的能力。个体从特定的目的和新的需求的角度，对所获得信息进行整理、鉴别、筛选、重组，提高信息的使用价值的能力。

④ 创造、传递新信息和应用信息的能力。获取信息是手段，而不是目的。个体应具有从新角度、深层次对现有信息进行加工处理，从而产生新信息的能力；同时，有了新创造的信息，还应通过各种渠道将其传递给他人，与他人交流、共享，促进更多新知识、新思想的产生。要具备应用信息创造新的价值的能力。

3. 信息意识与信息伦理道德

信息意识是人们在信息活动中产生的认识、观念和需求的总和。信息意识主要包括：

① 能认识到信息在信息时代的重要作用，确立在信息时代尊重知识、终身学习、勇于创新等新观念。

② 对信息有积极的内在需求。信息是人生存的前提和发展的基础，在人的认识和实践活动中占有重要地位。每个人都有信息要求，只有将社会对个人的要求自觉地转化为个人内在的信息需求，才能适应现代社会发展的需要。

③ 对信息的敏感性和洞悉力。能迅速有效地发现并掌握和应用有价值的信息，并善于从他人看来微不足道、毫无价值的信息中发现信息的隐含意义和价值，善于识别信息的真伪，善于将信息现象与实际工作、生活、学习迅速联系起来，善于从信息中找出解决问题的关键。

信息技术犹如一把双刃剑，它在为人们提供极大便利的同时，也对人类产生了各种危害，如信息的滥用和各种信息"垃圾"的泛滥、计算机病毒的肆虐、计算机黑客、网络安全、网络信息的共享与版权等问题，都对人的道德水平、文明程度提出了新的要求。作为信息社会中的现代人，应认识到信息和信息技术的意义及其在社会生活中所起的作用与影响，有信息责任感，抵制信息污染，自觉遵守信息伦理道德和法规，规范自身的各种信息行为，主动参与理想信息社会的创建。

6.1.4 大学生信息素养的基本要求

信息素养不仅是一定阶段的目标，而且是每个社会成员终身追求的目标，是信息时代每个社会成员的基本生存能力。作为信息时代的大学生，应该从以下六个方面不断地提高自己的信息素养：

① 高效获取信息的能力。

② 熟练、批判性地评价信息的能力（正确与错误、有用与没用）。

③ 有效地吸收、存储和快速提取信息的能力。

④ 运用多媒体形式表达信息、创造性地使用信息的能力。

⑤ 将以上一整套驾驭信息的能力转化为自主地、高效地学习与交流和应用的能力。

⑥ 学习、培养和提高信息文化环境中公民的道德、情感、法律意识与社会责任。

学会自主学习，学会与不同专业背景的人在交流与协作中学习，学会运用现代教育技术高效地学习，学会在研究和创造中学习，这些学习能力是在信息社会中的基本生存能力。在大学生活中，学生不仅需要掌握好计算机网络知识，更重要的是使用计算机网络知识作为学习资源获取、信息交流、信息表达的工具，掌握更多的专业知识与技能。

6.2 信息检索

信息检索（information retrieval）是指知识有序化识别和查找的过程。广义的信息检索包括信息存储与检索，狭义的信息检索则仅指该过程的后半部分，即根据用户查找信息的需要，借助于检索工具，从信息集合中找出所需信息的过程。对于在校大学生来说，常用的信息检索包括 Internet 信息检索、文献信息检索与图书资源检索等。

6.2.1　Internet 信息检索

Internet 是一个巨大的信息库，其信息分布在全世界各个角落的主机上。要快速从网上获取信息，比较便捷的方式是使用信息检索工具帮助查询。

搜索引擎（search engine）是随着 Web 信息的迅速增加而逐渐发展起来的技术，它是一种浏览和检索数据集的工具。

1．搜索引擎的基本工作原理

通常，"搜索引擎"是一些因特网上的站点：它们有自己的数据库，保存了因特网上很多网页的检索信息，并且不断地更新。当用户查找某个关键词时，所有在页面内容中包含了该关键词的网页都将作为搜索结果被搜索出来，再经过复杂的算法进行排序后按照与搜索关键词相关度的高低，依次排列，呈现在结果网页中。最终网页罗列了指向一些相关网页地址的超链接网页。这些网页可能包含要查找的内容，从而起到信息导航的目的。

目前，常用的 Internet 搜索引擎有：

- Google　http://www.google.com。
- 百度　　　http://www.baidu.com。
- Yahoo!　http://www.yahoo.com。
- 搜狗　　　http://www.sogou.com。

2．搜索引擎使用技巧

"公欲善其事，必先利其器"。Internet 只有一个，而搜索引擎则有许多个。对于普通人而言，掌握诸多搜索引擎的可能性似乎不大。用一两个相对强劲的具有代表性的工具，以达到绝大多数搜索目的更为人们所迫切希望。下面将以 Google 搜索引擎为例介绍搜索的技巧。

（1）初阶搜索

查询包含单个关键字的信息。如在搜索框内输入一个关键字"海洋生态"，选择"所有网页"单选按钮，然后单击下面的"Google 搜索"按钮见图 6-11（或者直接按【Enter】键），就会出现搜索结果。

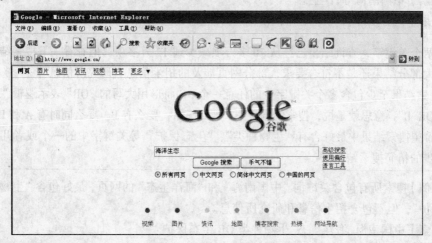

图 6-1　Google 初阶搜索

如果需要查找的是关于"海洋生态"的图片、视频等信息，可以单击网页顶端的分类查询导航条，查找相应的信息，如图 6-2 所示。

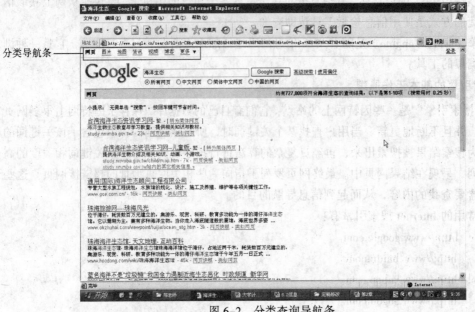

图 6-2 分类查询导航条

但是，用户可以发现，上例中单个关键字"海洋生态"，搜索得到的信息浩如烟海，而且绝大部分并不符合自己的要求。这就需要进一步缩小搜索范围和结果。

① 搜索结果要求包含两个及两个以上关键字。在 Google，用空格来表示逻辑"与"操作。现在，假设需要了解一下中国南海的海洋生态，因此期望搜得的网页上有"中国南海"和"海洋生态"两个关键字。

【示例】搜索所有包含关键词"中国南海"和"海洋生态"的网页。

【搜索】中国南海 海洋生态

【结果】约有 126000 项符合中国南海 海洋生态的查询结果。

用了两个关键字，查询结果已经从 70 多万项减少到 12 万多项。但查看一下搜索结果，发现前列的绝大部分结果还是不符合要求，部分网页涉及的招生信息、研究所信息等。

② 搜索结果至少包含多个关键字中的任意一个。Google 用大写的"OR"表示逻辑"或"操作。搜索"A OR B"，意思就是说，搜索的网页中，要么有 A，要么有 B，要么同时有 A 和 B。在上例中，我们希望搜索结果中最好含有"生物种类"、"生态保护"等关键字中的一个或者几个，这样可以进一步的精简搜索结果。

【示例】搜索所有包含关键词"中国南海"和"海洋生态"的网页，最好包含"生物种类"、"生态保护"，但不包含招生信息和研究所信息。

【搜索】中国南海 海洋生态 生物种类 OR 生态保护

【结果】约有 6120 项符合中国南海 海洋生态 生物种类 OR 生态保护的查询结果。

在上面的例子中，介绍了搜索引擎最基本的语法"与"和"或"，这两种搜索语法 Google 分别用""（空格）和"OR"表示。使用上例的思路，可以了解到如何缩小搜索范围，迅速找到目的资讯的一般方法：目标信息一定含有的关键字（用空格连起来），目标信息可能含有的关键字（用"OR"连起来）。

③ 搜索整个短语或者句子。Google 的关键字可以是单词（中间没有空格），也可以是短语（中间有空格）。但是，用短语做关键字，必须加英文引号，否则空格会被当作"与"操作符。

> 【示例】搜索关于第一次世界大战的英文信息。
> 【搜索】"world war i"
> 【结果】约有 10,100,000 项符合"world war i"的查询结果。

（2）进阶搜索

上面已经探讨了 Google 的一些基础搜索语法。通常而言，这些简单的搜索语法已经能解决绝大部分问题。但如果想更迅速更贴切找到需要的信息，还需要了解更多的搜索知识。

① 对搜索的网站进行限制。site 表示搜索结果局限于某个具体网站或者网站频道，如 www.sina.com.cn、edu.sina.com.cn，或者是某个域名，如 com.cn、com 等。

> 【示例】搜索中文教育科研网站（edu.cn）上关于搜索引擎技巧的页面。
> 【搜索】搜索引擎 技巧 site:www.edu.cn
> 【结果】www.edu.cn 上约有 121 项符合搜索引擎、技巧的查询结果。

> 【示例】搜索新浪科技频道中关于搜索引擎技巧的信息。
> 【搜索】搜索引擎 技巧 site:tech.sina.com.cn
> 【结果】tech.sina.com.cn 上约有 1760 项符合搜索引擎 技巧的查询结果。

提示：site 后的冒号为英文字符，而且冒号后不能有空格，否则，"site:"将被作为一个搜索的关键字。此外，网站域名不能有"http://"前缀，也不能有任何"/"的目录后缀；网站频道则只局限于"频道名.域名"方式，而不能是"域名/频道名"方式。

② 在某一类文件中查找信息。

> 【示例】搜索关于海洋生态的 doc 或 ppt 文件。
> 【搜索】海洋生态 filetype:doc OR filetype:ppt
> 【结果】约有 397000 项符合海洋生态 filetype:doc OR filetype:ppt 的查询结果 Google 不仅能搜索一般的文字页面，还能对某些二进制文档进行检索。目前，Google 已经能检索微软的 Office 文档如.xls、.ppt、.doc、.rtf、WordPerfect 文档，Lotus1-2-3 文档，Adobe 的.pdf 文档，ShockWave 的.swf 文档（Flash 动画）等。

③ 在网页标题中查找。在 IE 中所浏览的每一个网页都有一个标题，它会显示在浏览器窗口的标题栏处。在 Google 使用 intitle 命令可以准确地根据所搜索的关键字搜索网页标题。

【示例】搜索网页标题含有"海洋生态"的网页。

【搜索】intitle:海洋生态

【结果】约有 61900 项符合 intitle:海洋生态的查询结果。

④ 限定数值范围。在 Google 中，还可以使用 ".."（两个小数点）限定搜索的数值范围，这样就可以大幅提高搜索的精确度。

【示例】搜索含有"南海海洋生态"的网页而且年限是 2004—2006。

【搜索】海洋生态 2004..2006 年

【结果】约有 13200 项符合南海海洋生态 2004..2006 年的查询结果。

6.2.2 中文期刊检索工具——CNKI 数字图书馆

《中国知识资源总库》，简称《总库》，是具有完整知识体系和规范知识管理功能的、由大量知识信息资源构成的学习系统和知识挖掘系统。《总库》是一个大型动态知识库、知识服务平台和数字化学习平台。目前，《总库》拥有国内 8 200 多种期刊、700 多种报纸、600 多家博士培养单位优秀博硕士学位论文、数百家出版社已出版图书、全国各学会/协会重要会议论文、百科全书、中小学多媒体教学软件、专利、年鉴、标准、科技成果、政府文件、互联网信息汇总以及国内外上千个各类加盟数据库等知识资源。《总库》中数据库的种类不断增加，数据库中的内容每日更新，每日新增数据上万条。

在 CNKI 数字图书馆查找文献的操作步骤如下：

① 在 IE 浏览器地址栏中输入 http://www.cnki.net，打开中国知识网首页，如图 6-3 所示。在检索词框中输入所要搜索的关键字，并设定发表日期、搜索数据库等条件，单击"检索"按钮，如图 6-4 所示。

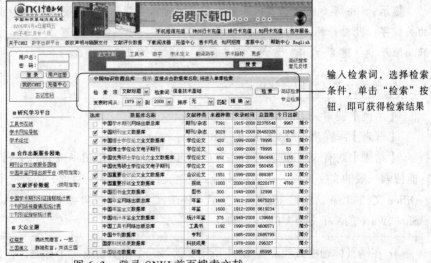

图 6-3 登录 CNKI 首页搜索文献

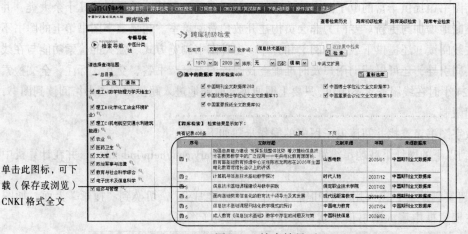

单击此图标，可下载（保存或浏览）CNKI 格式全文

单击文章题名可打开文章的知网节，获得文章的基本信息及相关文献链接

图 6-4　搜索结果页面

② 在搜索结果页面中，可以在检索框中重新输入关键词，并选择"在结果中检索"选择框，对结果进行二次搜索。

③ 在结果列表中，点击文章标题，可以获得文章的基本信息及相关文献链接，如图 6-5 所示。

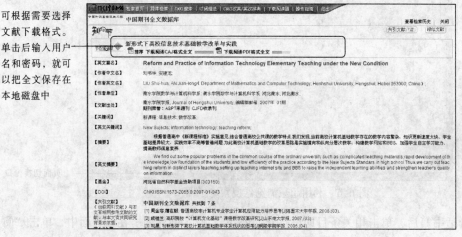

可根据需要选择文献下载格式。

单击后输入用户名和密码，就可以把全文保存在本地磁盘中

该页面是一篇文章的知网节，显示该文章的基本信息。蓝色文字部分为链接点，动态链接其他相关文献

图 6-5　知网节页面

④ 如果搜索结果符合要求，单击结果列表前的 📄 图标，输入用户名和密码后，可下载文献到本机中。CAJ 文档格式需要下载 CAJViewer 阅读器浏览，PDF 文档格式需要下载 Acrobat Reader 阅读器浏览。

相关阅读器下载地址为：http://www.cnki.net/software/xzydq.htm。

提示：如果想了解更详细的 CNKI 使用帮助，可以浏览网页 http://refbook.cnki.net/helpcenter.htm。

6.2.3　图书信息检索工具——超星数字图书

超星数字图书馆（www.ssreader.com）开通于 1999 年，是全球最大的中文数字图书馆，向互联网用户提供数十万种中文电子书免费和收费的阅读、下载、打印等服务。同时还向所有用户、作者免费提供原创作品发布平台、读书社区、博客等服务。

　　超星数字图书馆提供丰富的电子图书阅读，其中包括文学、经济、计算机等几十余大类，并且每天仍在不断地增加与更新。专门为非会员构建开放免费阅览室。超星数字图书馆上的图书不仅可以直接在线阅读，还提供下载（借阅）和打印。多种图书浏览方式、强大的检索功能与在线找书专家的共同引导，还可以帮助用户及时准确查找阅读的书籍。书签、交互式标注、全文检索等实用功能。24 小时在线服务永不闭馆，只要上网便可随时随地进入超星数字图书馆阅读到图书，不受地域时间限制。

　　在超星数字图书馆查找并阅读电子图书的操作步骤如下：

　　① 首先到以下的网址下载超星浏览器，http://edu.sslibrary.com/help/index.htm，并在计算机中安装该软件。

　　② 启动超星浏览器，输入用户名和密码。单击"功能耳朵"，切换到"搜索"界面，如图 6-6 所示。在搜索框中输入图书信息就可查找到相应的电子图书。

图 6-6　利用超星浏览器搜索电子图书

　　③ 找到合适书籍后，单击相关条目即可打开如图 6-7 所示的界面。在该界面中，单击"阅览器阅读"或"IE 阅读"按钮即可阅读。

图 6-7　阅读超星电子图书

　　提示：如果想了解更详细的超星电子图书馆使用帮助，可以浏览网页 http://help.ssreader.com/。

6.3　认识与接入 Internet

计算机网络是指把若干台地理位置不同，且具有独特功能的计算机，用通信线路和通信设备互相连接起来，实现彼此之间的数据通信和资源共享的一种计算机系统。

Internet，它把世界各地的计算机通过网络线路连接起来，进行数据和信息的交换，从而实现资源共享。因特网正在不断地融入到人们的生活中，它为人们提供了大量的信息、便捷的通信方式以及全方位的娱乐方式，上网冲浪、网络购物、网上聊天、博客等已经成为网络生活的一部分。在本节，首先要了解网络的一些基本概念，并了解常见的上网方式。

6.3.1　Internet 基础知识

1. 基本概念

（1）IP 地址

IP 地址的组成与分类像电话号码一样，任何连入 Internet 的计算机都要给它编上一个地址（即 IP 地址），Internet 是根据 IP 地址识别网络计算机。在 Internet 中，不论发送电子邮件还是检索信息，都必须知道对方的 IP 地址，目前采用的是 IPv4 格式。

IP 地址是一个 32 位的二进制数，为了方便用户理解与记忆，通常采用 xxxx 的四段式格式来表示，每个 x 为 8 位，如图 6-8 所示。IP 地址由网络号和主机号两部分组成，如图 6-9 所示。

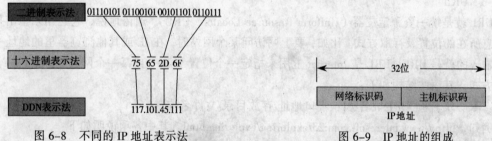

图 6-8　不同的 IP 地址表示法　　　　图 6-9　IP 地址的组成

为了给不同规模的网络提供必要的灵活性，IP 地址的设计者将 IP 地址空间划分为五个不同的地址类别，如图 6-10 所示，其中 A、B、C 三类最为常用。

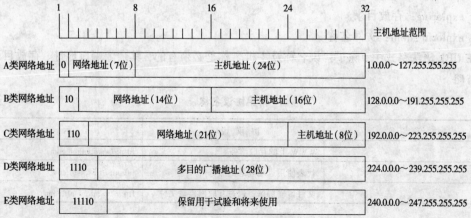

图 6-10　IP 地址的分类

A 类地址分配给有大量主机的网络。B 类地址分配给中等规模的网络。C 类地址用于小型网络。D 类地址是预留的 IP 组播地址。E 类地址是一个实验性地址，预留将来使用。E 类地址的最高四位为 1111。

网络号由因特网权力机构分配，目的是为了保证网络地址的全球唯一性。主机地址由各个网络的管理员统一分配。因此，网络地址的唯一性与网络内主机地址的唯一性确保了 IP 地址的全球唯一性。

（2）域名

域名是因特网上的重要标识，它是因特网上用来查找网站的专用名字，作用类似于地址、门牌名。域名是唯一的，不可能有重复的域名。域名也是互联网中用于解决地址对应问题的一种方法。域名的功能是映射互联网上服务器的 IP 地址，从而使人们能够与这些服务器连通。

如 220.181.29.154 这个 IP 地址是门户网站——网易的服务器地址，我们可以在 IE 浏览器中输入该 IP 地址访问该网站，但对于每一个用户来说，如果所有网站都是这样一串数字显然是不方便的。因此，我们可以通过输入 www.163.com 的域名来访问该网站，显然域名更容易理解和记忆。

域名分为顶层（TOP-LEVEL）、第二层（SECOND-LEVEL）、子域（SUB-DOMAIN）等。国际域名相当于一个二级域名，如 www.163.com，国内域名属于地区性域名，国内域名相当于一个三级域名，如 www.pconline.com.cn；也就是说，国际域名在级别上要高于国内域名，国际域名只有一个，而地区性域名可以有多个。

（3）URL

URL 就是统一资源定位器（Uniform Resource Locator，URL），通俗地说，它是用来指出某一项信息所在的位置及存取方式。比如，要上网访问某个网站时，在 IE 或其他浏览器里的地址一栏中所输入的就是 URL。URL 是 Internet 上用来指定一个位置（site）或某一个网页（Web Page）的标准方式，其语法结构如下：

协议名称：//主机名称[：端口地址/存放目录/文件名称]

例如，http://www.microsoft.com:23/exploring/exploring.html。其中各项说明如下：

- http：协议名称。
- www.microsoft.com：主机名称。
- 23：端口地址。
- exploring：存放目录。
- exploring.html：文件名称。

在 URL 语法格式中，除了协议名称及主机名称是必须有的，其余像端口地址、存放目录等都可以省略。

常用协议名称

协 议 名 称	协 议 说 明	示　例
HTTP	WWW 上的存取服务	http://www.yahoo.com
telnet	代表使用远端登录的服务	telnet://bbs.nstd.edu
FTP	文件传输协议，通过互联网传输文件	ftp://ftp.microsoft.com/

（4）TCP/IP

TCP/IP 叫做传输控制协议/网际协议，它是 Internet 的基础。TCP/IP 是网络中使用的基本的通信协议。

虽然从名字上看 TCP/IP 包括两个协议：传输控制协议（TCP）和网际协议（IP），但实际上它是一组协议，包括上百个协议，如：远程登录、文件传输和电子邮件等，而 TCP 协议和 IP 协议是保证数据完整传输的两个基本的重要协议。通常说 TCP/IP 是指 Internet 协议族，而不单单是 TCP 和 IP。

TCP/IP 协议的基本传输单位是数据包（datagram），TCP 协议负责把数据分成若干个数据包，并给每个数据包加上包头（就像给一封信加上信封），包头上有相应的编号，以保证在数据接收端能将数据还原为原来的格式；IP 协议在每个包头上再加上接收端主机地址，这样数据找到自己要去的地方，如果传输过程中出现数据丢失、数据失真等情况，TCP 协议会自动要求数据重新传输，并重新组包。总之，IP 协议保证数据的传输，TCP 协议保证数据传输的质量。TCP/IP 协议数据的传输基于 TCP/IP 协议的四层结构：应用层、传输层、网络层、接口层，数据在传输时每通过一层就要在数据上加个包头，其中的数据供接收端同一层协议使用，而在接收端，每经过一层要把用过的包头去掉，这样来保证传输数据的格式完全一致。

2. 接入网络的硬件设备

计算机在接入 Internet 之前，首先要装备一些基本的硬件设备，并根据自己的实际情况选择必要的网络设备，才能畅游网络。常用的网络设备有以下几种：

（1）调制解调器

调制解调器（modem）是一种进行数字信号与模拟信号转换的设备俗称"猫"。因为计算机处理的是数字信号而电话线传输的是模拟信号，因此在计算机和电话线之间需要一个连接设备——调制解调器。将计算机输出的数字信号转换为适合电话线传输的模拟信号，在接收端再将接收到的模拟信号转换为数字信号由计算机处理。图 6-11 所示为常见的 ADSL 调制解调器。

（2）网卡

网络接口卡（network interface card）又称网络适配器，简称网卡，如图 6-12 所示。用于实现联网计算机和网络电缆之间的物理连接。在局域网中每一台联网计算机都需要安装一块或多块网卡。可完成包括网卡与网络电缆的物理连接、介质访问控制（如 CSMA/CD）等功能。

（3）无线路由器

路由器是为了解决多台计算机共同上网而产生的。无线路由器，如图 6-13 所示，既具备有线功能，也能够把信号转为无线信号，使多台计算机通过无线连接到网络。对于普通用户，只需要一个无线路由器、还有支持无线的终端（如笔记本式计算机），就可以进行无线上网。

图 6-11　ADSL 调制解调器

图 6-12　网卡

图 6-13　无线路由器

3. 常见的上网方式

Internet 是由全世界各国、各地区的成千上万台计算机网互联起来而形成的一种全球性网络。Internet 可以连接各地的计算机系统和网络，不管它们处于哪里，具有何种规模，只要遵守共同的网络通信协议 TCP/IP，都可以加入到 Internet 大家庭中，它向接入 Internet 的用户提供各种信息和服务，成为推动社会信息化的主要工具。

目前常见的宽带上网方式有 ADSL 接入、局域网接入和通过有线电视网接入等几种方式。

6.3.2 ADSL 宽带上网

ADSL 是目前应用比较广泛的宽带接入方式。使用 ADSL 上网，需要配置一块网卡、一个 ADSL 调制解调器和一条电话线。ADSL 安装步骤可以分为安装网卡、安装 ADSL 调制解调器、安装虚拟拨号软件几步。

1. 在计算机中安装与配置网卡

目前基本所有的主板上都已经内置了网卡，因此，在接入 ADSL 前，只需再次确认网卡的驱动程序是否安装正确。

图 6-14 查看网卡是否安装正确

① 选择"控制面板"→"管理工具"→"计算机管理"，在"计算机管理"窗口中选择"设备管理器"。

② 展开"网络适配器"结点，如果网卡驱动安装成功，在该结点下将显示计算机中所安装的网卡，如图 6-14 所示。

③ 如果"网络适配器"中所显示该网卡图标上标有一个黄色"!"，说明该网卡驱动程序不正常，单击右键选择"更新驱动程序"命令，安装提示重新安装网卡驱动程序，即可解决问题。

2. 安装 ADSL 调制解调器

在电信局报装 ADSL 时，会附送滤波分离器和 ADSL 调制解调器。安装 ADSL 调制解调器的过程分为连接滤波分离器和连接 ADSL 调制解调器两步骤。

（1）连接滤波分离器

ADSL 滤波分离器提供三个接口，分别为 Line（电话入线）、Phone（电话信号输出线）和 Modem（数据信号输出线）。

① 将来自电信局端的电话线接入信号分离器的输入端 Line 端口。

② 将滤波分离器附带的电话线一端接分离器的输出端口 Phone，另一端接电话机，这样才能保证在上网时拨打电话正常

（2）连接 ADSL 调制解调器

① 使用 ADSL 调制解调器附带的电话线，一端连接 ADSL 滤波分离器 Modem 端口，另一端连接 ADSL 调制解调器的 ADSL 插孔。

② 使用 ADSL 调制解调器附带的五类双绞线，一端连接 ADSL 调制解调器的 10BaseT 插孔，另一端连接计算机网卡中的网线插孔，然后接通 ADSL 调制解调器电源。

3. 在 Windows XP 中建立 ADSL 虚拟拨号连接

硬件安装完成后，需要在 Windows XP 中建立 ADSL 虚拟拨号连接创建连接的步骤如下：

① 打开"控制面板"窗口，双击"网络连接"图标，如图 6-15 所示。

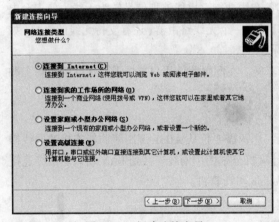

图 6-15　控制面板中的网络连接设置项

② 选择"网络连接"窗口左侧任务窗格中的"创建一个新的连接"选项。

③ 弹出"新建连接向导"窗口。单击"下一步"按钮。

④ 进入"网络连接类型"界面，单击"连接到 Internet"单选按钮。再单击"下一步"按钮，如图 6-16 所示。

⑤ 进入"准备好"界面，单击"手动设置我的连接"单选按钮，再单击"下一步"按钮，如图 6-17 所示。

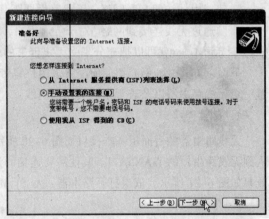

图 6-16　新建连接向导　　　　图 6-17　新建连接向导——连接方式选择

⑥ 进入"Internet 连接"界面，单击"用要求用户名和密码的宽带连接来连接"单选按钮，再单击"下一步"按钮，如图 6-18 所示。

⑦ 进入"连接名"界面。在"ISP 名称"文本框中输入 ISP 名称，ISP 名称只是方便记忆而已，可以随便填写，如"ADSL"、"宽带拨号"等。单击"下一步"按钮。

⑧ 进入"Internet 账户信息"界面，输入电信公司分配的用户名和密码，并确认密码，再单击"下一步"按钮。

⑨ 进入"正在完成新建连接向导"界面，选择"在我的桌面上添加一个到此连接的快捷方式"复选框，单击"完成"按钮，如图 6-19 所示。

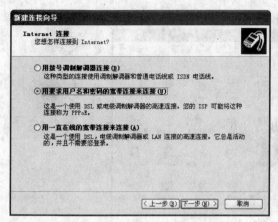
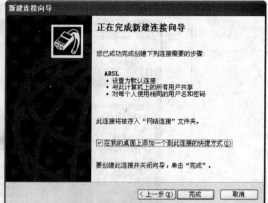

图 6-18 新建连接向导——连接方式选择　　　　图 6-19 完成新建连接向导

⑩ 设置完成后，会自动弹出连接对话框，单击"连接"按钮，就可以进行网络连接了。

6.3.3 多用户共享宽带上网

如果能将家中、宿舍中的几台计算机连起来组成一个小型局域网，就能实现共享一条宽带接入，及共享别人计算机中的资源。宽带共享上网有如下两种方式：

- 通过交换机连接各台计算机，局域网中的其中一台计算机做宽带接入主机，然后共享Internet。该种方式的缺点是：主机必须开启，网络中的其他计算机才能访问 Internet。
- 随着无线路由器的普及，使用无线路由器作为宽带接入主机，然后其他计算机通过连接无线路由器访问互联网络。无线路由器既具备有线功能，也能够把信号转为无线，使多台电脑通过无线连接到网络。对于普通用户，只需要一个无线路由器、还有支持无线的终端（如笔记本），就可以把充分享受无线带来的乐趣了。

下面以方式二为例介绍如何配置多用户宽带上网。在配置前，用户首先需要在电脑市场上购置一个无线路由器以及若干条五类双绞网线。

1. 硬件连接

无线路由器的后面板基本接口如图 6-20 所示。用户需要把从 ADSL 调制解调器连接的网线插入到无线路由器的 WAN 端口。其他需要连接的计算机分别使用网线连接到 LAN 端口。最终连接效果如图 6-21 所示。依次打开路由器、ADSL Modem 和计算机。

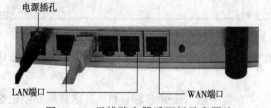
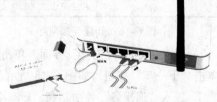

图 6-20 无线路由器后面板示意图片　　　　图 6-21 网络连接示意图

- WAN 端口。广域网端口，提供有线的 xDSL Modem/Cable Modem 或以太网。
- LAN 端口。四个局域网端口，用于有线连接计算机或者以太网设备，如：集线器、交换机和路由器。
- power。电源插孔，提供接插电源适配器。

2．路由器的调试

① 在网络中一台开启的计算机中，右击桌面的"网上邻居"图标，选择"属性"命令。在"网络连接"窗口中，右击"本地连接"图标，选择"属性"命令，如图 6-22 所示。

图 6-22　网上邻居属性

② 在弹出的"本地连接属性"对话框中，双击"Internet 协议（TCP/IP）"，打开"Internet 协议（TCP/IP）属性"对话框，如图 6-23 所示。

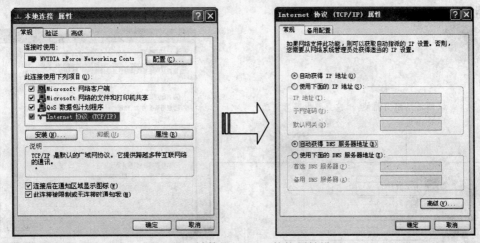

图 6-23　计算机 Internet 协议属性设置

③ 在"Internet 协议（TCP/IP）属性"对话框中，分别设置 IP 地址、子网掩码、默认网关、首选 DNS 服务器，如图 6-24 所示。

提示：子网掩码的作用：子网掩码的作用就是判断两个需要通信的主机是否需要经过网络转发，如果两个要通信的主机在同一个子网内，就可以直接通信；如果两个需要通信的主机不在同一个子网内，则需要寻找路径进行通讯了。通俗的说，我自己的电话是020-55554444，我朋友的电话是 010-666688888，我们两个人要通信，我先要看一下我们两个的电话是不是在同一个区间（相当于子网掩码中的子网），结果不在一个区间，我要打他的电话，肯定要加上区号了，也就是要通过转发了。

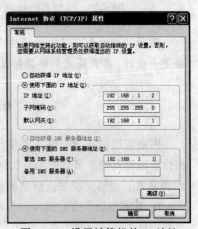

图 6-24　设置计算机的 IP 地址

子网掩网的组成：子网掩码其实是一个 IP 地址，ABC 三类 IP 地址都有默认的子网掩码，在使用的时候，不要随意更改。我们可以将 255.255.255.0 这个子网掩码换算成二进制：11111111.11111111.11111111.00000000。在子网掩码中，网络位用 1 来表示，主机位用 0 来表示。只要网络位相同，那么两个子网间就可以直接通讯了，这就是判断两个需要通信的主机是否在一个子网中的依据。

④ 经过以上步骤后，在浏览器里输入 http://192.168.1.1，按照路由器说明书的提示输入账号、密码，就可以访问路由器配置界面。进入路由器配置界面，选择"WAN 设置"，可以根据网络接入环境，设置相关的宽带上网的账号和密码。

⑤ 通过"LAN 设置"配置路由器局域网 IP 地址（LAN 口的 IP 地址）和 DHCP 服务器，如图 6-25 所示。动态主机配置协议（DHCP）服务器自动向接入该网络上的每台个人计算机分配一个 IP 地址，这样可以省却很多设置的麻烦，建议选择该选项。单击"应用"按钮确定设置。

⑥ 在其他连接该局域网的计算机中，重复①、②，在 IP 地址属性页中选择"自动获取 IP 地址"和"自动获取 DNS 服务器地址"，如图 6-26 所示。这样，网络中的所有计算机将能通过该台路由器共享 Internet 连接。

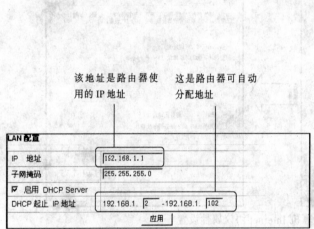

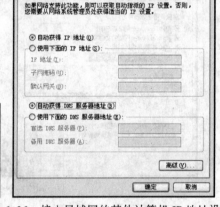

图 6-25　无线路由器的 LAN 设置　　　　图 6-26　接入局域网的其他计算机 IP 地址设置

提示：由于无线路由器的生产厂家不同，可能每个品牌路由器的设置略有不同，但基本的方法是一致的。要获得更加详细的设置说明，需要浏览无线路由器的使用说明书及生产厂家的主页。

6.4　网上信息的浏览

网络应用的基础知识是掌握上网的技能，也就是知道如何访问网站、浏览网页，然后知道如何设置浏览器便于日后使用，如何保存网络上对自己有用的信息等。Internet Explorer 浏览器简称 IE 浏览器，能够完成站点信息的浏览，搜索信息等功能。

IE 具有亲切、友好的用户界面，另外 IE 还具有多项人性化的特色功能，使上网冲浪变得更加轻松自如，省时省力。

6.4.1　启动 Internet Explorer 浏览器

启动 IE 浏览器的方法有多种，可以通过双击放置在桌面上的快捷图标启动，也可以通过"开始"菜单启动，具体操作如下：

- 双击桌面 Internet Explorer 快捷图标，如图 6-27 所示。
- 选择"开始"→"Internet"命令，如图 6-28 所示。

双击桌面 IE 图标启动 IE 浏览器

图 6-27　双击桌面图标启动 IE

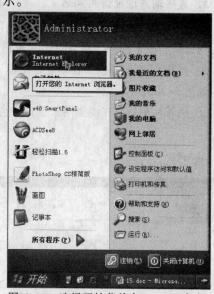

图 6-28　选择开始菜单中 Internet 命令

6.4.2　Internet Explorer 浏览器窗口介绍

IE 浏览器的工作界面主要由标题栏、菜单栏、地址栏、网页浏览窗口和状态栏等部分组成，如图 6-29 所示。地址栏主要用于输入网址，网页浏览窗口则用于显示当前打开的网页内容。

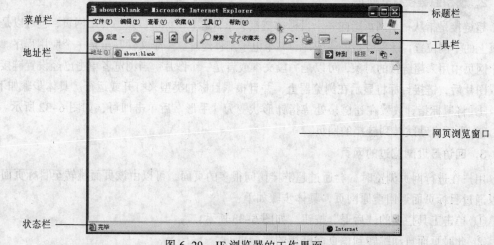

图 6-29　IE 浏览器的工作界面

6.4.3 使用 Internet Explorer 浏览网上信息

目前，IE 浏览器已经成为上网使用频率最高的一种浏览器。认识了 IE 浏览器的主界面后，就可以学习使用浏览器进行网页浏览，通常使用在地址栏中直接输入网址进行访问的方法。

1. 直接输入地址访问网站

在地址栏中直接输入需要访问的网站网址，这种方法最为常用。用户只需要记住网站网址，输入网址后。按【Enter】键或单击"转到"按钮即可，具体步骤如下：

① 打开 IE 浏览器窗口在地址栏中输入要打开的网址，单击右侧的"转到"按钮或按【Enter】键，如图 6-30 所示。

② 稍等片刻后，在浏览网页窗口中会出现网页内容如图 6-31 所示。

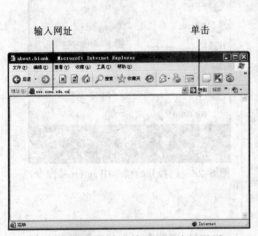

图 6-30　在 IE 中输入网址访问网页　　　　图 6-31　浏览访问网站

2. 使用超链接打开网页

超链接是指从一个网页指向一个目标的链接关系，这个目标可以是另一个网页，也可以是相同网页上的不同位置，还可以是一张图片、一个电子邮件地址、一个文件甚至是一个应用程序。而在一个网页中用来超链接的对象，可以是一段文本或者是一个图片。当浏览者单击已经设置链接的文字或图片后，链接目标将显示在浏览器上，并且根据目标的类型来打开或运行。具体步骤如下：

① 将鼠标指针放置在超链接处待指针形状变为"手形"后单击即可，如图 6-32 所示。

② 页面自动跳转到链接的网页。

3. 回访最近浏览过的网页

用户在进行网页浏览时，会通过超链接访问很多的页面，可以由该页面跳转至目标页面，也可以通过目标页面返回至原网页，具体步骤如下：

① 单击工具拦上的"后退"按钮，如图 6-33 所示。

② 此时页面自动跳转到该页面链接的前一页。

单击超链接　　　单击"后退"按钮

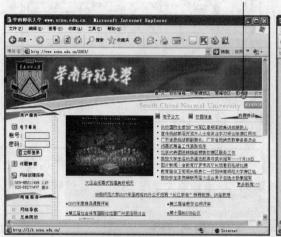

图 6-32　利用超链接打开网页

图 6-33　单击"后退"按钮返回最近浏览页面

4. 使用收藏夹收藏网页

在浏览网页时，会遇到喜欢的网站或网页，在 IE 浏览器中，为用户提供了"收藏夹"功能，可以将用户经常访问的网页地址保存起来，在需要访问时，单击收藏的地址即可，免去了记录网址的烦琐。

① 在浏览页面窗口中切换至需要收藏的页面。单击"收藏夹"按钮，如图 6-34 所示。

② 在浏览页面窗口左侧弹出"收藏夹"活动窗口，单击"添加"按钮，如图 6-35 所示。

图 6-34　单击"收藏夹"按钮

图 6-35　单击"添加"按钮

③ 弹出"添加到收藏夹"对话框在"名称"文本框中出现的是默认的网页名称单击右侧的"新建文件夹"按钮，如图 6-36 所示。

④ 在弹出的"新建文件夹"对话框中的"文件夹名"文本框中输入新建文件夹的名称，单击"确定"按钮。

⑤ 返回到"添加到收藏夹"对话框，在"名称"文本框中修改为易记住的名称，单击"确定"按钮，如图 6-37 所示。

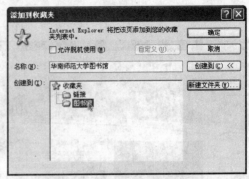

图 6-36　新建收藏文件夹　　　　　　　图 6-37　把网址收藏在"图书馆"文件夹中

⑥ 对话框关闭后，返回到 IE 窗口中，可以查看到"华南师范大学图书馆"已经被收藏在"图书馆"文件夹中，单击即可访问，如图 6-38 所示。

图 6-38　在收藏夹中单击收藏网址就可以快速访问网站

提示：在本例中，③、④的目的是为了把网址按文件夹的方式进行分类管理，使收藏网址更加一目了然。在添加收藏时也可以直接把网址收藏在一级目录中。

5．保存网页中的信息

网络资源种类丰富多样，并且为用户提供了在线视频教程、在线的练习操作等。在浏览网页时，如果遇到有价值的网页或信息，可以保存下来，用户也可根据自身需要下载有用信息到计算机中，可以更加方便地随时调用。

（1）保存网页文本信息

网页中的主体信息多为文本信息，其中还包含其他广告图片等无用信息，此时只下载部分有用信息即可。

① 打开网页，右击已经选中的网页信息，在弹出的快捷菜单中选择"复制"命令，如图 6-39 所示。

② 打开记事本、Word（或其他文字处理软件），选择"编辑"→"粘贴"菜单命令，便可把网页中的文字复制下来再编辑。

（2）保存网页中的图片

在互联网中，许多网友会将自己精心拍摄的图片上传，供好友分享。我们不仅可以在线欣赏精彩的图片，还可以将其保存下来，具体操作步骤如下：

① 右击需要保存的图片，在弹出的快捷菜单中，选择"图片另存为"命令，如图 6-40 所示。

图 6-39　复制网页中的文字　　　　　　图 6-40　单击右键保存图片

② 在弹出的"保存图片"对话框中输入新的文件名，并选择保存路径，单击"保存"按钮即可将图片保存在指定文件夹中。

（3）保存整个网页

在网页信息中，也不乏全文皆是文本信息的情况。当不能在线进行观看时，就需要将网页保存下来，具体步骤如下：

① 在 IE 浏览器中打开需要保存的网页，选择"文件"→"另存为"命令，如图 6-41 所示。

② 弹出"保存网页"对话框，选择保存路径并输入文件保存名称，单击"保存"按钮便可保存网页，如图 6-42 所示。

图 6-41　选择"另存为"命令　　　　　　图 6-42　选择目录、文件名保存页面

6.4.4 脱机浏览

在使用浏览器进行网页浏览时，用户也可使用脱机浏览功能进行网页的浏览。该功能使用户在断开网络连接后，仍然可以继续浏览已访问过的网页，不过在标题栏上会显示出"脱机工作"的字样。

① 在网络连接的状态下浏览需要脱机浏览的网页选择"文件"→"脱机工作"命令，如图6-43 所示。

② 在脱机状态下，单击超链接则会弹出如图 6-44 所示的对话框，单击"保持脱机状态"即可。

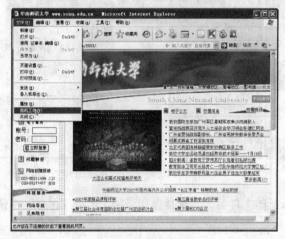

图 6-43　执行脱机工作命令

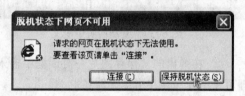

图 6-44　保持脱机状态

6.4.5 设置浏览器主页

主页是指在启动浏览器时首次默认显示的网页。该网页可以设置为空白页，也可以自定义设置。用户可以将经常浏览的网页设置为主页，每次打开时不需再输入网址，直接调用即可。

① 启动浏览器选择"工具"→"Internet 选项"命令，如图 6-45 所示。

② 弹出"Internet 选项"对话框。在"主页"选项区域中的"地址"文本框中输入需设为主页的网址，如图 6-46 所示。

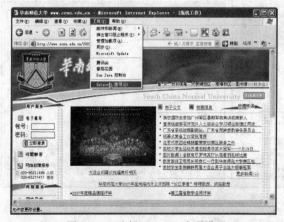

图 6-45　选择 Internet 选项设置

图 6-46　更改主页

- "使用当前页"按钮："地址"文框中网址自动设置为当前正在浏览的页面地址。
- "使用默认页"按钮："地址"文框中网址自动设置为微软公司网址。
- "使用空白页"按钮："地址"文框中没有网址，显示为"about：blank"。

6.4.6　查看历史记录

在浏览器中自动记录了用户浏览过的网页信息，也称为历史记录。通过单击历史记录中的相关网页链接，可以再返回浏览过的网页，还可设置网页保存在历史记录中的天数。

① 单击工具栏的"历史"按钮，在窗口左侧出现"历史记录"活动窗口，如图 6-47 所示。单击"今天"文件夹则弹出用户当天访问的网页信息。

② 用户可以选择"工具"→"Internet 选项"命令，在"Internet 选项"对话框中设置网页保存在历史记录中的天数，如图 6-48 所示。

③ 用户还可以单击"清除历史记录"按钮，将所有访问历史记录删除。

图 6-47　查看历史记录

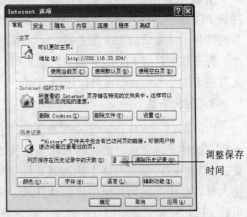

图 6-48　查看历史记录

6.5　文件的下载与上传

在熟悉了上网操作后，就可以利用网络下载来获取自己需要的各种资源，也可以利用网络上传各种资源与别人分享。所谓"下载"就是从远程服务器中将需要的音频/视频文件、文字图片或其他资料，通过网络远程传输的方式保存到用户的本地计算机中。而"上传"就是"下载"的逆过程。目前，比较常用的下载和上传方式有 HTTP、FTP、P2P 三种。本节将介绍如何下载资源和如何分享资源。

6.5.1　认识不同的下载方式

互联网上有很多可以下载各种工具的站点。在这些站点下载文件时，用户可能因需要选择"HTTP 下载"、"FTP 下载"和"BT 下载"而感到过不知所措。下面介绍 HTTP、FTP、P2P 的相关知识。

1．HTTP 下载

HTTP 是一种为了将位于全球各个地方的 Web 服务器中的内容发送给不特定多数用户而制订的协议。也就是说，可以把 HTTP 看作是旨在向不特定多数的用户"发放"文件的协议。

HTTP 使用于从服务器读取 Web 页面内容。Web 浏览器下载 Web 服务器中的 HTML 文件及图像文件等，并临时保存在个人电脑硬盘及内存中以供显示。

使用 HTTP 下载软件等内容时的不同之处只是在于是否以 Web 浏览器显示的方式保存，还是以不显示的方式保存。两者结构则完全相同，因此只要指定文件，任何人都可以进行下载。

2．FTP 下载

FTP 是为了在特定主机之间"传输"文件而开发的协议。因此，在 FTP 通信的起始阶段，必须运行通过用户 ID 和密码确认通信对方的认证程序。FTP 下载和 HTTP 下载的主要区别就在与此。

访问下载站点并进行 FTP 下载时，一般情况下不会出现输入用户 ID 及密码的窗口。这是因为使用了 Anonymous FTP 的结构。

所谓 Anonymous FTP 是指将用户名作为 Anonymous（匿名之意）、将密码作为用户的邮件地址注册 FTP 服务器的方法。Web 浏览器首先在用户名中输入 Anonymous、并在密码中输入设定在自身的邮件地址来访问 FTP 服务器。

在下载站点的 FTP 服务器中，如果用户名是 Anonymous，那么任何人都可以进行访问，用户无需输入用户名和密码也可以进行访问。

3．P2P 下载

P2P 是（point to point）点对点下载的意思，是在下载的同时，自己的电脑还要继续做主机上传，这种下载方式，使用的人越多速度越快，P2P 直接将人们联系起来，让人们通过互联网直接交互。P2P 使得网络上的沟通变得容易、更直接共享和交互，真正地消除中间商。P2P 就是人可以直接连接到其他用户的计算机、交换文件，而不是像过去那样连接到服务器去浏览与下载。P2P 另一个重要特点是改变互联网现在的以大网站为中心的状态，重返"非中心化"，并把权力交还给用户。

6.5.2　使用迅雷下载

迅雷使用的多资源超线程技术是基于网格原理，能够将网络上存在的服务器和计算机资源进行有效的整合，构成独特的迅雷网络，通过迅雷网络各种数据文件能够以很快的速度进行传输。多资源超线程技术还具有互联网下载负载均衡功能，在不降低用户体验的前提下，迅雷网络可以对服务器资源进行均衡，有效降低了服务器负载。同时，迅雷能兼容目前所有的下载方式，也就是说，只要用户安装了迅雷，计算机中的所有下载工作就可以放心地交给它来处理了。

提示：访问网址 http://dl.xunlei.com/可以下载最新版本的迅雷软件，并按照默认设置在计算机中安装该软件。

1．启动迅雷

迅雷安装完成后，由于它能自动监测用户计算机中的所有下载行为，当用户需要下载时，它便会自动启动，并弹出提示下载对话框。

如，现在需要下载 QQ 聊天工具，先在 IE 浏览器中打开网页 http://im.qq.com/，单击下载超链接，进入下载页面，单击下载按钮后，便自动弹出如图 6-49 所示的下载对话框。

在该对话框中，用户可以选择存储目录、存储文件名、存储分类等参数。单击"更多选项"按钮，还可以设置"开始方式"、"添加下载注释"等。

图 6-49　迅雷自动感知对话框

2. 管理下载文件

下载任务添加完成后，迅雷将启动主界面开始下载任务，如图 6-50 所示。上例中的下载任务完成后，将自动转移到"已下载"区中，如图 6-51 所示。为了日后查找的方便，用户可以把下载文件按照类别来进行管理，只需把下载文件往左侧的文件目录中拖动，即可进行归类整理。

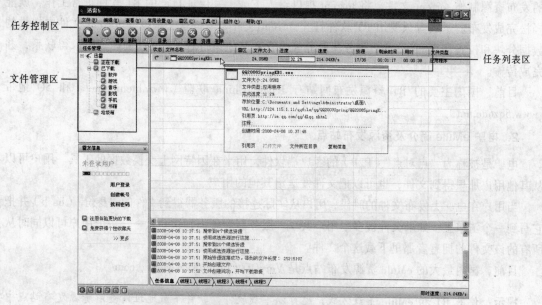

图 6-50　迅雷主界面

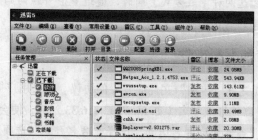

图 6-51　下载文件的管理

提示： 想了解更加详细的迅雷使用帮助，可查看网址：http://help.xunlei.com/help.html。

3．使用迅雷资源搜索引擎

迅雷不仅仅是一个下载工具，它还提供了一个强大的资源搜索引擎，能有针对性地查找软件、视频、音乐等文件。迅雷资源搜索引擎的访问地址为 http://www.gougou.com/。

6.5.3 获取丰富的 P2P 资源

P2P 就是人可以直接连接到其他用户的计算机、交换文件，而不是像过去那样连接到服务器去浏览与下载。

1．BT 简介及资源发布站点

BT 是一种互联网上新兴的 P2P 传输协议，全名叫 bittorrent（比特流），最初的创造者是 Bram Cohen，现在则独立发展成一个有广大开发者群体的开放式传输协议。

整个 BT 发布体系包括有，包含发布资源信息的 torrent 文件，作为 BT 客户软件中介者的 tracker 服务器，遍布各地的 BT 软件使用者（通常称作 peer）。发布者只需使用 BT 软件为自己的发布资源制作 torrent 文件，将 torrent 提供给人下载，并保证自己的 BT 软件正常工作，就能轻松完成发布。下载者只要用 BT 软件打开 torrent 文件，软件就会根据在 torrent 文件中提供的数据分块和校验信息和 tracker 服务器地址等内容和其他运行着 BT 软件的计算机取得联系，并完成传输。

目前，国内主要的 BT 资源发布网站有 BT @ China 联盟（www.btchina.net）和 5Q 地带（www.5qzone.net）。

2．电驴 eMule 简介及资源发布站点

电驴是被称为"点对点"（P2P）的客户端软件，用来在因特网上交换数据的工具。用户可以从其他用户那里得到文件，也可以把文件发送给其他的用户。

当用户在电驴上发布文件的时候，用户从实际连接的服务器得到文件的"身份"（hash）并把它写到一个清单里，如果文件被多个用户共享，服务器会意识到这一点——一个用户可以同时从所有的该文件的拥有者那里下载这个文件。

目前，国内最大的 eMule 资源发布站点是 VeryCD（http://www.verycd.com/）。

提示：使用 BT 和 eMule 下载方式，也可以下载软件，软件下载地址请查看资源发布站点中的链接。迅雷已经可以兼容这两种下载方式。同时，通过 P2P 资源网站不仅仅可以下载资源，还可以作为资源的提供者分享你自己的资源。

6.5.4 使用 FTP 上传和下载文件

FTP 是为了在特定主机之间"传输"文件而开发的协议。如果用户拥有 FTP 的上传和下载权限，在 IE 中输入 ftp://服务器地址或域名（如 ftp://202.116.33.235），便会弹出如图 6-52 所示的用户名、密码对话框。如果服务器允许匿名访问，选择"匿名登录"选项。

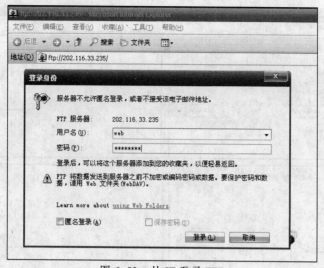

图 6-52　从 IE 登录 FTP

身份验证成功后，如果是上传本机的文件到服务器中，只需先在本机复制该文件，然后在 IE 窗口中右击，选择"粘贴"命令，如图 6-53 所示。如果要从服务器下载文件到本机，只需在 IE 窗口中选择需要复制的文件，右击选择"复制"命令，如图 6-54 所示，然后在本机磁盘中粘贴该文件。

图 6-53　上传文件到 FTP 服务器　　　　　图 6-54　从 FTP 服务器下载文件

6.5.5　使用 FTP 软件上传和下载文件

使用 IE 浏览器的方式访问 FTP 并不能支持自动文件续传功能。因此，对于大批量的文件上传和下载，建议使用 FTP 软件进行处理。

FlashFXP 是一个功能强大的 FTP 软件，支持文件夹（带子文件夹）的文件传送、删除；支持文件上传、下载及第三方文件续传；可以跳过指定的文件类型，只传送需要的文件等功能。

提示： 可访问网址：http://www.onlinedown.net/soft/2506.htm 下载 FlashFXP 软件。与 FlashFXP 具有相似功能的软件还有 CuteFTP、FTPRush，其操作步骤与 FlashFXP 的相似，在此就不再举例介绍。

FlashFXP 启动后，界面如图 6-55 所示。

① 单击服务器端窗口上的快速连接的按钮，弹出"快速连接"对话框。

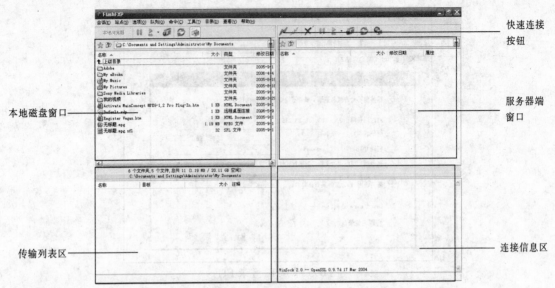

图 6-55 FlashFXP 界面

② 在如图 6-56 所示的对话框中，输入 FTP 服务器的
IP 地址或域名和服务器端口，如不允许匿名访问，还要输
入用户名和密码，单击"连接"按钮。

③ 连接成功后，服务器端窗口中将会显示 FTP 服务
器上面的文件及文件夹，如图 5-57 所示。

图 6-56 快速连接对话框

- 在本地磁盘窗口中打开需要保存下载文件的目录。
- 对于 FTP 服务器中的文件夹可以整个下载。也可以
  双击打开文件夹，选取想要传输的文件后拖动需要
  下载的文件或文件夹到左下方传输列表区。

图 6-57 下载文件

- 选择"队列"→"传输"命令，即可从服务器下载文件。

④ 如果是要从本地传输文件到服务器，那就把本地文件拖动到传输列表框中，然后在服务器端窗口中选择传输的目录，再选择"队列"→"传输"命令，就可以把文件传送到服务器中。

6.5.6　HTTP 上传文件

用 FTP 上传文件的一个致命缺点是必须拥有上传文件的服务器空间支持。而对于很多用户而言，这是很难实现的。因此，我们可以用 HTTP 上传文件的方式，把需要共享的文件上传到网上存储空间，然后把下载地址告诉好友，实现大文件的共享。

Fs2you（http://www.fs2you.com/）为用户提供完全免费的网上存储空间，并且不限空间大小，不限单个文件的大小，最大限度地方便了广大用户共享资源。

① 在 IE 浏览器中输入 http://www.fs2you. com/，打开 Fs2you 网站。

② 在文件上传框中，选择本地计算机需要上传的文件，并输入邮箱地址和文件描述，单击"上传"按钮，便可以进行上传，如图 6-58 所示。

图 6-58　在 Fs2you 中上传文件

③ 文件上传完成后，网页将出现如图 6-59 所示的信息，其中下载链接就是该文件的下载地址，用户可以复制下来告诉其他好友访问该地址下载文件。

图 6-59　文件上传成功，获取下载地址

6.6　即时通信与网络交流

网络的最大功能之一是使"天涯若比邻"。目前，网络上最常用的交互方式包括电子邮件、即时通信、个人博客（空间）等。

电子邮件（E-mail）是指发送者和指定的接受者使用计算机通信网络发送信息的一种非交互式的通信方式。它是 Internet 应用最广泛的服务之一。正是由于电子邮件具有使用简易、投递迅速、收费低廉、容易保存、全球畅通无阻等特点，被人们广泛使用。

即时通信（Instant Messaging，IM）是一种使人们能在网上识别在线用户并与他们实时交换消息的技术，被很多人称为电子邮件发明以来最酷的在线通讯方式。即时通信工作方式是当好友列表中的某人在登录上线后并试图通过你的计算机联系你时，IM通信系统会发送一个消息提醒你，然后你能与他建立一个聊天会话进行交流。目前有多种IM通信服务，但是没有统一的标准，所以IM通信用户之间进行对话时，必须使用相同的通信系统。目前，比较常用的网络即时通信有QQ、MSN等。

6.6.1　电子邮件的使用

1．电子邮件的基本概念

电子邮件服务器是Internet邮件服务系统的核心。用户将邮件提交给邮件服务器，由该邮件服务器根据邮件中的目的地址，将其传送到对方的邮件服务器；另一方面它负责将其他邮件服务器发来的邮件，根据地址的不同将邮件转发到收件人各自的电子邮箱中。这一点和邮局的作用相似。

用户发送和接收电子邮件时，必须在一台邮件服务器中申请一个合法的账号，其中包括账号名和密码，以便在该台邮件服务器中拥有自己的电子邮箱，即一块磁盘空间，用来保存自己的邮件。每个用户的邮箱都具有一个全球唯一电子邮件地址。

电子邮件地址由用户名和电子邮件服务器域名两部分组成，中间由"@"分隔。其格式为：用户名@电子邮件服务器域名。

例如，电子邮件地址eitcscnu@163.com，其中eitcscnu指用户名，163.com为电子邮件服务器域名。

2．电子邮箱的申请

免费电子邮箱是大型门户网站常见的免费互联网服务之一，新浪、搜狐、网易、雅虎、QQ、TOM、21CN等网站均提供免费邮箱申请服务。申请免费邮箱首先要考虑的是登录速度，作为个人通信应用，需要一个速度较快、邮箱空间较大且稳定的邮箱，其他需要考虑的功能还有邮件检索、POP3接收、垃圾邮件过滤等。另外，还有一些可以与其他互联网服务同时使用的免费邮箱，如用Hotmail免费邮箱可作为MSN的账号，Gmail邮箱可作为Google各种服务的账号，便于个人多重信息管理的同时，也减少了种类繁多的注册过程。

申请电子邮箱的过程一般分为三步，登录邮箱提供商的网页，填写相关资料，确认申请。下面以申请163的免费电子邮箱为例作介绍。

申请的步骤如下：

① 打开IE浏览器，在地址栏中输入http://mail.163.com。

② 单击"注册3G网易免费邮箱"，在打开的网页中按照提示输入合法的用户名，单击"下一步"按钮。

③ 按照网页上的提示填写好各项信息（其中带*号的项目不能为空），单击"注册账号"。

④ 当页面出现如图6-60所示画面时，申请就成功了。

图6-60　申请电子邮箱成功

3．电子邮箱的使用

有了自己的电子邮箱以后，就可以在主页面上登录，进行邮件的收发。

（1）登录邮箱

在浏览器中输入邮箱首页地址 http://mail.163.com。在登录窗口中输入用户名和密码，单击"登录邮箱"按钮，便可登录到如图 6-61 所示的邮箱界面。

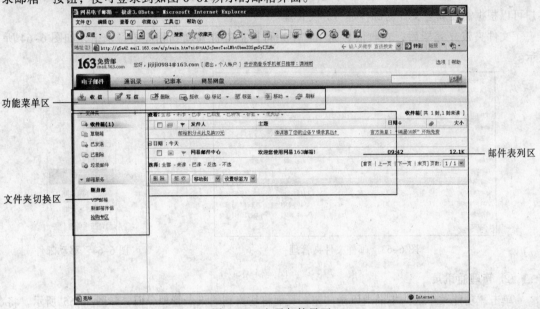

图 6-61　电子邮箱界面

提示：虽然电子邮件提供商很多，但基本 Web 界面的邮箱结构是一致的。接收、发送电子的操作是一致的。

（2）邮件的接收

登录邮箱主页面后，可以在"收件箱"边上看到未读的邮件个数。单击"收件箱"查看邮件。在收件箱中可以查看到收到邮件的标题、发件人、主题、大小等，如图 6-62 所示。单击邮件的主题，可以查看邮件详情。

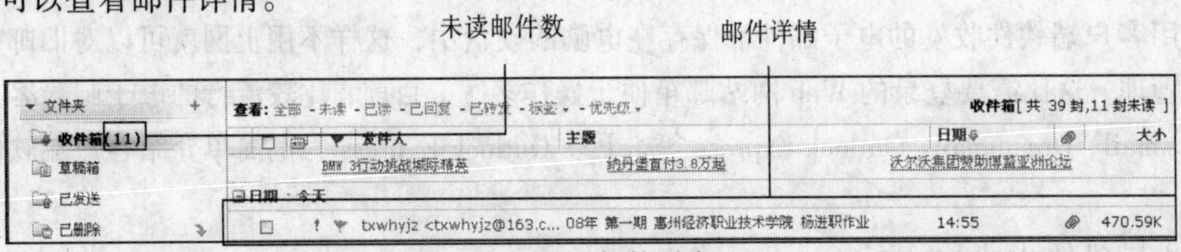

图 6-62　邮件列表

（3）邮件的发送

单击功能菜单区的"写信"按钮，填写好收件人，邮件主题，以及邮件内容后，如果需要，还可以添加附件。单击"发送"按钮，便可把邮件发送到指定的地址。

如果要发送给多个人，可在收件人输入框中，使用","隔开每个邮箱地址，这样邮件就可以同时发送给多人。

（4）管理电子邮箱

邮箱开始启用后，收到的邮件会日益增多，对已经阅读过的邮件需要作相应的处理。常用的处理包括分类管理邮件，管理通讯录等。

① 分类管理邮件

单击文件夹切换区中的 ▼文件夹 按钮，页面将切换至文件夹管理界面，如图 6-63 所示，用户可以根据需要新建文件对邮件进行分类管理。

文件夹建立完毕后，在收信界面中，用户可以把邮件移动到相应的目录中，如图 6-64 所示。

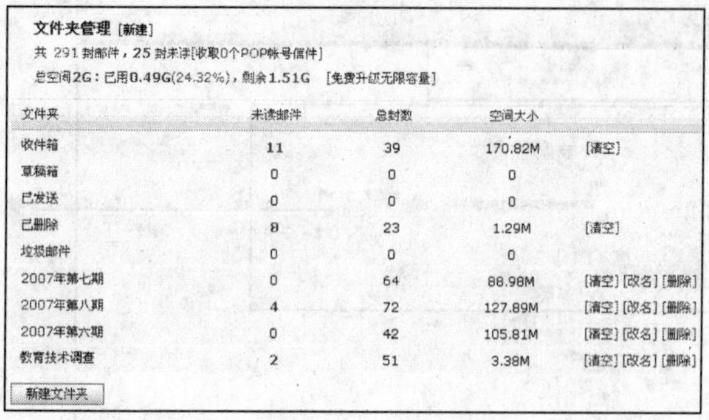

图 6-63　邮件文件夹管理

图 6-64　移动邮件

② 管理通讯录

单击"功能菜单区"中的通讯录按钮，页面将切换到通讯录管理界面，如图 6-65 所示。将发件人的邮件地址收藏到自己邮件的通讯录中，不仅可以免除记录其邮件地址的麻烦，还方便调用，只要登录邮箱后查找通讯录即可。

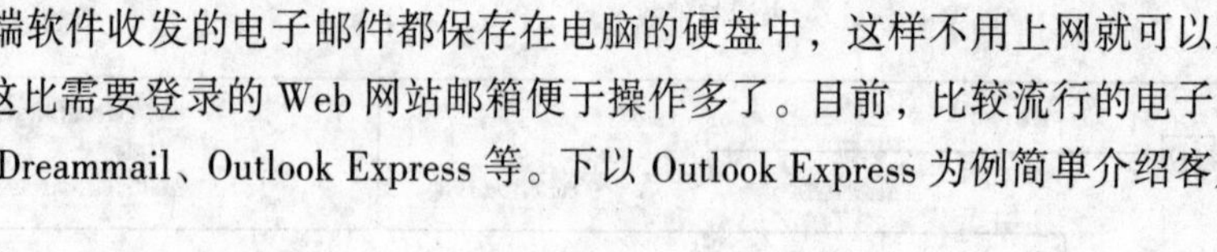

图 6-65　通讯录管理

4. 使用客户端软件收发电子邮件

使用客户端软件收发的电子邮件都保存在电脑的硬盘中，这样不用上网就可以对旧邮件进行阅读和管理，这比需要登录的 Web 网站邮箱便于操作多了。目前，比较流行的电子邮箱客户端软件有 Foxmail、Dreammail、Outlook Express 等。下以 Outlook Express 为例简单介绍客户端软件的使用。

（1）启动 Outlook Express

Outlook Express 是 Windows XP 自带的一种电子邮件客户端，单击"开始"→"所有程序"→"Outlook Express"图标，就可以启动 Outlook Express，如图 6-66 所示。

（2）设置邮件账号

第一次启动后，将提示需要设置的邮件账号，在向导的帮助下分别设置显示名称、邮件地址、电子邮件服务器、登录密码等参数，如图 6-67 所示。

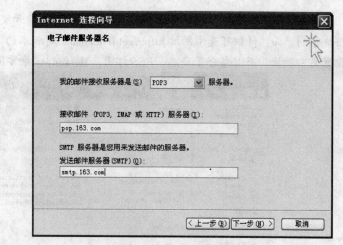

图 6-66　启动 Outlook Express

图 6-67　设置邮件账号

Outlook Express 支持多账户的管理，如果还需要添加其他邮箱账户，选择"工具"→"账户"命令，弹出"Internet 账户"对话框，选择"添加"→"邮件"命令，如图 6-68 所示。

提示：POP3，是 Post Office Protocol 3 的简称，即邮局协议的第三个版本，是存放 Internet 的常用方法。它是规定怎样将个人计算机连接到 Internet 的邮件服务器和下载电子邮件的电子协议。

SMTP（Simple Mail Transfer Protocol）即简单邮件传输协议，它是一组用于由源地址到目的地址传送邮件的规则，由它来控制信件的中转方式。SMTP 协议属于 TCP/IP 协议族，它帮助每台计算机在发送或中转信件时找到下一个目的地。通过 SMTP 协议所指定的服务器，就可以把 E-mail 寄到收信人的服务器上了，整个过程只要几分钟。SMTP 服务器则是遵循 SMTP 协议的发送邮件服务器，用来发送或中转你发出的电子邮件。

各邮件服务提供商的 POP3 及 SMTP 参数都可以在邮件主页上的帮助信息中查找得到。

（3）收发邮件

账号设置成功后，单击工具栏上的按钮就可以新建邮件及接收邮件了，如图 6-69 所示。

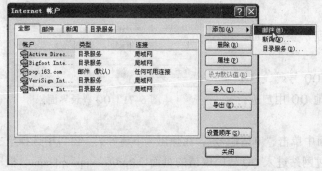

图 6-68　添加其他用户

图 6-69　Outlook Express 工具栏

提示：详细的 Outlook Express 教程可查看网址 http://tool.chinaitlab.com/outlook/ 389845.html。

随着互联网技术的发展，目前微软已经计划停止继续开发 Outlook Express，转而开发相关的 Live 系列产品，详细可查阅网址 http://get.live.com/。新版本的 Live Mail 客户端（如图 6-70）不仅设置更加便捷，而且整合了日志、RSS 订阅、Messenger 等常用的功能。

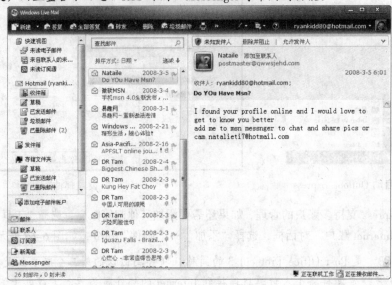

图 6-70　Windows Live Mail

6.6.2　即时通信软件——腾讯 QQ

腾讯 QQ 是一款基于 Internet 的即时通信（IM）软件。腾讯 QQ 支持在线聊天、视频电话、点对点断点续传文件、共享文件、网络硬盘、自定义面板、QQ 邮箱等多种功能，并可与移动通信终端等多种通信工具相连。

1. QQ 的申请与使用

① 访问 http://download.tech.qq.com/，下载最新版本的 QQ 软件。

② 根据安装向导的提示，单击"下一步"按钮，进行安装直到完成。

③ 运行 QQ 软件，打开如图 6-71 所示登录界面，输入 QQ 号码和密码即可登录 QQ。

在使用 QQ 之前，首先要申请一个 QQ 号码，这个号码类似账号，通过它才能使用 QQ 与其他 QQ 用户进行文字、语音或者视频交流。

图 6-71　QQ 登录界面

如果还没注册 QQ 号码，在登录界面中单击"申请账号"，在弹出"申请号码"窗口中选择申请免费 QQ 号码，即可直接申请。也可通过网站进入 QQ 号码申请的页面 http://freeqqm.qq.com/，根据提示申请免费 QQ 号码。

④ 登录后，QQ 主界面如图 6-72 所示，双击好友头像，在如图 6-73 所示的"聊天"窗口中输入消息，单击"发送"按钮，向好友发送即时消息。

图 6-72　QQ 主界面

图 6-73　QQ 聊天窗口

⑤ 应用"查找"功能成功添加好友。新号码首次登录时，好友名单是空的，要和其他人联系，首先要添加好友。单击 QQ 右下角的"查找"按钮，打开"查找添加好友"对话框，如图 6-74 所示。

- 精确查找：用户已知对方的账号或昵称，直接输入以上信息就可查找。
- 看谁在线上：是一种不确定目标的查找方式，点击查找可以添加任何人作为好友。
- QQ 交友中心搜索：与"看谁在线上"类似，适合于与陌生人成为好友，可以进行更精确的查找设置。

被动添加好友是指有朋友希望将用户添加成好友。并通过系统告知用户，如果同意，单击"同意"按钮，就和对方建立了好友关系，对方的信息就会显示在用户的好友列表里。

⑥ 选择合适的查找方式后，单击"查找"按钮，打开如图 6-75 所示的查找结果。

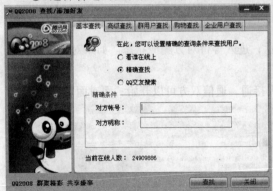

图 6-74　QQ 查找添加好友对话框

图 6-75　查找结果

⑦ 选择想与之成为好友的 QQ 用户，单击"加为好友"按钮，打开"查找/添加好友"对话框。输入验证信息后，单击"确定"按钮，完成好友的添加过程，等待对方回复。如果对方同意成为好友，该好友便添加成功。

⑧ 在 QQ 主界面，选择"菜单"→"设置"→"个人设置"命令，打开"个人设置"对话框，可以设置昵称、个性签名、头像等个人信息、资料。单击界面左边的"系统设置"，展开系统设置详细参数，可以实现对系统的登录方式、传输文件默认路径、热键等多项参数的设置。单击"安

全设置"，可以修改密码，设置 QQ 的安全属性，如图 6-76 所示。

⑨ 随着 QQ 好友的日渐增多，需要对好友实施管理策略。系统默认的分组有三个："我的好友"、"陌生人"和"黑名单"。通常"我的好友"人数很多，可以考虑增加分组，对好友进行分组管理。在 QQ 主界面中右击，选择"添加组"命令。

此时 QQ 主界面添加了一个新的分组，输入分组的名字"新分组"，按【Enter】键确认。右击好友头像，选择"把好友移动到……"命令，在弹出的分组列表中选择好友要移动的目标分组，单击即可。

⑩ 删除好友。如果要删除好友，右击该好友头像，在弹出的快捷菜单中选择"删除好友"命令，打开"删除好友"对话框。单击"确定"按钮，完成对好友的删除。

2. 利用 QQ 进行语音、视频聊天

① 要实现语音视频聊天，需要通信双方的计算机配备相关设备，如，麦克风、摄像头、耳机等。双击好友头像打开如图 6-77 所示的聊天窗口，在工具栏中单击"超级视频"，请求视频聊天。

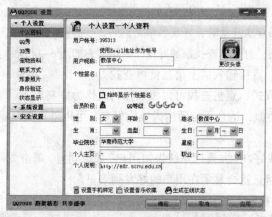

图 6-76　QQ 个人属性设置框

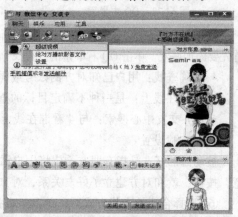

图 6-77　视频聊天请求

② 选择"超级视频"后，窗口如图 6-78 所示，进入等待对方响应状态。如果对方接受，通信双方开始建立 UDP 连接。

③ 双方通信建立后，如图 6-79 所示视频聊天接通，通信双方可以开始"面对面"聊天。

图 6-78　QQ 视频聊天等待框

图 6-79　QQ 视频聊天对话框

④ 如果只想进行音频聊天，在聊天窗口工具栏中，单击"超级音频"，如图 6-80 所示，发出语音请求，等待对方响应。如果是对方呼叫，则 QQ 弹出如图 6-81 所示窗口，可以选择接受或拒绝对方语音请求。

⑤ 如果同意被请求方语音聊天，单击"接受"按钮，双方建立语音连接，如图 6-82 所示。

图 6-80　语言聊天主叫等候框　　图 6-81　语言聊天被叫等候框　　图 6-82　语音聊天对话框

3. 利用 QQ 进行文件传输。

① 在"聊天"对话框工具栏中，单击"传送文件"按钮，如图 6-83 所示。

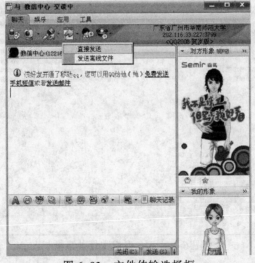

图 6-83　文件传输选择框

② 在弹出"打开文件"对话框中，选择需要传送的文件，单击"打开"按钮，打开如图 6-84 所示文件等候传输窗口，等待好友选择目录接收。此时，文件接收方聊天窗口如图 6-85 所示，用户可以选择"接收"、"另存为"或者"拒绝"该文件的传输。

除了传输文件外，如果好友不在线，还可以通过发送 QQ 邮件的功能，把文件发送到好友的 QQ 邮箱。

图 6-84　文件传输发送端

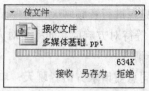

图 6-85　文件传输接收端

4. 利用 QQ 群组进行多人互动

QQ 群组功能的实现，改变了网络的生活方式。使用用户可以在一个拥有密切关系的群内，共同体现网络带来的精彩。QQ 群组打破了传统 QQ 用户一对一的交流模式，实现了多人起讨论、聊天的群体交流模式。创建群需要一个 15 级以上的 QQ 账号或 QQ 会员账号。没有创建群权限的用户，可以通过登录 QQ 校友录，创建个校友录，再将其转换为 QQ 中的一个群。群中的成员分三种：创建者、管理者和普通成员。前两者有添加成员和删除成员的权限，创建者除了上述权限外，还有设置管理者的权限。

QQ 群的加入和添加好友类似，可以通过查找群提交加入清求，管理员同意请求后可加入群。被动加入是由管理员将成员加入群，系统同时向成员发送"接受选择信息"，成员选择"接受"可加入群。成员随时可以自由选择退出群，群管理员也可以将成员删除。

每个群都有如图 6-86 所示的资源共享区，可供群成员实现资源共享。

图 6-86　QQ 群组文件共享框

5. QQ 空间

QQ 除了实施聊天之外，还提供一个撰写博文的地方——QQ 空间。开通 QQ 空间可以写日志、分享相册、音乐，让朋友分享你的欢乐。

首先在 QQ 主界面，选择"菜单"→"QQ 空间"命令，如图 6-87 所示。然后自动进入 QQ 空间首页，在第一次进入 QQ 空间时，需要激活自己的空间，点击"立即开通 QQ 空间"即可。进入空间后，将会有以下基本选项："主页、日志、音乐盒、留言板、相册、迷你屋、个人档、好友圈"，如图 6-88 所示，其中日志可供个人撰写日志，好友们可进行留言交流等功能。QQ 相册可以提供上传图片和查看图片的功能。

图 6-87　进入 QQ 空间的方法　　　　　图 6-88　QQ 空间界面

6．QQ 远程协助

QQ 除了具备聊天功能之外，还新开发了许多的方便实用的功能，QQ 的远程协助就是其中一项。通过远程协作，用户可以远程浏览好友的计算机桌面，并能控制其计算机。

① 要与 QQ 好友使用远程协助功能，那么首先打开与好友聊天的对话框，图中加框部分就是"应用"，单击一下，就能找到"远程协助"选项了。

② QQ 的"远程协助"功能设计是十分谨慎的，要与好友使用"远程协助"功能，必须由需要帮助的一方单击"远程协助"选项进行申请，如图 6-89 所示。提交申请之后，就会在对方的聊天窗口出现提示。

图 6-89　申请远程协助的方法

如果接受请求方需要单击"接受"选项。这时在申请方的窗口会出现一个对方已同意远程协助请求"接受"或"谢绝"的提示，只有申请方单击"接受"之后，远程协助申请才正式完成，如图 6-90 所示。

成功建立连接后，被申请方就会出现对方的桌面了，并且是实时刷新的。右边的窗口是申请方的桌面，这时他的每一步动作都尽收眼底。不过现在还不能直接控制他的计算机。

要想控制对方电脑还得由申请方单击"申请控制"，在双方又再次单击接受之后，才能开始控制对方的电脑，如图 6-91 所示。不过需要注意的是，QQ 程序并没有在远程协助控制的时候锁住申请方的鼠标和键盘，所以双方要协商好哦，以免造成冲突。

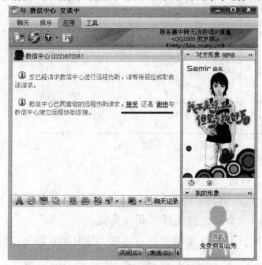
图 6-90　远程协助的远程控制端

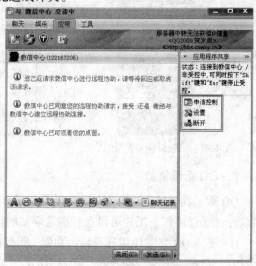
图 6-91　向远程端申请控制

③ "远程协助"的参数设置。

- 在接受申请端可以单击"窗口浮动"，这样就可以把对方的桌面弄成一个单独的窗口。浮动窗口可以最大化，也可以拖动滚动条进行观看。
- 如果觉的显示效果不佳，可以由申请方单击"设置"按钮，出现图像显示质量和颜色质量的设置窗口了，可根据带宽进行设置。
- 任何一方单击"视频聊天"或者"音频聊天"，都能直接用耳麦进行语音协助。

6.6.3　即时通信软件——Windows Live Messenger

Windows Live Messenger（MSN）是 Microsoft 公司提供的免费即时通信软件，其功能与 QQ 相似。MSN 可以通过文本、语音、视频等方式实时和对方聊天，也可以传送文件，撰写自己的 MSN 空间。

MSN 的下载地址为：http://im.live.cn/。MSN 的使用不需申请账号，可以使用用户自己任意的一个电子邮件账号在 MSN 窗口中点击"获取新的账户"，设置密码便可登录。

提示：详细的 MSN 使用说明，可浏览网页 http://get.live.cn/。

6.6.4　BBS——网上讨论区

BBS（Bulletin Board System）即电子公告板。BBS 是 Internet 上最知名的服务之一，它开辟了一块"公共空间"供所有用户读取和讨论其中的信息。BBS 通常会提供一些多人实时交谈、游戏服务，公布最新消息甚至提供各类免费软件。各个 BBS 站点涉及的主题和专业范围各有侧重，用户可根据自己的需要选择站点进入 BBS，参与讨论、发表意见、征询建议、结识朋友。"论坛"、"网上社区"是 BBS 发展到今天的别称。

BBS 起源于 20 世纪 80 年代初，最早的 BBS 只提供消息投递和阅读功能，使用者通常是计算机爱好者。随后，系统允许用户分享软件、文件，进行实时网络对话、信件传输等。目前，通过BBS 系统可随时取得各种最新的信息；也可以通过 BBS 系统来和别人讨论计算机软件、硬件、Internet、多媒体、程序设计以及生物学、医学等等各种有趣的话题；还可以利用 BBS 系统来发布一些"征友"、"廉价转让"、"招聘人才"及"求职应聘"等启事；更可以召集亲朋好友到聊天室内高谈阔论……这个精彩的天地就在你我的身旁，只要在一台可以访问校园网的计算机旁，就可以进入这个交流平台，来享用它的种种服务。

论坛网址大全：http://www.hao123.com/daquan/03luntan.htm。

6.6.5　博客

博客（blog），是一种简易的个人信息发布方式。任何人都可以注册，完成个人网页的创建、发布和更新。博客充分利用网络互动、即时更新的特点，让用户最快地获取最有价值的信息与资源；你可以发挥无限的表达力，及时记录和发布个人的生活故事、闪现的灵感等；更可以文会友，结识和汇聚朋友，进行深度交流沟通。QQ 空间、MSN 空间都是博客的一种形式。

博客作为一种新的表达方式，它的传播包括大量的智慧、意见和思想。到 2007 年 11 月底，中国博客空间已达 7 282 万个，博客作者人数达 4 700 万，平均近每四个网民中就有一个博客作者。博客的影响力正逐渐超越传统媒体，并成为一种新的沟通与交流方式。

博客从功能来看，有文字博客，如新浪博客、博客中国等；图片博客，如拉风网、fotoblog等；移动博客，如万蝶移动博客；视频博客，如酷 6 网、土豆网、优酷网等。

1．申请博客

上文所提到的 QQ 空间、MSN 空间就是博客的一种，此外，目前各大门户网站如网易、搜狐、新浪、雅虎等博客都已经和电子邮箱整合在一起，如图 6-92 所示的网易邮箱界面中，单击"记事本"导航按钮，就可以进入博客。如果是第一次进入，网易会提示填相关的资料后，就可以开通博客。

2．管理博客

单击"进入我的博客"后，将跳转到博客首页，如图 6-93 所示。单击"写日志"链接，就可以撰写自己的博客。此外，进入"相册"、"音乐"等板块，便可以与好友分享自己的照片、音乐等。

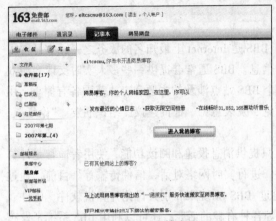

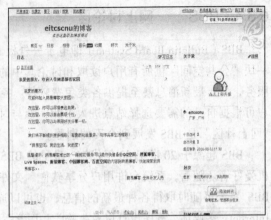

图 6-92　开通博客　　　　　　　　　　　图 6-93　博客首页

3．分享博客

博客编辑完成后，可以通过博客地址让好友访问自己的博客呢？每一个博客都有一个访问的地址，在开通博客时，网站都会提醒本博客的访问地址，如图 6-94 所示。把这个地址告诉好友后，就可以让他们随时关注用户最新的动态。

图 6-94　分享博客

6.7　网上生活与学习

网络不仅仅给我们带来大量的信息，更重要的是给我们的生活方式带来了很多的变化：我们可以通过网络浏览电视节目，通过网络聆听音乐，通过网络进行多人互动游戏，通过网络购物，通过网络浏览百科全书，通过网络浏览国内外优秀的教学资源等。

6.7.1　网络电视

1．网络电视简介

网络电视又称 IPTV（Interactive Personality TV），它将电视机、个人计算机及手持设备作为显示终端，通过机顶盒或计算机接入宽带网络，实现数字电视、时移电视、互动电视等服务，网络电视的出现给人们带来了一种全新的电视观看方法，它改变了以往被动的电视观看模式，实现了电视按需观看、随看随停。通过 PC 收看网络电视是当前网络电视收视的主要方式之一，因为互联网和计算机之间的关系最为紧密。

2．流行网络电视软件

（1）PPLive（http://www.pplive.com/）

PPLive 是基于 P2P 的技术的网络电视软件，就是说看得人越多越流畅，而且 PPLive 有着比有线电视更加丰富的频道，CCTV、各类体育频道、动漫、丰富的电影、娱乐频道、凤凰卫视尽收眼底且完全免费。

（2）PPStream（http://www.ppstream.com/）

PPS 网络电视是全球第一家集 P2P 直播点播于一身的网络电视软件。PPS 网络电视能够在线收看电影、电视剧、体育直播、游戏竞技、动漫、综艺、新闻、财经资讯等。其播放流畅、完全免费。PPStream 界面如图 6-95 所示。

（3）QQ 网络电视（http://tv.qq.com/）

QQlive 的功能与前两个软件相近，但最大的特色是能与 QQ 好友边聊边看的网络电视，是可以聊天的网络电视播放平台。

图 6-95　PPStream 界面

3．视频分享网站

随着科技发展、宽带和摄影器材的普及，使得短片越来越受欢迎。用户由传统的接收资讯者，变成资讯发布者，用户更可成立自已的私人影院、影片发布站、新闻站。每人都可创立自己的新闻频道，或上传家庭生活短片。在此同时，愈来愈多人关注网上短片，令电视的收视逐渐转移至电脑荧幕。

（1）优酷网（YOUKU.com）

是中国领先的视频分享网站，是国内网络视频行业的第一品牌。2007 年，优酷网首次提出"拍客无处不在"，倡导"谁都可以做拍客"，引发全民狂拍的拍客文化风潮，反响十分强烈。经过多次拍客视频主题接力、拍客训练营，优酷网现已成为互联网拍客聚集的营地。

（2）土豆网（http://www.tudou.com/）

土豆网提供了近乎无限的个人存储空间。通过一个简单方便的上传方式，即可进行视频的上传。

6.7.2 在线音乐

酷狗（http://www.kugou.com/）是国内最大也是最专业的 P2P 音乐共享软件，拥有超过数亿的共享文件资料，深受全球用户的喜爱，拥有上千万使用用户。

- 提供在线试听功能，方便用户进行选择性的下载，减少下载不喜欢的歌曲。
- 酷狗具有强大的搜索功能，支持用户从全球 KUGOU 用户中快速检索所需要的资料，还可以与朋友间相互传输影片、游戏、音乐、软件、图片等。
- 酷狗拥有强大的网络连接功能，支持局域网、外网等各种网络环境，支持断点续传，实现高速下载。
- 酷狗具备了的聊天功能，并且可以与好友共享传输文件，让聊天，音乐，下载变得更加互动，还附带多功能的播放器。
- 文件共享可以立即与伙伴之间共同分享自己电脑里的文件、数据、音乐等。

6.7.3 在线游戏

网络游戏，又称"在线游戏"，简称"网游"，是必须依托于互联网进行、可以多人同时参与的计算机游戏，通过人与人之间的互动达到交流、娱乐和休闲的目的。

1. 联众世界（http://www.ourgame.com/）

联众世界是一个以棋牌类小游戏著称的网络游戏网站，不同层次、不同年龄的用户都能在这里找到适合自己的游戏类型。联众的网络游戏继承传统游戏的玩法规则，又引入了体育中的竞技比赛机制，建立游戏成绩排行榜，并提供即时聊天室，这样参与游戏的用户可以体验到比传统模式棋牌游戏更强的互动性，并激发参与者的积极性。

2. QQ game（http://game.qq.com/）

QQ game 腾讯公司开发的棋牌类游戏平台，其用户群广，其中大部分都是益智游戏。

使用 QQ 号和密码就可以登录到 QQ 游戏中心，无须注册；在 QQ 界面上单击 QQ 游戏按钮即可进入丰富多彩的 QQ 游戏世界；在 QQ 上直接邀请好朋友一起玩游戏，独乐乐不如众乐乐；游戏有趣好玩、界面活泼亮丽，是年轻人最时尚的选择。

QQ 游戏中使用的"货币"是游戏币与 Q 币，可以用来买游戏道具：双倍积分卡、护身符、小喇叭等。QQ 游戏除部分小游戏外，大部分游戏都需要安装后才能进行游戏。每次赢得游戏后就会获得相应的积分，积分到达一定限度时就可以升级。每个游戏的升级标准都不同。

6.7.4 网上购物

1. 什么是网上购物

网上购物，就是通过互联网检索商品信息，并通过电子订购单发出购物请求，然后填上私人支票账号或信用卡的号码或第三方支付平台或是货到付款方式购物。厂商通过邮购的方式发货，或是通过快递公司送货上门。

随着互联网在中国的普及，网上购物逐渐成为人们的网上行为之一，根据 CNNIC 第 14 次互联网统计报告公布的数据，中国目前有 7.3%的网民有网上购物的习惯，也就是说，有六百多万的中国网民会从网站上购买自己钟意的商品。

目前，中国具有代表性的综合型网上购物商城有：

- 卓越网　http://www.joyo.com。
- 当当网　http://www.dangdang.com。
- 淘宝网　http://www.taobao.com。
- 易趣网　http://www.ebay.com.cn。

2．网上购物的好处

现实中，因为地区差异，很多东西会经过多道环节，那样成本被一步步升高；价格也相对变高。网络上的卖家很多都有各自的渠道和价格优势，而且网络平台提供给大家的广大的竞争平台，价格相对比较便宜。如果是当地买不到的东西，可通过网络购买，使用快递、EMS 等运输，货物递送速度也很快。

3．网上购物的流程

在网上购物的基本流程如图 6-96 所示。

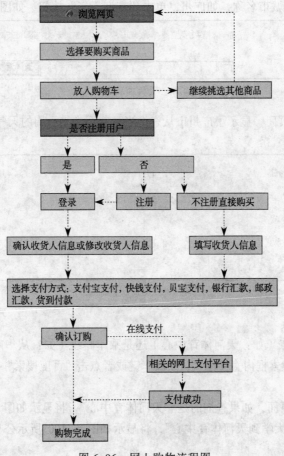

图 6-96　网上购物流程图

4．网上购物的安全性

在上述几大网上购物商城购物一般都是比较安全的，但谨记支付款项时最好不要在公用计算机中登录，选择第三方支付方式如：支付宝、财付通等。

针对网站欺诈的技术模式，可安装使用正版杀毒软件查杀和拦截病毒或恶意代码，开启杀毒软件的"隐私信息保护"功能保护自己的敏感信息。作为普通用户，根本上还是要提高网络安全意识，一方面及时安装漏洞补丁，安装杀毒软件，从技术层面封堵网站欺诈；另一方面，应提高警惕性，不要轻易点击不明网页或邮件中提供的可疑链接。

6.7.5 体验网上新生活

"衣、食、住、行"同人们的生活和工作息息相关，及时了解这方面的信息能给人们带来极大的便利。日常生活中的许多咨询信息可以通过网络获得，学习工作中遭遇到的困难也可以通过网络寻求答案。"百度常用搜索"（http://life.baidu.com/）可以搜索常用的天气预报和地图，其他的功能需要用户自己来探索。

1．查询天气预报

① 在 IE 浏览器中输入 http://www.baidu.com/life，打开"百度常用搜索"页面，在天气预报文本框中输入准备查询的城市名称，如广州，单击"查询天气"按钮，如图 6-97 所示。

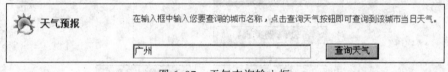

图 6-97　天气查询输入框

② 打开查询结果页面，显示了广州市从查询当日起至未来一周的天气预报信息，如图 6-98 所示。

图 6-98　天气查询结果

2．地图搜索

① 无论是要找地点（如：天河体育中心）还是乘车路线（如：从华南师范大学到天河体育中心），均只需在地图搜索框内直接输入，按回车键或者点击"百度搜索"按钮，即可得到最符合要求的内容。

② 打开查询结果页面，如果查询的是"天河体育中心"，将显示如图 6-99 所示地图；如果查询的是"从华南师范大学到天河体育中心"，将显示如图 6-100 所示公交乘车路线图和可搭乘的公交线路。

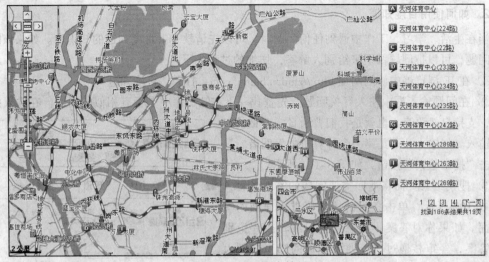

图 6-99 地图查询结果

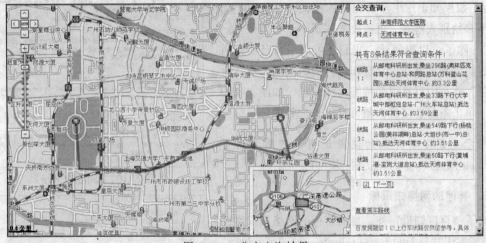

图 6-100 公交查询结果

6.7.6 百度知道——知识智慧的互联

1. 什么是百度知道

百度知道（http://zhidao.baidu.com）是一个基于搜索功能的互动式知识问答分享平台。和大家习惯使用的搜索服务有所不同，"百度知道"并非是直接查询那些已经存在于互联网上的内容，而是用户自己根据具体需求有针对性地提出问题，通过积分奖励机制发动其他用户来创造该问题的答案。同时，这些问题的答案又会作为搜索结果，提供给其他有类似疑问的用户，达到分享知识的效果。

百度知道也可以看做是对搜索引擎功能的一种补充，让用户头脑中的隐性知识变成显性知识，通过对回答的沉淀和组织形成新的信息库，其中信息可被用户进一步检索和利用。这意味着，用户既是搜索引擎的使用者，同时也是创造者。百度知道可以说是对过分依靠技术的搜索引擎的一种人性化完善。

2．如何使用百度知道

当在生活、学习、工作中遇到任何问题时，可以先请教一下百度知道的知识库。如果该问题是新问题，可以把问题留下来给别人解答，详细的过程如下。

① 在 IE 浏览器中访问网址 http://zhidao.baidu.com，打开"百度知道"。

② 在问题输入框中输入有关问题，先查找一下在知识库中是否有相似的问题。在输入的过程中，支持自然语言（也就是我们普通日常对话的口语）输入。如输入"谁是第一台计算机的发明者？"，并单击"搜索答案"按钮，如图 6-101 所示。

图 6-101　"知道"问题输入框

③ 搜索结果页面将返回类似问题的答案条目，如图 6-102 所示。单击条目链接便可进入详细的答案页面。如果你对答案不满意，可以编辑或评论别人的答案，经审核通过后，便可把你的知识与别人共享。

④ 如果知识库中没有相关的答案，你可以把问题留下来给别人解答，但需要先注册一个百度账号。

⑤ 除了可以提问外，我们还可以用自己所知道的知识解决别人留在"百度知道"中的问题，在"百度知道"首页中就有很多待解决的问题，如图 6-103 所示。单击条目连接后，便可提供你的答案。

图 6-102　问题查询结果

提示：想了解详细的使用说明，可浏览网页 http://www.baidu.com/search/zhidao_help.html。

3．其他的网络知识库

除了"百度知道"外，目前流行的网络知识库还有"雅虎知识堂"（http://ks.cn.yahoo.com/）、"新浪爱问"（http://iask.sina.com.cn/）、"搜搜问问"（http://wenwen.soso.com）等，都是非常不错的网站。

图 6-103　待解决问题列表

6.7.7　丰富的在线学习资源

互联网世界中除了有丰富的娱乐、信息资源外，还有丰富的教学资源，使人们足不出户就能享受国内外著名高校的网络学习资源，能极大地拓展人们的学习范围和视野。

1．高等学校精品课程网（http://www.jpkcnet.com/）

高等学校精品课程建设工作于 2003 年启动，目的是为高等级教育提供优质的教学资源。国家级精品课程是具有国内一流教师队伍、一流教学内容、一流教学方法、一流教材、一流教学管理等特点的示范性课程。

① 在 IE 浏览器中访问该网址，在左侧导航条中就能看到历年来国际级精品课程检索栏目，如图 6-104 所示。

图 6-104　高等学校精品课程建设网

② 进入年份链接后，便可按照省份、学科、学校等查询条件查询相应的课程，如图 6-105 所示。

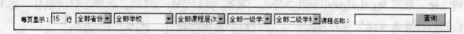

图 6-105　查询分类选项

③ 单击查找到的课程名称后，便可进入该课程的详细资料简介，其中，在"课程网络资源"部分就可以访问到该课程已经共享的网络教学资源，如图 6-106 所示。

国家精品课程网上申报评审系统 - 公示课程	
推荐单位：	北京市
所属学校：	首都师范大学（非部属）
课程编号：	62
课程名称：	地理信息系统
课程层次：	本科专业分类体系
课程类别：	专业基础课 -理论课（含实践课）
所属一级学科名称：	理学
所属二级学科名称：	地理科学类
课程负责人：	宫辉力
申报日期：	2007-6-10
课程网络资源：	课程网络资源

图 6-106　查看精品课程网络教学资源

2．中国开放教育资源协会（http://www.core.org.cn）

CORE 的宗旨是促进国际教育资源共享，提高教育质量。CORE 引进以美国麻省理工学院为代表的国外大学的优秀课件、先进教学技术、教学手段等资源，应用于中国的教学中。同时将中国高校的优秀课件与文化精品推向世界，搭建一个国际教育资源交流与共享的平台。CORE 始终坚持公益的原则，大力推崇资源共享的理念，为中外学习者提供高质量、免费的教育资源，让更多的学习者享有平等的学习机会。CORE 网站是提供优质免费教育资源的双语网站，为广大的学习者提供了方便和机会，受到了中国大学师生及社会学习者的欢迎，目前网站年点击率达 1 000 万次。

在 CORE 网站中，你不仅仅可以作为一名浏览者，还可以申请把部分英文的教学资源翻译成中文，既巩固了专业外语知识，也为更多中国的学生提供便利。

参 考 文 献

[1] 杨振山，龚沛曾. 大学计算机基础[M]. 4 版. 北京：高等教育出版社，2004.

[2] 郑德庆. 大学计算机基础[M]. 广州：暨南大学出版社，2005.

[3] 安维默. 统计电算化[M]. 北京：中国统计出版社，2000.

[4] 王吉利. Excel 与统计[M]. 北京：国家统计局统计教育中心，2003.

[5] 肖金秀. 中文 2003 应用实例教程[M]. 北京：冶金工业出版社，2004.

[6] 桑新民，张倩苇. 步入信息时代的学习理论与实践[M]. 北京：中央广播电视大学出版社，2000.

[7] 鄂大伟. 大学信息技术基础[M]. 厦门：厦门大学出版社，2005.

[8] 文萃科技. 外行学电脑一点通[M]. 北京：中国铁道出版社，2006.

[9] 美国普林斯计算机教育研究中心，北京金企鹅文化发展中心. Word 2003 精品教程[M]. 北京：北京艺术与科学电子出版社，2007.

[10] 许晞. 计算机应用基础[M]. 北京：高等教育出版社，2007.

[11] 知新文化. 新编 Word&Excel 高效办公入门提高与技巧[M]. 北京：兵器工业出版社，2007.

[12] 孙践知. 计算机基础案例教程[M]. 北京：清华大学出版社，2006.

[13] 尚久庆，杰瑞. 新概念 Windows XP 教程[M]. 北京：科学出版社，2003.

[14] 周鑫. Windows XP 中文版操作系统教程[M]. 北京：清华大学出版社，2007.

[15] 冯博琴. 计算机文化基础教程[M]. 北京：清华大学出版社，2007.

笔 记 栏

笔记栏